江曉原　總主編

《中外科學文化交流歷史文獻叢刊》　文獻之部

中外天文學文獻校點與研究

——《革象新書》《表度説》《測天約説》《比例規解》《測食略》

〔元〕趙友欽　等　著

鄧可卉　點校

上海交通大學出版社

内容提要

本書對《革象新書》《表度説》《測天約説》《比例規解》《測食略》等十三至十七世紀中西五種天文學文獻進行了點校，並對每種文獻的成書背景、作者和譯者，以及主要內容等做了較全面而詳細的研究。

本書適合天文學史、數學史等相關學科的研究者及愛好者參考、閱讀。

圖書在版編目（CIP）數據

中外天文學文獻校點與研究:《革象新書》《表度説》《測天約説》《比例規解》《測食略》/鄧可卉點校.
—上海: 上海交通大學出版社,2017
ISBN 978-7-313-14064-7

Ⅰ.①中… Ⅱ.①鄧… Ⅲ.①天文學史-史料-中國
Ⅳ.①P1-092

中國版本圖書館CIP數據核字(2017)第064756號

中外天文學文獻校點與研究
——《革象新書》《表度説》《測天約説》《比例規解》《測食略》

主　　編: 江曉原　　著　　者:(元)趙友欽 等
出版發行: 上海交通大學出版社　　地　　址: 上海市番禺路951號
郵政編碼: 200030　　電　　話: 021-64071208
出 版 人: 鄭益慧
印　　製: 當納利(上海)信息技術有限公司　　經　　銷: 全國新華書店
開　　本: 787mm × 1092mm　1/16　　印　　張: 22
字　　數: 282千字
版　　次: 2017年6月第1版　　印　　次: 2017年6月第1次印刷
書　　號: ISBN 978-7-313-14064-7/P
定　　價: 98.00圓

國家社會科學基金重大項目

「中外科學文化交流歷史文獻整理與研究」

批准號： 10&ZD063

《中外科學文化交流歷史文獻叢刊》總序

江曉原

在現今『全球化』日益明顯的時代，不同文化之間的交流、碰撞和融合正在加速進行。儘管各方對這一過程的終極價值判斷大相徑庭，甚至針鋒相對，但是無論如何，各方所面臨的對異域文化深入理解的任務都是無法回避的。而對於這一任務來說，歷史上的中外交流則是其中必不可少的組成部分。

考慮到科學技術在今日社會中所扮演的特殊角色，研究歷史上的中外科學技術交流就成爲上述任務中一個特別迫切的部分。因爲科學技術自身所形成的『進入門檻』，導致對於研究者的特殊要求——只有少數既受過正規科學技術訓練，又具備史學素養的研究者，纔能够有效從事這方面的研究。所以，以往的中外交流史研究中，人文方面的交流已經取得了大量成果，但是對於歷史上的中外科學技術交流，無論從史料整理、研究成果還是社會影響等方面來看，相比這一領域自身的重要性，都是遠遠不够的。

就國内的情況而言，歷史上的中外科學技術交流，直到二十世紀八十年代，方纔逐漸受到學術界較多的關注，逐漸積累了一定數量的研究成果。

多年來，我在上海交通大學科學史系的諸位同仁，俱以研究中外科學技術及文化交流爲同行所矚目，成果豐碩。本系教師歷年來，先後負責承擔國家級及省部級研究項目約三十項（包括已結項及在研），且本系多年來培養了大批博士、碩士研究生，其中亦頗多以中外科技交流方向的課題爲學位論文題目者。同仁咸以爲，以本系爲主要依托，團結各方力量，整合多年研究成果，完成一項中外科技交流歷史文獻集大成性質的整理研究工程，此其時矣。

於是遂有國家社會科學基金重大項目《中外科學文化交流歷史文獻整理與研究》之申報，並順利獲得資助立項。

此次項目團隊的組建，廣泛團結國内外各處在科學技術史方面學有專長之研究人員，以上海交通大學科學史系師生爲主幹，包括了中國科學院自然科學史研究所、清華大學、北京大學、巴黎第七大學、華東師範大學、東華大學、上海師範大學、内蒙古師範大學、上海中醫藥大學、河南大學、廣西民族大學、淮陰師範學院、咸陽師範學院等十四個單位的數十位研究人員。

本項目旨在對歷史上傳入中國之各種域外科學文化，以及中國科學文化向周邊漢文化圈輸出的相關中文歷史文獻和典籍，進行全面整理和研究。年代跨度起於漢末，迄於晚清。擬著重收集、整理以下幾方面的歷史文獻：自漢末至宋初隨佛教傳入中國的包含天文、曆法等域外知識的文獻，元代隨伊斯蘭教傳入中國的阿拉伯天文學、數學文獻和典籍，明清之際隨基督教傳入中國的歐洲古典天文學、數學、物理學等典籍，晚清傳入中國的西方近現代科學典籍，中國科學向周邊世界傳播的漢文歷史文獻。

本項目具有科學史、歷史學、中外文化交流史等多方面的學術價值，能够爲未來的深入研究提供完備的史料集成。

通過建設這一中外科學技術交流的史料集成，以及藉助這一史料集成所展開的在這一領域全方位的深入，可望將歷史上中外科學技術交流的研究大大提昇一個層級和檔次，並使中國研究者在國際學術界獲得更多的發言權。

從更爲廣泛的意義上來看，值此中國和平崛起之際，本項目在擴大中國文化影響，增加中國文化軟實力方面的現實意義，亦將越來越明顯。

本項目下設七個子課題：

一、漢譯佛經與《道藏》中的天文曆法文獻整理與比較研究（上海交通大學鈕衛星教授負責）

對漢譯佛經與《道藏》中的天文曆法作比較研究。在古代世界，各種文明之間存在著各種各樣的文化交流，而科學技術、宗教教義和文學藝術等是文化交流的主要内容。以佛教爲載體，向中土傳入了不少印度、巴比倫和希臘天文學和曆法知識。這一傳播從東漢末年一直延續到北宋初年，並在唐朝達到一個高潮。到中晚唐時期，佛教的輸入又轉變爲以注重祈禳、消災，講究儀式、儀軌的密教爲主，爲達到所謂的消弭災難的目的，在技術上更加依賴天文學手段，因此該時期的佛經中保存有相當豐富的天文學内容。無論從佛學角度或科學史角度，或從探究宗教與科學之關係的角度，乃至從文獻校勘的角度，對這些佛教經典中的天文學内容都有必要進行詳細的梳理和考證。在以往的研究基礎上，對佛教和道教經典中所包含的天文學内容進行一次整體的梳理和考察，並對這些天文學内容做出恰當的評述，以期對這些傳入中國的域外天文學内容進行全面、系統的研究，並追溯這些天文學的來源，考察這些天文學内容對中國本土天文學文化，甚至本土文化所産生的影響。

二、中西方天文曆法交流重要古籍整理與比較研究（東華大學鄧可卉教授負責）

側重對於古代中西天文曆法交流文獻進行整理和比較研究，並整理研究相關的重要歷史文獻，時間跨度爲秦漢之際至鴉片戰争。基於明清之際西方天文學第一次大規模傳入中國，並且中西方科學文化開始正面交流這個歷史事實，通過詳細考證此期中西天文學碰撞、交流直至融合的歷史背景，梳理並研究明清之際的數理天文學文獻，並兼及中國和希臘、中國和阿拉伯天文曆法交流和比較研究。這不僅對於傳統數理天文學的研究有益，而且對現代科學的可持續發展具有重要的啓示作用。

三、古代中外生化醫學交流文獻整理及比較研究（上海交通大學孫毅霖教授負責）

在古代中外生化醫學交流方面，這個領域中的許多早期歷史文獻，曾長期湮没於宗教、方術等史料中，有些甚至被妖魔化或污名化。而這些文獻背後的中外交流，也頗多未發之覆。而一些晚期的文獻，則有流傳海外或仍以手稿形式存世者，皆急需進一步研究整理。中國古代有很多典籍在不同歷史時期，通過不同途徑流傳到海外，其中不少在國内逐漸失傳，以至學人需從海外求索。特别是流傳到海外的中國科技典籍，迄今尚無人專門搜集及整理出版。其中有不少涉及中國古代重要的科技發明，或者科技史上的重要事件，對於研究中國古代科學技術至關重要，但國内或者没有存本，或者僅有殘本。在流落海外的珍稀中國科技典籍中，還有一批由清初在華傳教士寫成的著作，其中不少是他們用於教授皇帝、皇子和宫廷科學家的講義，是中西科技交流史上的重要文獻。由於種種原因，這些著作没有得到出版，僅以手稿形式存世。凡此種種，都是中國科技史上的重要文獻，但又是國内絶大多數研究者所不知道的，甚至國外研究者也難以入手。對它們進行搶救性整理，並進行比較研究，不僅在保護古代科技文化遺産，弘揚古代科技文明成就等方面具有重要意義，對世界範圍内的科技史研究者來説，都是一件功德。

四、明末清初耶穌會士數理科學譯著整理與研究（上海交通大學紀志剛教授負責）

近年中外文化交流日益廣泛，學者們研究視角拓展到早期中西交流的歷史邊界，但早期交流的原典仍散落各處，難窺全豹。就明末清初耶穌會士傳入的數理科學譯著而言，與這一領域已有的較多研究成果相比，相應的歷史文獻整理顯得非常落後，這是一個相當令人驚奇的現象。這一時期浩繁的中外科學技術交流文獻（包括中文的與外文的），大量以刊本、稿本、善本、珍本的形式深藏在中外各圖書館中，使一般的研究者無緣得見。故該子課題主要整理此一時期的曆算譯著，並兼及其他。

五、中西物理學及工藝技術交流歷史文獻整理研究（上海交通大學關增建教授負責）

從鴉片戰爭結束至民國初期，這段時間西方科學的傳入，使中國社會開始大規模接觸西方近代科學，中國從此開始了由古代社會向近現代社會轉型的新的歷史階段。該子課題從文獻著手，對歷史上中外科技交流的歷史文獻進行整理研究。由於在西方科技傳入的過程中，物理和工藝（包括兵器技術）歷來扮演著重要角色，該子課題主要著眼於這兩個學科，梳理這段時間由西方傳入的物理、工藝著作，理清數目，考訂文本，將其整理點校，匯集出版，建立起研究這段中外科技交流史的可信的文獻資料庫，爲全國同道提供可資借鑒的第一手研究資料，使中國近代史的研究在中外科技文化交流領域從此能够建立在堅實的史料基礎之上。同時對這些文獻本身的内容和歷史價值進行研究，豐富中國近代史的内容。

六、近現代中外生化醫學交流文獻整理及比較研究（淮陰師範學院蔣功成教授負責）

由明末清初延續到今的近代西方生物科學知識向中國的傳播，文獻類型多、傳播範圍廣，並通過多樣化的渠道進入到普通中國人的生活中，産生的影響非常複雜，有許多未曾發掘和整理的文獻資料。而且，要瞭解這些學科知識對於中國社會與科學發展的影響，不能僅僅靠一些經典文本的傳播作爲代表，還需要關注到其他非專業文本中的科學知識。

通過相關史料的整理，我們可以對近現代生物學、化學交流文獻的基本情況有一個全面的瞭解，並發掘、搶救和整理一些容易散失的重要科學文獻，爲以後學者進一步的研究打下基礎，並理解不同的歷史文化背景對於科學發展的影響特點。

七、漢字文化圈科學文化交流的歷史文獻整理與研究（東華大學徐澤林教授負責）

在中外文化交流史上，朝鮮半島、日本、越南等漢字文化圈國家受中國文化的影響最深。各歷史時期，中國傳統科技典籍不斷傳入這些國家，對這些國家的傳統科學文化產生重要影響，乃至於中、日、韓（朝）、越形成共同的科學文化圈，有大量中國傳統科技典籍保存於這些國家的各類圖書館，還有不少科技典籍在這些國家被翻刻、訓解，它們不僅是中國傳統科技文化傳播的歷史遺迹，也是對某些典籍在中國本土失傳或中外版本差異的補遺。另一方面，由於傳統的東亞科學編史都是立足於本位立場的國別科學史編纂，缺乏對漢字文化圈科學史的整體認識與全面的史料調查，從而使漢字文化圈科技文化交流中的歷史文獻傳播與現存情況尚需全面調查，通過詳細調查歷史上漢字文化圈科技典籍的傳播情況，由此而反映中國傳統科學文化對周邊國家科學文化的影響。該子課題調查和研究中國傳統科技典籍在日本、韓國（朝鮮）、越南的流傳與影響，並將全面深入韓國科學、越南科學的内部，研究各種漢籍科技著作及其影響下的域外著作的具體内容、科學方法、思想動機等細節問題，用分析、比較等方法，研究日本、朝鮮、越南傳統科學的内部機理及其與中國科學文化的聯繫及其自身發展。

就相關的歷史文獻整理而言，二十世紀九十年代由河南教育出版社（即現在的大象出版社）陸續出版的《中國科學技術典籍通彙》，對中國古代科學技術文獻作了初步的收集和整理，是一個值得重視的成果，篳路藍縷，功不可没。但《中國科學技術典籍通彙》並不著眼於中外交流，而且對文獻採用影印之法，並未點校整理。此外也有一些零星的相關成果問世或即將問世。但就總體而言，在歷史上的中外科學文化交流方面，如此規模的歷史文獻整理，在國内是前所未有的。

就學術研究而言，則本項目所團結的研究團隊，數十位成員的研究成果，幾乎覆蓋了古代中外科技交流的整個領域。依托這樣的團隊進行相關的歷史文獻整理和研究，方能建立在學術研究的基礎之上，超越通常的古籍整理層次。

本項目的最終成果，將以兩種形態匯集出版：

其一是一系列歷史文獻的點校本，定名爲《中外科學文化交流歷史文獻叢刊》文獻之部。這一部分將成爲一套具有多方面學術意義的歷史文獻集，可望爲各相關領域的研究提供方便。其二是一系列研究著作——既有獨立的學術專著，也有研究論文集，它們構成《中外科學文化交流歷史文獻叢刊》研究之部。

中間階段當然還將發表一系列研究性質的高質量學術論文，最後將提交本重大項目的總體研究報告，該總體研究報告將作爲「總論」卷，收入《中外科學文化交流歷史文獻叢刊》研究之部。

江曉原

二〇一二年五月三〇日於上海交通大學科學史與科學文化研究院

前言

「中西方天文曆法交流重要古籍整理與比較研究」作爲國家社會科學基金重大項目的子課題，現已有第一集文獻整理及研究與廣大讀者見面。我們在這一集中有所側重地整理並研究了元代趙友欽的《革象新書》(包括原本革象新書和重修革象新書)、明末清初傳入中國的西方天文學文獻《表度説》《測天約説》《比例規解》以及《測食略》等五部文獻。後四部文獻的作者均分别由耶穌會傳教士和中國學者共同擔任，以口授筆録的形式完成，並且這四部文獻的完成與發表年代有所差别。《表度説》是在明末西方天文學傳入初期，在耶穌會士提倡的西方學科計畫的背景下完成，時值編撰《崇禎曆書》之前約十幾年；《測天約説》與《比例規解》是作爲基礎文獻的性質被編入《崇禎曆書》，它們分别介紹了西方球面天文學的測量理論與方法和西方日晷製作中非常實用的一種計算工具——比例規的設計原理及其相關理論和方法；《測食略》發表於入清以後編寫的《西洋新法曆書》中，是耶穌會士湯若望在入清以後重修《崇禎曆書》時增補進來的，這部書的内容反映了湯若望增補十種書籍的一些意圖。以上四種文獻在點校中採納的底本在本書每一部文獻前面的提要中進行介紹，在點校過程中對原文發現的一些明顯錯誤與勘誤情況在註腳中加以説明；另外關於每部文獻的作者及其成書背景，等等，也在提要中進行了論説，這裏就一一不贅言，上述五部文獻的點校工作由鄧可卉完成。下面對每部文獻的認識擇要介紹一下。

《革象新書》可稱爲天文學史上的一本奇書。中國曆法體系從唐到宋，日益寖精，而到了元代更加精密。趙友欽生活於元代天文曆法大家郭守敬之後，他身處大江之南，在官方曆書曆法秘而不宣的情況下，在其所著書中不僅描述其觀天之器，而且對古代以來關注的天文學理論進行了頗爲獨到的論述，有的内容其見識甚至超過了同時代人。我們通過對其原著的點校認爲，他的天文學觀點有可能隱傳了當時流行的西域天文學知識，如他對地圓説持接受態度，並且在文中多處論證其爲天文學理論建立的依據。這在元代劄馬魯丁傳入地球儀以後，是極其少見的中國人對此一説的反映。其他有關内容讀者可從提要中獲知大略。

《表度説》完成於《幾何原本》前六卷在中國翻譯完成之後幾年，它受到《幾何原本》的影響，從這部書中多處强調邏輯證明的内容可以看出來。《表度説》主要基於西方古代天文學的假設，系統總結了圭表測量的幾類用途和具體操作步驟，並且對每一個步驟的合理性進行證明。同時，《表度説》考慮到中國傳統天文學的特點，尤爲重視二至時刻測量。《表度説》以西方天文學測量理論和方法爲基礎，介紹了中國傳統天文學中重要的天文儀器——圭表。爲了調和中西天文學，耶穌會士在褒揚西方天文測量簡明、便利的同時，也適時批評了中國古代測量術，甚至不乏貶損之辭。

《測天約説》的體例主要沿襲了《幾何原本》，其中有定義、命題以及圖解性質的内容，是西方球面天文學知識的系統介紹，也是西方知識系統傳入的必然途徑。《測天約説》引進了最新的西方天文學觀測成果，如對太陽黑子形態的描述與性質的認識，借鑒了望遠鏡的觀測結果。但是在《測天約説》文末關於天體或者日月性質的描述又回到亞里士多德自然哲學的範疇，另外《測天約説》也存在不嚴密的命題。

《比例規解》也被收入《崇禎曆書》中，它介紹了西方一種非常實用的計算工具——比例規的製作原理和使用方法，其容易掌握，寓數學理論於實際應用，不僅有益於拓展傳統的比例演算法、面積和體積等各種計算，而且可以進一步把比例和幾何相似形結合起來。比例規多用於傳統的天文測算專案，如日晷製作、比重計算，甚至三角函數的計算等等。

《測食略》比較系統地在中國介紹「食」，以及「朔」「望」形成的原因，提出的一些新概念，既有進步的一面，但是受到中古時期西方天文學發展的局限，仍然帶有一定的迷信色彩，其分析方法多採納亞里士多德物理學的思想，而在日月食形成的物理原因方面，强調了「日爲諸光之宗」這一天主教義的思想。《測食略》在入清以後成書，基於當時中西曆法争論的大背景，湯若望爲了使中國人更加容易地接受西曆，其内容主要偏重説明西曆對日月食及其相關功能的認識；另外，在本書中湯若望對於自然的現象，「精求其所以使之自然者」，這也是湯若望編輯這本書的願望吧。

我們選擇性地點校、編輯並研究這些古代歷史文獻，希望讀者通過閲讀本書而有所獲益。由於作者的學識有限，本書中出現的問題在所難免，希望讀者不吝賜正。

鄧可卉

二〇一六年十月十七日

目録

《革象新書》提要

鄧可卉

一、《革象新書》作者簡介

趙友欽是宋元時期著名的科學家。關於趙友欽的里貫有不同説法。明宋濂《革象新書原序》稱:「先生鄱陽人,隱遁自晦,不知其名若字,或曰名敬,字子恭,或曰友欽,其名弗能詳也。故世因其自號稱之爲緣督先生。」

《革象新書·原序》趙友欽的徒弟陳致虚所撰《上陽子金丹大要列仙志》載有其生平小傳。謂「緣督真人,姓趙諱友欽,字緣督,饒郡人也,爲趙宗子,幼遭劫火,(早)有山林之趣,極聰敏,天文經緯、地理術數莫不精通。及得紫瓊師授以金丹大道,乃搜群書經傳,作三都一家之文,名之曰《仙佛同源》,又作《金丹問難》等書行於世。己巳之秋寓衡陽以金丹妙道悉付上陽子。六月十八日生。」

《道藏·上陽子金丹大要列仙志》第二十四冊關於趙友欽有:「少習天官遁甲……洪武初坐化葬龍遊雞鳴山。其所著有《仙佛同源》《金丹正理》《盟天錄》諸篇,今所存者,《革象新書》而已。」

清劉坤一修、趙之謙纂《江西通志·卷一百八十·仙釋》中認爲,趙友欽乃宋王朝宗室之後,宋亡後入道,其鼎盛年當在元朝。

清康熙五十一年范一梁《趙緣督年世考》也認定「公（指趙友欽）生於宋季，書傳於元初」，見余紹宋纂修《龍遊縣誌》（民國）卷三十五。

另據考，趙友欽師從紫瓊師張模得授金丹大道，曾隱居浙江龍遊縣雞鳴山，築觀象臺觀星望氣，並進行了大型的光學實驗。趙友欽本人在道教史上有一定的地位，是宋元時活躍於江浙湘閩一帶金丹派李玨——陳致虛一系的重要傳人。

王禕曾經刊定《革象新書》，序中稱子子恭，自至元年辛巳行之至今，其人當在郭守敬後，時代亦合，然語出傳聞，未能確定。還有人説他名友欽，字敬夫，是饒之德興人，關於其敬字子恭及字子公者，都不對。但是關於他姓趙這一點是肯定的。

根據《革象新書》序可知，趙友欽是宋宗室之子，其學長於律法、算數，而天官星家之術尤精。曾經學習《天官遁甲鈐式》，並注《周易》數萬言。但是他的《易注》已亡於兵燼，所著兵家書暨神仙方技之言亦不存，其所留存於世的只有《革象新書》一書。宋濂認爲他的《革象新書》與郭守敬《授時曆》中的《曆經》並行，意義不同一般。

《革象新書》可稱爲天文學史上的一本奇書。中國曆法體系經曆了從唐到宋，日益寖精，而到了元代更加精密。趙友欽生活於郭守敬之後的年代，此時，《授時曆》之《曆經》《曆議》已對曆法有獨到的論述。另外，耶律楚材主持修订《大明曆》後，提出自己關於曆法的改革方案，精研有加，特别是在他的《西征庚午元曆》中發明的裏差之術，可以以此增損和預報日食觀測的時刻。但是宋濂認爲，趙友欽時期，官方曆書曆法秘而不宣，禁止私習，而他又在大江之南，且無所謂觀天之器，其所著書往往與諸公吻合而無間。即使是高妙絕倫的知識，他也能夠有所領悟而公之於世。對於這種情況，宋濂只是發出心同理同，所以即便身處異地，但對同一個天文學現象的認識皆相符的感慨。不止如此，宋濂從更普遍意義上進一步論述並强調了四海之内，心同理同的思想，他説：「四海内外凡圓顱方趾之民，其心皆同，其理皆不殊也。豈特占天之事爲獨然哉！」

目前，關於趙友欽專研天文學的方法以及他到底有没有使用一些必要的天文學儀器等等無從考證，但是，筆者在點校過程中發現，他不可能没有做過渾儀、圭表測量，《革象新書》中就有「渾儀制度」一節專門討論渾儀，其中部分設計有所創造，例如「直矩」的設計除了出現在北宋韓顯符的渾儀中，在趙友欽書中提起應該不是偶然的。接下來還討論了用漏刻計時配合渾儀進行經度與緯度測量。他的天文學觀點有可能陰傳了當時流行的西域天文學知識，如他對地圓説持接受態度，並且在文中多處論證其爲天文學理論建立的依據。這在元代劄馬魯丁傳入地球儀以後，是極其少見的中國人對此一説的反映。

二、《革象新書》的點校版本介紹

《四庫全書》收有《革象新書》二種版本，一爲《永樂大典》中的原本計五卷，一爲明代王禕删定的二卷節本。關於《革象新書》的傳刻，宋濂云：「《革象新書》者，趙緣督先生之所著也……原有朱暉德明者，龍遊人也，久從先生遊，得其星曆之學，因獲受是書。而暉亦以占天名家。暉既没，門人同里章浚深深懼泯滅無傳，亟正舛訛，刻於文梓，而徵濂爲之序。」《革象新書》後由金華王禕删定爲上下兩卷本，此後又多次重印，故二卷本較五卷原本流行。

王禕在其勘定《重修革象新書》時，更加詳細地考證了趙友欽的生平，對《革象新書》原文進行了編輯，並且删除冗雜，指正錯誤之處，提綱挈領，使得原文言辭更加簡明。但是四庫纂修官認爲他的潤色、删節没有説明其原因，也没有進行校注工作，所以後人讀來會不明就裏。而原書更容易使讀者有據可考。自王禕删潤之後，世間所流行的都是王禕本，趙友欽原本只載於《永樂大典》(推步之屬）中。針對這種現象，爲了與王禕本參校，互有異同的緣故，清朝乾隆年間四庫纂修官認爲："二本所載亦互有短長，並録存之亦足以資參考。"把兩本書都録入進來。

我們採納了《四庫全書》中的《原本革象新書》與《重修革象新書》兩個版本作爲點校的底本。實際上，《四庫全書》本吸收了世間流傳的王禕本作爲《重修革象新書》的底本，吸收了《永樂大典》(推步之屬）中的相關内容作爲《原本革象新書》的底本。

三、《革象新書》的主要内容

《革象新書》乃司天之書，共有三十二篇，論述了中國傳統天文學中的三十二個問題。即天道左旋、日至之影、歲序終始、閏定四時、天周歲終、曆法改革、星分棋佈、日道歲差、黄道損益、積年日法、元會運世、氣朔減没、日月盈縮、月有九行、時分百刻、晝夜短長、氣積寒暑、天地正中、地域遠近、月體半明、日月薄食、目輪分視、五緯距合、蓋天舛理、渾儀制度、經星定躔、横度去極、占星知交、偏遠難則、小罅光影、句股測天、乾象周髀。縱觀全書，作者對前人的許多天文學問題作了系統總結和歸納。

《革象新書》沿襲了前人一些天文學思想，例如把大地看作平面，使用勾股法測定天體的遠近，但「其覃思推究，頗亦發前人所未發」，書中也不乏趙友欽本人在觀星測天中所獨創的天文物理思想。趙友欽在數學上也很有造詣，《乾象周髀》卷五中關於平面割圓術的研究對傳統「割圓術」思想有一定的發展。

趙友欽在書中總結了自《周髀算經》以來的中國天文學的主要觀點、發現等等，從内容來看，説明他研讀了有關書籍，熟悉天文學的曆史，掌握天文測量學原理等等。例如對於古代冬至測日影以定年長的做法，趙友欽提出了「二至未定時辰，但以午影驗之，似乎皆在午」的懷疑，所以得出「古法每歲三百六十五日四分日之一，約計大致耳」的看法。他在「閏定四時」中，深刻闡述了古代「以九百四十名爲日法」的來由，而且進一步論述了「氣盈、朔虚」的概念及它們的數字，闡明了大月、小月的來曆；闡述了「以七十六年名一蔀」的來由，認爲「蔀者，以至朔同在夜半。蔀，蔽昧之時也」；論述了章、紀、元等曆數的來由，指出「一元有六十蔀也，日法九百四十，故九百四十朔爲一蔀」，他的這些工作把先秦時期奠定的曆數理論解釋得很清楚。

趙友欽在「天度歲終」中，解釋了唐虞時期通過觀測四種中星來確定四季的原理，他特别指出太陽一日行一度，分、寸、尺、丈、引，名曰五度，「分天爲度者，亦是度量之義」，他進一步解釋説：古字「度」、「渡」通用，度者，行而過之之名，以日右旋一晝夜，所過即爲一度。故《後漢書》云，在天成度，在曆成日。古法歲三百六十五日四分日之一，因定天周爲三百六十五度四分度之一，此所言殊，夫命度之意。他又解釋了二十八宿之星數多寡不等，特別是斗宿爲什麽占度二十的原因。他把日月相會、天與日會的現象用以良、駑二馬比之，如果日比良馬，月比駑馬，一度比之一里，每里分爲十九段，那麽月不及十二度十九之七，説明了日月運行每天相差的度數，非常形象。他把日月相會週期與章、蔀等週期之數聯繫起來，解釋非常精到。

趙友欽首先總結了古代關於天左旋、日右旋理論，認爲：「舊云天道左旋，日月右轉，蓋謂日月附著於天體」，「其後推測日月與天相遠，而未嘗附著」，纔有左旋説的流行。

趙友欽把對歲差的解釋與天左旋、日右旋聯繫起來，他認爲，「天左旋，其樞名北極，亦名赤極。日右旋，其樞名黄極經星。亦右旋宗黄極，以成歲差」，他進一步提出，「左旋，乃東西旋，一準乎赤道，而宗赤極；右旋，乃南北旋，日與經星皆准乎黄道，而宗黄極。月、五星各行一道，各宗一極，月曰白道、白極，五星之道與極各以其星名之。」他批評了後儒附會之説，不知左旋論東西，不論南北；右旋論南北不論東西，截然殊致的議論，遭到惡名。

對於曆代改曆，趙友欽認爲，「歲淺則差少未覺，久而積差漸多，不容不改，要當隨時測驗，以求天數之真」。他認真討論了天體圓形的現象，他比喻星分棋佈，天體如圓瓜，而古人分爲十二次，乃似瓜有十二瓣也。他提出經緯度的概念，並且對赤道、黄道進行定義。

關於歲差，趙友欽在書中把古代認爲歲差由於經星右旋，於是考冬至日躔某星幾度幾分的觀點，與《授時曆》關於歲實消長與恒氣冬至、定氣冬至的解釋合二爲一，認爲它們實質是相同的。另外，他解釋了《授時曆》以赤道分三百六十五度二十五分六十四秒，周天分三百六十五度二十五分七十五秒，是由於歲差的緣故。他對於歲差現象的直觀解釋是，黃道雖是歲差冬夏二至日躔必然，横距赤道二十四度，黃道歲歲不由舊路，差移一分有餘，斜絡於二十八宿度之間，歲久則遍滿而無非行過之所矣。

趙友欽提出一種新的劃分晝夜刻度法：晝夜十二時，均分爲百刻，一時有八大刻二小刻，總大刻共九十六，總小刻共二十四。小刻六准大刻一，即是共百刻也。這種分法在元明時期曾經用作改進刻漏的依據。

趙友欽不但認識到了冬夏晝夜長短不均勻的現象，而且進一步解釋了原因：「冬夏之日躔東西移差多，南北移差少，春秋則黃道斜移南北，雖東西行，而南北差速於冬夏，故春秋壺箭六七日間，增減晝夜一刻。若二至前後，驗其晝夜短長，其增減一刻相去二十餘日矣。由是觀之，冬夏增減之日遲，春秋增減之日速，數未始均平。」

在「天地中正」一說，趙友欽針對《隋書》中有姜岌言「地有遊氣」的現象，比照提出「今西洋人本之爲清蒙氣及濁蒙氣之說，清蒙可立算加減。此以大小疏密，證天頂遠而四傍近殊謬」的說法，這對於元代的他來說，得到西學蒙氣差的知識是令人好奇的。在書中關於地圓說以及地中、天中的論述方式也非常獨特。他先針對古人主張「地平正當天半，天中即是地中所在」，提出了平常人眼中看到的現象：「天體圓如彈丸，圓體中心，六合之的也。周圍上下相距正等，名曰天中；直上至於天頂，名曰嵩高；地平不當天半，地上天多，地下天少」，但是從下文的論述可以看出，他本人既主張地圓說，又認爲地中就是天中。

他引述《素問》與《周髀算經》中的相關内容，闡明了地爲圓體的觀點，他認爲「地平，其平乃割圓法，自渾圓中心縱横相交之平，非地體果平也」，以及「地心，乃天之渾圓中心也，不可謂地上天多，地下天少」。下面通過立一個圭表進行測影的方法，證明了南北度必測北極出地，並且説明了其中的道理；而且認爲可以用北極定東西之偏正，以東西影定南北之偏正。他把圭表測量方法用到了極致。趙友欽上述一些觀點是獨特的，至於其來源更是一個懸疑。

趙友欽對於地圓説論述的奇特之處還表現在他對日月食發生的論證中。他以兩圓板分别塗黑、塗粉代表月亮和暗虚等方式演示了發生日月食的機理，涉及到許多概念，如既内分、食既、既限、交前後、食分、月食限一十三度五分、日食限約計八度等食限概念。但是他在最後卻又引出一句話，表明地球非球體：「愚卻以爲不然，推步暗虚者，以比圓體，而求月食。今大地卻非圓體，大地邊傍四圍，與夫地平之下，不可見其圓與不圓」。緊接著，他以案語説明地爲圓體：「案地體雖渾圓，百里數十里不見其圓，人目直注，不能環曲。試泛舟江湖，但見舟所到之處隆起，而水之來不見其首，水之去不見其尾。洞庭之廣，日月若出没其中，遠山悉在環曲下，不爲障也。測北極出地高下，及東西各方月食之時刻早晚，皆地體渾圓，地度上應天度之證。張衡《靈憲》曰，當日之沖，光常不合者，蔽於地也，是謂暗虚，月過則食。使暗虚非地影，何物適當日之沖，隨日旋轉，有徑可測乎？此昧於地體而疑之，由測驗疎耳。」這説明他對張衡對月食現象的疑問主要是由於張衡不清楚地爲圓體，是因爲測驗比較粗疏。趙友欽的上述一系列論證説明，他雖然出於懷疑而進行了反復討論，但是他持有地圓説的觀點。

在「地域遠近」中，趙友欽提出「古者測得陽城爲地中，然非四海之中，乃天頂之下，故曰地中也」的新看法，這是在爲古代地中説進行辯護，還是另有意圖？他談到古法以五表求地中，以今思之，惟用一表。由此可以得出，趙友欽此處的地中並不是古代所闡述的地中。他没有進行概念上的區分。但是他仍然明確了自己的觀點：「《周禮》求地中，乃驗之陰陽風雨和會，異於多暑多寒多風多陰之地，而謂之中。此言陽城爲天頂之下，由不知環地之周，戴天皆上，履地皆下，隨人所居，各一天頂也。」

對於地域遠近不同導致的寒暑、晝夜長短、影長的不同，趙友欽認爲，「夏日永而地愈北愈增，冬日短而地愈南愈損」，他引用了郭守敬四海測驗的數據，晝夜長短方面有：南自南海，夏至晝五十四刻，至北海，晝八十二刻；北自北海，夏至夜十八刻，至南海，夜四十六刻，晝夜永短，相差二十八刻。影長方面有：南至交廣，北至鐵勒等處，驗之影各不同，然非特測之南北，亦驗之東西。可見他對郭守敬的四海測驗有充分的瞭解與把握。但是他也不完全同意郭守敬的觀點，他認爲「此言冬夏南國之晝夜長短不較多，謬也」。説明他在地圓説的基礎上，對春秋分、冬夏至時南北晝夜長短現象的認識比郭守敬的明顯有了進步。

他在這一節還討論了古代千里寸差的説法，他認爲：「古者測影欲求一寸所差里數，終未爲真。蓋道路迂回，難量直徑，是以一寸千里之説，猶自難憑。」可見他也完全否定了自《周髀算經》以來的「日影千里差一寸」的説法。他關於東西異地，時刻不同的測驗方法是「故月入暗虚，天下盡同，東西異地之時刻不同。測月食時刻，可以知東西地度」説明他不僅肯定地圓説，而且對地理經緯度也有明確的認識。

趙友欽在卷三「月體半明」中説明了月球不發光，受日照射而生光的機理。同時，他對於月食形成過程中日、月、地三個球丸在近白道與黄道交點處相望、相沖的機制也描述的非常準確。這是他高於前人的思想認識。更有趣的是他列舉了望遠鏡的發現，如：「案日中有黑子，而月體中用大遠鏡窺見其有高下。故月之向日有吐光處，有不吐光處，此據流俗所附會，非也」，這裏引述了伽利略的天文新發現，其中一是太陽黑子，一是吐光與不吐光處，應該意指月面環形山。但是趙友欽卻以附會流俗而否定了這些內容。關於趙友欽如何得到這些知識的，其來源令人好奇。

趙友欽提出了「日之圓體大，月之圓體小」的思想。中國古代傳統天文觀念一直認爲日月等大，體積相同。然而趙友欽發現，在解釋日月食現象時，必須假定月在日下，月的視直徑就應比日大，可二者看上去是一樣的。這一問題長期困擾著中國古代天文宇宙結構理論，直到趙友欽纔得以圓滿解決。趙友欽通過長期的天文觀測，提出了自己的獨到見解，提出「日雖與人相遠，天去人爲尤遠，近視則小猶大，遠視則雖廣猶窄。」也就是説，遠視物則微，近視物則大，近視雖小猶大，遠視則雖廣猶窄。根據這一視角知識，趙友欽明確指出：日之圓體大，月之圓體小。日道之周圍亦大，月道之周圍亦小。日道距天較近，月道距天較遠。月道在日道内亦似小環在大環之中，周遭相距之數不殊。日月之體與所行之道雖周徑有少廣之差，然月與人相近，日與人相遠，故月體因近視而可比日體之大，月道因近視而可比日道之廣，亦猶日道之可比天道。趙友欽這裏所得出的「日之圓體大，月之圓體小」的論斷是中國古代天文學史上的一個創新思想，推動了古代天文知識的發展。

關於五星會合週期常數，趙友欽給出的火星與土星的數據如下：「熒惑七十九年而四十二周天與太陽合度者，三十七合期約七百八十日；填星五十九年而二周天與太陽合度者，五十七合期約三百七十八日」。其中整數年部分完全合於《至大論》中的數據。金星與水星數據「金水二星似乎近侍之臣，常與太陽不相遠，故隨太陽而一年周天。太白八年而五合於太陽，退合者又五，約五百八十四日而逆順兩合；辰星四十六年之間合於太陽者一百四十五，退合亦然，約一百一十六日而順逆兩合」，整數年部分也完全合於《至大論》中的 ①。此文最後指出「此乃五緯之常數也」。以上週期相合的原因值得進一步探討。

木星數據是八十三年而七周天與太陽合度者，七十六合期約三百九十九日，這與《至大論》中的數據不合，相差十一年。筆者分析認爲，木星週期約十一點八六年一周，估計是在計算會合週期時多取一周與少取一周的差別。

在「蓋天外理」中，趙友欽一方面批評了蓋天說，認爲「然則蓋天之說，其爲外理，殆不辨

① 鄧可卉：《古希臘數理天文學溯源——托勒密〈至大論〉比較研究》，山東教育出版社二〇〇九年版，一七六—一七七頁。

而明者也」。但是，他另外又説，「蓋天之學不特知天體渾圓，並知地體亦渾圓，可謂測驗至精至密。漢以來言渾天者不逮也。此所引蓋天之説，乃後人附會之妄，强加之蓋天，以便於攻之，其亦誣矣」。這裏趙友欽分析了蓋天説的晝夜變化、太陽出没各與地域相近遠以及晨昏之遲早等現象，認爲蓋天説包含了天體渾圓與地體渾圓的道理，是渾天説不可與之相比的。之所以後世批評蓋天説，是因爲後人爲了便於攻擊它，把一些觀點强加於蓋天説的。但是許多人不知道其中的原因。他在《革象新書》中類似於此互爲矛盾的説辭很多，使人難以把握他的真實思想。我們初步認爲趙友欽論説蓋天説的功績在於，一方面指出了蓋天説的一些不合實際現象的錯誤之處，但是也指出了後人過分指責蓋天説的真實情況。

趙友欽認爲蓋天説中的七衡六間説最早有，「日隨天而左之規法，以七衡均分黄道，界之爲十二。黄道斜，而七衡與赤道平列，此虞夏商周相傳之舊，至秦而失其傳」。漢人草創渾天儀，設窺管謂之衡。後儒援漢制，以當古璿機玉衡，於其本法，益莫之或考矣。説明了蓋天説與渾天説的關係，而且是渾天説陰傳了蓋天説的黄道七衡，但是其具體内容，只剩下現在流傳於世的了。

趙友欽在《革象新書》卷四「經星定躔」與「横度去極」中，創造性地提出測定恒星入宿度和去極度的兩種新方法。中國傳統天文學上測量恒星的入宿度和去極度，離不開渾儀或簡儀等大型儀器。其方法是先按赤道環上二十八宿距度對準二十八宿距星，然後旋轉四遊環，用窺管對準觀測的星體。趙友欽在卷四「經星定躔」中云：「古者逐夜測驗中星，遂知黄道各宿度數，又以渾儀比較而後定……今别作一術，測之於地中，置立壺箭刻漏……此壺漏不常用，但以推測經星度數。」趙友欽提出了一種測定兩顆恒星上中天的「恒星時」時刻差來求它們之間的赤經差之新方法，發明了這種由兩漏壺爲主構成的測經儀器。他還提出立一四柱木架測量經星的去極度。趙友欽説，「然亦當用兩人（組）以兩架測之，庶幾可以彼此參較。觀象者候視各宿，若距星當鋅中，隨即聲説，看箭者言其箭畫目，秉筆者記之。」這兩種新方法不用大型複雜的渾儀或簡儀，便於民間天文學家觀測星象。趙友欽認爲在測量過程中應把觀測人員分爲兩組，分别用兩架相同測經儀同時觀測，這樣就可以彼此參驗，對照觀測結果。更爲難能可貴的是，趙友欽還提出爲了避免誤差，提高測量的精確度，必須進行多次測量，「須當再驗三四夜，以審定焉。」也就是以多次測量的平均值來計算恒星赤經差。這種測量思想與近代天文測量精神相一致，值得重視。

在卷五的「句股測天」與「乾象周髀」兩節，趙友欽分别論述了測望術和《周髀算經》中圓方數的數學原理。這兩部分分别與劉徽的重差術和祖沖之的圓周密率相關，既驗證了前人數學理論的正確性，同時也反映了趙友欽把這些理論應用於實際天文學測量的方法和對這些數學理論的認識。

《原本革象新書》

【元】趙友欽　撰

《革象新書》五卷

臣等謹案《革象新書》五卷，不著撰人名氏，宋濂作序稱，趙緣督先生所著。先生鄱陽人，隱遁自晦，不知其名若字，或曰名敬，字子恭，或曰友欽，弗能詳也。王禕嘗刊定其書，序稱名友某，字子恭，其先於宋，有屬籍。考《宋史》宗室世系表漢王房十二世，以友字聯名。書中稱歲策加減法，自至元年辛巳行之至今，其人當在郭守敬後，時代亦合，然語出傳聞，未能確定。都邛三餘贅筆稱，嘗見一雜書云，先生名友欽，字敬夫，饒之德興人，其敬字子恭及字子公者，皆非，亦不言其何所本。惟其爲趙姓，則灼然無疑也。其書自王禕刪潤之後，世所行者皆禕本，趙氏原本遂佚。惟《永樂大典》推步之屬所載，與禕本參校互有異同。知姚廣孝編纂之時，所據猶爲舊帙，禕序頗譏其蕪冗鄙陋，然術數之家主於測算，未可以文章工拙相繩。又禕於天文星氣，雖亦究心，而儒者之兼通，終不及專門之本業，故二本所載，亦互有短長，並錄存之，亦足以資參考。

其中如「日至之影」一條，《周髀》謂夏至日直內衡，冬至直外衡，中國近內衡之下，地平與內衡相際於寅戌，外衡相際於辰申，二至長短，以是爲限，其寒暑之氣，則以近日遠日爲殊。

而此書謂日之長短，由於日行之高低，氣之寒暑，由於積氣之多寡。

「天周歲終」一條，天左旋，其樞名赤極，日右旋，其樞名黄極。經星亦右旋，宗黄極以成歲差。而此書謂天體不可知，但以經星言之。左旋，論東西不論南北，右旋，論南北不論東西，截然殊致。而此書謂如良駑二馬，駑不及良，一周遭則復遇一處。「日道歲差」一條，歲差由於經星右旋，凡考冬至日躔某星幾度幾分，爲一事。至《授時》法所立加減，謂之歲實消長與恒氣冬至、定氣冬至，又爲一事。迥乎不同。而此書合而一之。又「天地正中」一條，日中天則形小，出地入地則形大，乃氣之故。而此書謂天頂遠而四旁近，又南北度必測北極出地，東西度必測月食時刻，別無他術。而此書欲以北極定東西之偏正，以東西影定南北之偏正。「地域遠近」一條，地球渾圓，隨處皆有天頂。而此書拘泥舊說，謂陽城爲天頂之下。

又《元史》所記，南北海晝夜刻數各有盈縮。而此書爲南方晝夜長短不較多，又時刻由赤道度，而影移在地平，故早晚影移遲，近午影移疾，愈南則遲者愈遲，疾者愈疾。而此書謂偏西則早遲而晚疾，偏東則早疾而晚遲。

「月體半明」一條，凡日月相望必近交道，乃入暗虚；遠於交道則地不得而掩之。而此書爲隔地受光，如吸鐵之石，其論皆失之疏舛。他如以月孛之孛爲彗孛之孛，謂地上之天多於地下之天，謂黄道歲歲不由舊路，謂月駁爲山河影，謂月食謂受日光多，陽極反亢，謂日月圍徑相倍，謂暗虚非地影。或拘泥舊法，或自出新解於測驗，亦多違失。然其覃思推究，頗亦發前人所未發，於今法爲疏，於古法則爲已密。在元以前談天諸家，猶爲有心得者，故於訛誤之處並以今法，加案駁正，而仍存其說，以備一家之學焉。

乾隆四十六年九月恭校上

總纂官臣紀昀、臣陸錫熊、臣孫士毅

總校官臣陸費墀

《革象新書》卷一

天道左旋　日至之影　歲序終始　閏定四時　天周歲終　曆法改革　星分棋佈　日道歲差　黄道損益

天道左旋

古人仰觀天象，遂知夜久而星移斗轉，漸漸不同，昏暮東出者曉，則西墜，昏暮不見者曉，則東升。北天之星，雖然旋轉未嘗入地，四時皆見，其徹夜在天，然其旋轉有甚窄者，以衡管窺之，衆星無有不轉，但有一星旋轉最密，循環不出於管中，名曰紐星者是也。古人以旋磨比天，則磨臍比爲天之不動處，此即紐星旋轉之，所名曰北極。

案日右旋成寒暑，月右旋成朔望，五星右旋成伏見，經星右旋成歲差，其理一也。又皆隨大氣運之而左，以成東出西没之象。經星之右旋甚微，故昔人不覺，遂以左旋之天，歸之經星耳。北極，乃左旋之樞，步算家謂之不動處。賈逵、張衡、蔡邕、王蕃、陸績，皆以紐星爲不動處，梁祖暅之測紐星離不動處一度有奇，元郭守敬測離三度有奇矣。

亦猶車輪之軸，瓣瓜之攢頂也。復觀南天，雖無徹夜見者，但比東西星宿旋轉，則不甚遠，由是而推乃是南北俱各有極，北極在地平之上，南極在地平之下。今比北極爲瓜之聯蔓處，南極爲瓜之有花處，東西旋轉最廣之所，比乎瓜之腰圍。北極傍雖然旋轉，常在於天；南極側近，雖然旋轉，不出於地。如是則知地在天内，天如雞子，地如中黄，然雞子形不正圓，古人非以天形相肖而比之，但喻天包地外而已。以此觀之，天如蹴球，内盛半球之水，水上浮一木板，比似人間地平，板上雜置微細之物，比如萬類蹴球，雖圓轉不已，板上之物俱不覺知。謂天體轉旋者，天非可見其體，因衆星出没於東西，管轄於兩極，有常度無停機，遂即星所附麗，擬以爲天之體耳。

日至之影

古者因見天暑而日高近北，天寒而日低近南，遂立表木，以測其長短之影。東出西没之時，表影最長；日正中天，表影最短。若以四時驗之，中晝之影漸短，逐日不同。乃以中晝表影極短之日，爲夏至，中晝表影極長之日，爲冬至。中晝之影所以短者，蓋日近北而高；所以長者，蓋日近南而低。日高則行天必久，而晝長，晝長則人間陽氣積多而暑；日低則行天不久，而晝短，晝短則人間陽氣漸少而寒。

案《周髀算經》，夏至日值内衡，冬至日值外衡，春秋分日值中衡，地在天之中央，周圓皆應天度。人居地面，目之四望成地平。而中土近内衡之下，地平與内衡相際於寅戌，與外衡相際於辰申，故夏永而冬短，此以高低言，其説殊疏。又日氣常下行，火氣常上行，相應之義也。夏至日行，近中土之天頂，盛陽下行，故暑猶近火之焰也。冬至日行，遠中土之天頂，側照則力減，故寒猶遠於火之焰也。此專以氣積，言其説亦疏。

此寒暑因日而變也。

歲序終始

古人以冬至爲第一日，逐日記之，第三百六十六日中晝影復最長，是爲次年冬至數。雖雲夏至亦然。故曰三百六旬有六日。二至未定時辰，但以午影驗之，似乎皆在午矣。雖雲三百六十六日爲一期，然第一日午中數，至第三百六十六日午中，只滿三百六十五日，比似初一日午中數，至初六日午中，只滿五日也。積二期滿七百三十日，積三期滿一千九十五日，積四期滿一千四百六十日。第一日爲第一冬至，第三百六十六日爲第二冬至，第七百三十一日爲第三冬至，第一千九十六日爲第四冬至，第一千四百六十一日爲第五冬至。五次冬至，只得四期，滿一千四百六十日。然古人於第一千四百六十一日測午影，尚未極長，第一千四百六十二日，纔是冬至。如此則四期之日滿一千四百六十一，每年三百六十五日有餘，積四年之餘總多一日。一日十二時，四分之，則每年有三時爲餘數，古人謂三百六十五日四分日之一，蓋將一日分與四年爲餘數，每年得四分之一也。案古法每歲三百六十五日四分日之一，約計大致耳。《太初》法大於四分日之一，以後諸家推步皆不及四分日之一。一日既作四分，則當定二至之時辰，然二至時辰難必其的，當酌量擬度以定之耳。

閏定四時

古人測驗得月圓一次，不及三十日，止是二十九日有餘，十九年積六千九百三十九日餘九時，數内月圓二百三十五次。置立銅壺木箭漏水之法，其水漸次消長，則其箭漸次浮沉。箭在分爲百刻，沉浮一次，是爲一日。刻者，刊之於箭也。一時八刻有餘，三時總二十五刻，如是則每年三百六十五日二十五刻也，十九年積六千九百三十九日七十五刻，均作二百三十五朔，每朔計二十九日五十三刻有奇，其餘數均分不盡。若將一箭百刻，變爲二百三十五畫，而如總朔之數，則每朔得二十九日，餘一百二十四畫，尚有餘數均分不盡。遂將已分之畫又復細分爲四，如是則一日百刻變爲九百四十畫，每朔該二十九畫矣。所以四其二百三十五者，蓋每年有餘數四之一，其四之一細爲二百三十五畫，而如總朔之數，則一日該九百四十畫，方可均而無餘。以九百四十名爲日法，每年三百六十五日餘二百三十五畫，乃九百四十之二百三十五，此數即是每年餘數四之一。每朔二十九日，其餘亦云九百四十之四百九十九。若以整數二十九日，亦分細晝，則每朔該二萬七千七百五十九晝，每年三百六十五日有餘，均分作二十四氣，每氣計一十五日，餘二百五晝六十二秒半。此蓋又以一晝細爲百秒也。兩氣計三十日，四百一十一晝餘二十五秒，是爲一節。若一朔比之相較八百五十二晝二十五秒，名曰一月之閏數。一節三十日有餘，其餘數四百一十一晝二十五秒，名曰氣盈，一朔不及三十日，是三十日内有虧，乃虧四百四十一晝，名曰朔虚。併氣盈朔虚之數，得八百五十二晝二十五秒，即一月之閏數也。每年十二月，共計閏數一萬二百二十七晝，積十九年，共計閏數一十九萬四千三百一十三晝。若二萬七千七百五十九晝，閏爲一朔，則該七閏無餘，月光晦而復蘇爲朔，朔在本日四百四十晝以前者，則第三十日爲後朔。朔在四百四十一晝以後者，則第三十一日爲後朔。所以然者，蓋晝少是本日早時，雖加一朔之數，後朔止是第三十日内；晝多是本日晚時，既加一朔之數，則後朔在第三十一日矣。後朔在第三十日者，本朔只領得二十九日，謂之月小；後朔在第三十一日者，本朔方領得三十日，謂之月大。則斡名與後朔同，月小則不同矣。

　　月朔時刻，非可以真知其數，乃酌量擬度，權定於本日之刻晝耳。每年二十四氣，於内，十二節氣，十二中氣，十九年之内，中氣有二百二十八，若一朔之内置一中氣，則七朔無中氣者，是閏有正月中氣者，爲正月，有二月中氣者，爲二月，他月皆然。若是，則閏月必無中氣矣。年有閏月者十三朔，無者十二朔，古人以十九年爲一章，初年甲子日子時朔旦冬至在歲，次甲，謂之至朔同日。第二十年爲第二章首，復得至朔同日。然非甲子之日，先期夜半，乃癸卯日酉時。第三十九年爲第三章首，復得至朔同日。乃是癸未日午時。第五十八年爲第四章首，復得至朔同日。乃是癸亥日卯時。第七十七年，至朔又復同日，乃癸卯日子時。因其至朔同在夜半，與第一章初年同，遂以七十六年名一蔀。蔀者，以至朔同在夜半，蔀，蔽昧之時也。

第七十七年爲第二蔀首，每蔀四章，其第七十七年亦曰第一章首，每章甲子差三十九日九時，總四章共差一百五十九日。於内，甲子整數兩周，除一百二十日，每蔀只差三十九日。總二十蔀，名曰一紀，總差七百八十日，計甲子十三箇周，整數無餘乃無差。如是則一紀總一千五百二十年，必然至朔同於甲子日之先期夜半，但非甲子歲首，總三紀，積四千五百六十年，至朔同於甲子日之先期夜半，又在甲子歲首，總會如初，名曰一元。一元之内，歲次甲子者七十六，與蔀年同積一百六十六萬五千五百四十日。日爲甲子者，二萬七千七百五十九，其數與每朔之積晝相同。一蔀之内積日亦同此數。蓋一元有六十蔀也，日法九百四十，故九百四十朔爲一蔀。在昔黄帝命大撓作甲子，隷首作算數，羲和占日，常儀占月，車區占星氣，伶倫制律吕，容成總斯六術而造曆，即此曆數也。自黄帝調曆，以至漢前諸曆，雖推步而先後其氣朔，然數之多少短長，猶未增減，在後漸漸增減之，以至於今，益加詳密矣。

天周歲終

古人仰觀天象，見衆星昏曉出没，乃知天體每日運轉一周，然衆星昏見四時，漸漸不同。唐虞之時，日永，則心宿當南方正午之位。心宿，三星中赤者，名曰大火，故曰「日永星火」；日短，則昴宿當午位。春中，則張翼之類當午位，南方七宿配朱雀，故曰「日中星鳥」；秋中，則虚宿當午位，歲歲皆然。古人因見四時昏曉之中星不同，乃知太陽所躔漸異，歲終，而中星復舊，是太陽亦復舊，而行天一周矣。每年三百六十五日餘四之一，故亦以周天分爲三百六十五度餘四之一，歲數與天數相同，故曰「天周歲終」。太陽一日行一度，分、寸、尺、丈、引，名曰五度。分天爲度者，亦是度量之義，似乎以太陽爲尺，其一度即日圓之徑數也。

案古字「度」、「渡」通用，度者，行而過之之名，以日右旋一晝夜，所過即爲一度。故《後漢書》云，在天成度，在曆成日。古法歲三百六十五日四分日之一，因定天周爲三百六十五度四分度之一，此所言殊。夫命度之意。

於日行之道定二十八宿之名，宿之星數多寡不等，各就其數，内定一點爲距星。距者，隔越之義。乃以此二十八點距星爲各宿之界，各宿度數由此而分。且如南斗從柄而起，以第三點爲距，前二點及爲距之半點，未離於箕，而尚屬於箕，餘三點半方在本宿度内，然本宿之星數少，所占乃有二十餘度者。蓋斗牛之間又有建星等類，不在玄武七宿之數，就附於斗，所以斗星雖少，而占度卻多。他宿亦猶是也。及觀太陰所躔昏曉漸異，見其移六七度，遂知一日之内月行十三度有奇。月與日同躔之時，謂之合朔。月與日對，光滿匡廓，兩輪相望，名曰望。近一遠三，月體黑白各半，似乎張弦之弓，名曰弦。月行及日，光盡體伏，名曰晦。此晦朔望之名義。十九年爲一章之内，太陽在天一十九周，太陰在天二百五十四周，於月周之數，減去日周，則爲二百三十五朔，十九日之內太陽行十九度，太陰行二百五十四度，與十九年周天之數相同。以二百五十四度於十九，則知太陰每日行十三度餘十九之七，每年行十三周十九之七。每日太陰遠太陽十二度十九之七，每年太陰太陽十二周餘十九之七，故每年之日月合十二朔，餘十九之七爲閏積，十九年七閏也。一朔之內，太陽行二十九度餘九百四十之四百九十九，太陰行一周外餘數與太陽同。太陰一周止，該二十日餘三百二晝有奇。

舊云「天道左旋，日月右轉」，蓋謂日月附著天體，天雖一晝夜而周，太陽於天止移一度，太陰則移十三度有奇。在後推測，卻是日月與天道相遠，而不附於天，如此則是太陽每日周地一遍，每年總計三百六十五周餘四之一，天多過一度，則亦是每日周地三百六十六度餘四之一。太陽每日不及天運一度，太陰每日與太陽相去十二度餘十九之七，卻是日速月遲，由是觀之，「日月右旋」之說，乃曆家用逆推之術，取其簡省籌策耳。

日月相會爲朔，朔者，月終而復始也。月遲日速，曆二十九日四百九十九晝，而復同度。今以良駑二馬比之，日比良馬，月比駑馬，一度比之一里，日月繞地一周，比似馬之循環封疆一遍，每里分爲十九段，每段爲小尺，良馬每日周遭一次，計行三百六十五里四段七十五尺，駑馬每日不及一周遭，止行三百五十一里十六段七十五尺，較遲一十二里七段，即所謂不及十二度十九之七也。以段計之，每日漸多二百三十五段，以尺計之，每日漸多一萬三千五百尺，每晝漸多二十五尺。良駑一處，同時發程，乍分先後，不甚相遠。歷一十四日七百一十九晝半，良駑相距半周遭，又歷此數，總二十九日四百九十九晝，駑不及良一周遭，二馬復同一處矣。此即一朔之喻，次朔而復相會，不會於元所，相會九百四十次方於元所，相會乃一蔀之數也。古人又云，天與日會者，天體每日繞地而行三百六十六度餘四之一，太陽每日繞地一周，計三百六十五度餘四之一。天不可知其體，但以經星言之，天速日遲，每日不及一度，一年而不及一周，則日復舊躔，故曰天與日會，亦可以良駑二馬比之，玆不贅。

案天左旋，其樞名北極，亦名赤極。日右旋，其樞名黄極經星，亦右旋宗黄極，以成歲差。故春分，黄赤道之交，古在赤道外之星，今移而入赤道内；秋分，黄赤道之交，古在赤道内之星，今移而出赤道外。此云天體不可知，但以經星言之，謬也。左旋，乃東西旋，一準乎赤道，而宗赤極；右旋，乃南北旋，日與經星皆準乎黄道，而宗黄極。月、五星各行一道，各宗一極，月曰白道、白極，五星之道與極各以其星名之。此用後儒附會之説，不知左旋論東西，不論南北；右旋論南北不論東西，截然殊致非用逆推之術，簡省籌策也。

十九年則天與日會，而月亦會，是爲一章之數，但非子時相會。若四章爲一蔀，則日月皆與天會於夜半，皆在地平之下，乃日月與天地四者俱會也。此云良駑九百四十會，而方會元所者，以九百四十會比一蔀之朔，會於元所。比日月之與地會，此止比日月與地會，而不比天會，故不喻及一章之數。

曆法改革

一陽生於子中，纔交冬至，已屬次年，蓋冬至日極於南，卻轉而北，午影極長，漸改而短，亦猶夜以後屬次日，界於子時正中。世間人事，一日始於天曉，一年始於建寅之月，故古者以建寅之月爲正，如此則子丑兩月雖屬次年，紀曆則猶在舊歲，謂之敬授人時。即今月蝕夜半後，雖近曉，亦止以當夜言之，與子丑兩月尚作舊年相似。三統之説謂夏正建寅，商正建丑，周正建子，先儒考索乃知，商周二代雖以子丑爲分，頒授時之首，而月數未嘗改易。

案《左傳》，昭公十七年，梓慎曰，火出，於夏爲三月，於商爲四月，於周爲五月。乃月數改易之明證，此用後儒附會之説，謬也。

至於曆法，則因氣朔有差，後世累改，由古及今六十餘曆矣。周衰之時，司天失職，漢《太初曆》粗爲可取，然猶疏略未密，唐一行作《大衍曆》，當時以爲密矣，以今觀之猶自甚疏。蓋歲淺則差少未覺，久而積差漸多，不容不改，要當隨時測驗，以求天數之真。

星分棋佈

天體如圓瓜。古人分爲十二次，乃似瓜有十二瓣也。周天三百六十五度餘四之一，均作十二分，則一瓣計三十度四十三分七十五秒。度度皆輻輳於南北極，如是則其度斂尖於兩端，最廣處在於瓜之腰一圍，名曰赤道。其度在赤道者，正得一度之廣，去赤道遠者，漸遠漸狹，雖有一度之名，寔爲無腰圍一度之廣矣。各度皆以二十八宿之距星紀數，謂之經度。

古人又謂天體如彈丸，東西南北相距皆然，東西分經，則南北亦當分緯。緯度皆以北極相去遠近爲數，亦是三百六十五度餘四之一，兩極相距一百八十二度六十二分五十秒，赤道横分兩極，與極相遠各九十一度三十一分二十五秒。天頂名曰嵩高，北極偏於嵩高而北者五十五度有奇，赤道則斜倚在嵩高之南三十六度。蓋北極既偏於嵩高之北，南極既偏於地中之南，所以赤道不得不斜倚於南也。赤道雖倚南，於東西兩傍，猶在卯酉正位。由是觀之，所謂天如彈丸者，得其圓象之似，所謂天如倚蓋者，但以言其蓋頂斜倚而輻輳，所謂天如雞子者，喻其天包地外而已。

日道歲差

日行不由赤道。晝永，在赤道北；晝短，在赤道南。其道别名黄道。黄道之與赤道似乎兩環交差，且以冬至爲始，言之太陽當時，在赤道之南，横距赤道二十三度九十分。從冬至後行，漸近北，迆邐向於赤道，及乎仲春之時，斜去冬至，躔九十一度有奇，則在赤道之交矣。過交入赤道北，斜去九十一度有奇，及於夏至，躔則又與赤道遠，最近於北，横距亦二十三度九十分。從此漸漸轉南，非由故道，乃一環而循歷兩邊，亦向赤道，及乎仲秋，交於赤道，已斜去夏至，躔九十一度有奇，非春中之交，乃相對處耳。過出赤道南，斜去赤道九十一度有奇，及乎冬至，又躔元度，故曰「天周歲終」。《堯典》云日短星昴者，乃仲冬昴宿昏見於午方昏時。若昴宿正南，則知日躔虚宿，何以言之？正東之方名曰卯位，正西之方名曰酉位，日正南處名曰午位，一日十二時，太陽曆過十二位，乃定方也。

天以各宿經度，分爲十二次，乃動體也。動者無常位，名曰天盤，定方有常位，名曰地盤。

仲冬太陽在虛宿，虛屬天盤子，酉時太陽在西方，此際天盤子加地盤酉，子加酉，則酉必加午。昴宿屬天盤酉，故昏見於正南。漢作《太初曆》，推步得冬至日在牽牛之初，今之《授時曆》推步日躔，當至元冬至乃在箕九度二十二分一十八秒。以漢武時較帝堯時，已差二十度。當時唐都洛下閎，但擬八百年差一度，雖知有差，尚自疏略。晉虞喜不用「天周歲終」之術，謂天度與歲日數殊，天自爲天，歲自爲歲，始將天體爲三百六十五度二十六分乃四分之一有餘，歲策爲三百六十五日二十四分乃四分之一不足，一年差二分，五十年差一度。宋何承天以爲歲差太速，改爲百年差一度，周天作三百六十五度二十五分半，周歲作三百六十五日二十四分半。隋劉焯又從而酌中，以七十五年差一度。唐一行以八十三年差一度。自後諸曆各各不同，宋曆多在七十五度左右，《統天曆》謂周天赤道三百六十五度二十五分七十五秒，周歲三百六十五日二十四分二十五秒，百年差一度半，然又謂周歲漸漸不同，上古歲策多，後世歲策少，如此則上古歲差少，後世歲差多，當今曆法倣之。立加減歲策之法，上考往古，百年加一秒，下驗將來，百歲減一秒，至元辛巳行用至今，秒數尚作二十五，猶未減也。三代以前未有歲差之術，晉宋而後，雖立歲差之術，時或議論不定，李淳風猶自執説無差，謂冬至常躔斗十三度，至一行作大衍曆，而後論定，以後必立歲差。歲差之法雖立，然差數歲歲如一，於前加後減之法，猶自未知，今則知加減矣。若欲測其加減親切之數，非歲久曷能知之？

案歲差由於經星右旋，此考冬至日躔某宿幾度幾分之一事。至授時法立加減，謂之歲實消長，與恒氣冬至，定氣冬至爲一事。知定氣之故，則不必言消長矣。二事各殊，絶不相涉，合而論之殊疏。

《授時曆》以赤道分三百六十五度二十五分六十四秒，周天分三百六十五度二十五分七十五秒，相較一十一秒者，蓋黄道一周同於歲策，止計三百六十五日二十四分二十五秒，有似周天尚未足一分五十秒，是謂歲差。其一分五十秒不在瓜之腰圍，横距赤道二十四度，斂而狹之止，廣一分三十九秒，以此一分三十九秒併入歲周，故云，黄道三百六十五度二十四分六十四秒。黄道雖是歲差冬夏二至日躔必然，横距赤道二十四度，黄道歲歲不由舊路，差移一分有餘，斜絡於二十八宿度之間，歲久則遍滿而無非行過之所矣。今人斜捲麻苧之絨，周遭往返，非復故處，絲漸移，重複纏絡而成團者，名曰絨團，以喻此理最切。

案，赤道爲天之中帶，如瓜之腰圍。黄道斜交於赤道，半在赤道南，半在赤道北，最遠距赤道二十餘度。冬至最南，夏至最北，相距四十餘度，冬至後自南斂北，夏至後自北發南，日發斂於四十餘度之間，右旋，適一周而成歲。於黄道本無纖微之差，使發斂未終，則未成歲矣。一歲之日躔起冬至，復值其起處，而列宿部星則稍移而前，積至六七十年差一度，是星右旋，離最南一度，非日躔黄道未至最南一度也。唐一行分天自爲天，歲自爲歲，其所謂天，指列宿之天，所謂歲，指日躔黄道分而二之是也。然立法乃減歲餘，益天周，謂歲周不及天周，非也。此仍一行諸人之謬，而言黄道歲歲不由舊路，尤足滋惑。

唐虞之時，冬至日躔子，夏至日躔午，春分日躔卯，秋分日躔酉，至今未及四千年，冬至日已躔寅，夏至日已躔申，春秋二分已躔巳、亥，計其歲差已退四五十度矣。由是觀之，後萬餘年冬至日反躔午，夏至日反躔子，春卯秋酉亦各互易，若周遭而復於舊躔，當在二三萬年間，逆而推之，帝堯以前亦必如是，此決然之理也。北斗有柄，常指天盤卯辰間，唐虞之際，冬至太陽躔虛昏見，時天盤卯辰間，加於地盤子，故十一月以斗柄指子爲說，天旋一晝夜而周，酉末戌初則指丑矣。斗牛女虛危室壁，北天七宿也，三冬太陽躔之，故曰日在北陸。今則歲差，太陽冬至已躔箕，屬寅，冬至後日方躔斗，如此則季冬日在北陸，冬至以前尚在東陸也。冬至昏見，時太陽隨天盤寅，以加地盤申，酉界畔其天盤卯辰之間，卻加地盤戌，仰觀斗柄，指戌而不指子矣。今人於十一月，猶以斗柄指子爲説，是未知歲差者也。然天體於一時轉一位，戌末亥初卻仍指子，但不可言初昏指耳。夫日躔既已歲差，則昏旦亦差，唐虞初昏，乃今戌亥之時，在後，仲冬日差在卯，則斗柄夜半指子，差在午，則平旦指子，差在酉，則日中方指子，謂閏月指兩辰之間者，可發一笑歟。

黃道損益

子正玄枵中，於虛七度，赤道均分周天宿度十二次，各三十度四十三分七十五秒，是將子中爲的而分之，黃道宿度與赤道宿度有多寡之不同，各次之黃道宿度亦不等。所以然者，冬夏二至之日黃道平近於兩極，其度斂狹，每度約得十之九，春秋二分斜行赤道之交，赤道所在度既廣，而又斜行每度十有一矣。四立之日度在酌中處，其餘漸廣狹，迆邐而推。今之《授時曆》步得冬至日躔箕宿，以此寅申度數最少，巳亥度數最多，其餘則多寡稍近。

《革象新書》卷二

積年日法　元會運世　氣朔滅没　日月盈縮　月有九行　時分百刻　晝夜短長　氣積寒暑　天地正中　地域遠近

積年日法

前代造曆者，逆求往古冬至歲月，曰上元乃履端於始也。從上元而下至當時順推，以後求其餘分，普盡總會如初，乃歸餘於終也。一日百刻，亦曰百分，一分又爲百秒，求其積年總會，雖以百分萬秒重疊，細作名項籌策，亦不能齊，是以必立日法。古者以九百四十爲日法，即所謂一箭之分晝也。始於至朔，同在甲子夜半，復會如初，名曰一元。但積年四千五百六十而已。後世推步，知十九年七閏尚有餘數，兼欲七政皆齊，是以履端歸餘之算，非積年數千萬不可。諸曆更改其餘數，多寡不定，各立日法，有作八十一者，有三千四十者，有作九千七百四十者，不必枚舉之。然有所謂截元曆，但將推步定數爲則，順算逆考不求其齊。當今至元辛巳改《授時曆》，采舊曆截元之術，凡積年日法，皆所不取。蓋曆年未久，已有先天後天之失，況遠求數千萬歲，豈可必其總會邪！且黄帝之時，大橈始作甲子，今欲求甲子，於黄帝以前徒使籌策，繁雜終不得天道之真也。

元會運世

古者推步七政，多求其總會，於甲子順算逆考上下數千萬年，然諸曆履端歸餘，各有遠近多寡，難見此是彼非。李淳風在唐太宗時，官爲太史令，能豫知武氏有天下，可謂精於術數矣。然所造《麟德曆》，乃爲僧一行所非，麟德術疏，他且未論，但日行之道，歲歲有差，漢晉以來已有其說，淳風乃謂冬至太陽常在斗十三度，萬古不移其說，有所不通矣。一行造《大衍曆》，當時嘗以爲密，俱用其法。推至於今，冬至已差二日，如此則淳風、一行之積年日法，俱不可求曆元之終始，豈非遠而難測邪？近世康節先生作皇極，經世書以十二萬九千六百年爲宇宙之終始，世人多信其說，以愚觀之，實不可準。今當言其所以然，康節之說，蓋謂小可觀大，遂以歲月日時，比作元會運世，一元有十二會，比一年之十二月也，一會有三十運，比一月之三十日也，一運有十二世，比一日之十二時也。其下則一時爲三十分，一分有十二秒，三十年爲一世，三百六十年爲一運，一萬八百年爲一會，十二萬九千六百爲一元。天始於子會，地始於丑會，人生於寅會，謂之開物，至戌會，則閉物矣。夏禹八年甲子，用爲午會之初，當今泰定甲子，乃午會第十運之戌世初年也。蔡氏曰，康節何以知之？以當時日月五星推而上之，所以得之也。其書卻不曾載逆推之法，今以諸曆詳酌，而求其皇極之元，非特七政無總會之事，抑皆散亂無倫，且古曆，元紀蔀章年月日時，各有其事，所謂時者，太陽所歷地盤十二方位也；所謂日者，太陽出没一周也；所謂月者，太陰盈虧始終也，以十二節論之，即是太陽歷遍十二辰也；所謂年者，寒暑榮枯之變也；所謂章者，至朔合於一時也；所謂蔀者，至朔合於子時也;所謂紀者,至朔會於甲子日夜半也;所謂元者,至朔於甲子夜半,又是甲子歲首也。康節立元會運世,各無其事,但以十二與三十相參甲子而爲之,其以三十年爲一世者,本非天道,不過以人生壯有室,人子相見爲一世也。曆家雖約三十日爲一月,氣盈朔虚,卻多寡不齊,蓋一年計三百六十五日餘四之一,均爲二十四氣,則每月之兩氣,該三十日四十三分有奇,兩月相距,只該二十九日五十三分有餘,康節乃例以三十爲用,是將整齊之數推不齊之運,猶月皆大盡而無小盡,亦不置閏矣。造曆者不取其説良有以夫。

氣朔滅没

曆家算滅没二日,唐一行以前,其術不同。今載於《授時曆》者,乃放(仿)一行而爲之也。没用氣盈而推,滅用朔虚而求。所謂没者,期三百六十五日二十四分二十五秒,均爲二十四氣,每氣均爲三候,每候均爲五段,如此則一期爲三百六十段,每段計一日一分四十五秒六十二毫半,冬至便爲第一段,小寒次爲第十六段,其餘可以類推。所謂段者,日日有之,若或一日之段在於九十八刻五十四秒三十七毫半以後者,則謂之没,没之次日,必無其段。蓋其二段跨三日,先一日者九十九刻左右,後一日者一刻左右而已,此二段之間,雖止是一日一分四十餘秒,但一日整在中間,餘數跨在前後兩日之首尾,故曰跨三日。若遇無段之日,則其先一日必是没。所謂滅者,每朔二十九日五十三分五秒九十三毫,均爲三十段,每段計九十八刻四十三秒五十三毫一十芒,常朔之日辰便爲第一段,常望便爲第十六段，其他可以類推。所謂段者，亦日日有之，若或其日之段在九十八刻四十三秒五十三毫一十芒以後者，則謂之滅。若是滅者，百刻之内必有兩段，蓋是兩刻之間，百刻不足，止包一日内也。凡刻分極少是半夜後，刻分極多是夜半前，夜半前是一日極終處，没滅乃已極之義也，故選日者或忌之。

日月盈縮

古者推步，得一晝夜之間月行十三度餘十九之七，然每夜觀望其所躔，或先期或後期，有差至四五度者，後漢劉洪始考究之，由是知其疾行則十四度餘約四之三，遲行則止十二度有餘，中間漸疾漸遲，大率二百四十八日盈縮九帀，既知月有盈縮矣。隋之劉焯，始覺太陽亦有盈縮，最多之時在於春秋二分，約差兩度有餘，蓋是冬至日行一度五分，迆邐漸減一二分、三四分，及乎赤道之交，則正行一度；從此又漸次減之，極於夏至，止行九十五分矣。夏至後所行卻增，所增之數，與所減相似，及乎冬至，則又如前矣。一日行一度有餘者，名曰疾，一日不及一度者，名曰遲。以增虧之數相補，止是一日一度，從冬至距春分，以行疾而積盈，從春分距夏至，以行遲而消，其積盈比之常度，猶自差前，故冬至距夏至皆曰盈段。從夏至距秋分，以行遲而積縮，從秋分距冬至，以行疾而消。其積縮比之常度，猶自差後，故夏至距冬至皆曰縮段。春分二日之前已行交於赤道，蓋盈二度有餘也。秋分二日之後纔行交於赤道，蓋縮二度有餘也。《授時曆》謂，太陽在赤道之南行疾，赤道之北行遲，往前諸曆，則或以春分距秋分行遲，秋分距春分行疾。太陰遲疾盈縮之理亦然，但日數度數不同耳。《授時曆》謂，每轉二十七日五十五分四十六秒，月行三百六十八度三十七分四秒半，乃太陰盈縮之一瞥也。其間遲疾之數相補，遂以一十三度三十六分八十七秒半爲一日平行度。李淳風有推步月孛法謂，六十二日行七度，六十二年七周天，所謂孛者，乃彗星之一種，光芒偏掃者，則謂之彗；光芒四出如圓暈者，乃謂之孛。然孛以月爲名者，蓋有説焉。孛之所在，太陰所行最遲，太陰在孛星對衝處，則所行最疾，孛星不常見，止以太陰所行最遲處測之。

案，月行遲疾，古以規法旋轉順逆明其故，入轉之初最疾，至六日八十八刻奇，而復於平，謂之疾初限，此後漸遲，至十三日七十七刻奇，而其遲乃極，謂之疾末限，從此遲漸減，至二十日六十六刻奇，以復於平，謂之遲初限，此後又漸疾，至二十七日五十五刻奇，而其疾乃極，謂之遲末限，是爲轉終。月孛與入轉相對，孛者，逆也，疾由於順，遲由於逆，故稱月孛，孛非星也，以彗孛之孛附會尤謬。

日躔十二次之久近者，蓋因各次黄道宿度不等，又且日有盈縮，故或久或近，各各不同。將周歲分爲二十四氣，名曰常氣，《授時曆》係一十五日二十一分八十四秒三十七毫半。若以太陽之盈縮損益，其常氣日辰限以日行一十五度二十一分八十四秒三十七毫半，名曰一氣，則是定氣。但《授時曆》止以常氣爲定，不曾增減，舊曆則或增減之，太陰度縮而太陽度盈，則定朔在常朔後，名曰朒；太陰度盈而太陽度縮，則定朔在常朔前，名曰朓。若俱盈俱縮者，則對消而止用餘數，定弦定望亦如之。上古未曾推步日月盈縮，止以常朔弦望就爲定今朔與弦望，既有常定之名矣，然又有所謂進退。其定朔在日没以後，若無日食見其初虧者，則進，以次日爲朔。蓋恐月見於晦之晨朝也。定弦望在日出以前者，則退一日，定望在日出以後，其望有食。初虧在日出前者，亦退一日。蓋仰觀在當夜，改日言之有所不便也。定望在十七，雖是日出後，亦退一日，爲其太遲也。或望在十四或上弦在初七，或下弦在二十二，仍不可退，退則太早也。或望在十三，或上弦在初六，或下弦在二十一，非退而太早，蓋因進朔而然雖不皆早其朔不進或朔進而大月連四者，爲其過多，朔亦不進。今《授時曆》則不然，常朔計二十九日五十三分五秒九十三毫，常望半之，常弦又半之，實定則不進退矣。但月食在夜半以後，雖屬次日，止以當夜言望。

月有九行

月行不由黄道，亦不由赤道，乃出入黄道之内外也。北有紫微垣，帝座居之，故北曰内，南曰外。所謂九行者，止是一道，其道與黄道相交如赤道，然黄赤道兩環相遠處二十三度九十分，月道之遠於黄道處止距六度二分而已。月道與黄道相交處，在二交之始强，名曰羅睺，交之中强，名曰計都。自交初至於交中，月在黄道外，名曰陽曆，乃背羅向計之處也。自交中至於交初，月在黄道内，名曰陰曆，乃背計向羅之處也。月道比水路，日道比旱路，羅計比橋，羅計漸移，是猶橋道年年改異，亦太陽歲差捲欸之理也。

所謂九行者，當以畫圖比之，四圖各畫黄道，似一圓環，俱於環南定爲夏至日躔，環北定爲冬至日躔，環西定爲春分日躔，環東定爲秋分日躔。將一圖畫爲青道，與黄道交於南北，南交爲羅，北交爲計。其青道一邊入在黄道西之東，是内青道，一邊出在黄道東之東，是外青道。又將一圖畫白道，亦與黄道交於南北，南交爲計，北交爲羅，其白道一邊入在黄道東之西，是内白道，一邊出在黄道西之西，是外白道。又將一圖畫朱道，與黄道交於東西，東交爲計，西交爲羅，其朱道一邊入在黄道北之南，是内朱道，一邊出在黄道南之南，是外朱道。又將一圖畫黑道，亦與黄道交於東西，東交爲羅，西交爲計，其黑道一邊入在黄道南之北，是内黑道，一邊出在黄道北之北，是外黑道。此雖畫四圖，然四圖之八道，止是一道，觀者當以意會爲一可也。圖可略章其象，但畫於紙上止是横平，在天圓體，卻有高低斜正，終是難盡其理。又當言之，陽曆在夏至，日躔之南，夏爲南，乃南之南也，名外朱道；陰曆在冬至，日躔之北，北爲内，名内朱道。在南曰朱則當矣，在北而曰朱者，蓋冬至屬子，若冬至日躔，伏在地盤子位，則月道在黄道之上，北地以下爲北，上爲南，故曰内朱道，乃北之南也。若冬至日躔，反在午位，則内朱道亦在黄道北矣，此不論，反止論伏黑道之理亦然。陰曆在夏至，日躔之北者，名曰黑道，夏爲南，乃南之北也；陽曆在冬至，日躔之南，名外黑道，外爲南，南而曰黑者。蓋其月道在黄道之下，北地以上，爲南下，爲北，故雖南而曰黑，冬爲北，乃北之北也。月行朱道，則羅睺在太陽春躔，計都在太陽秋躔。月行黑道，則羅睺在太陽秋躔，計都在太陽春躔。陽曆在秋分，日躔之東者，名外青道，乃東之東也。陰曆在春分，日躔之東者，名内青道，乃西之東也；陽曆在春分，日躔之西者，名外白道，乃西之西也。陰曆在秋分，日躔之西者，名内白道，乃東之西也，青白道不論，反伏若天地，卯酉互位者亦然。月行青道，則羅睺在太陽夏躔，計都在太陽冬躔；月行白道，則羅睺在太陽冬躔，計都在太陽夏躔。以内外分别青、白、朱、黑爲八道，本八道而曰九行者，以八道之行交於黄道，而穿度其間，故通以九言也。八道常變易，不可置於渾儀上，亦不可畫於星圖，所可具者黄赤二道耳。欲别於黄，故塗以赤，赤道近八道，皆相交遠近，朱道止十八度遠，黑道至三十度遠，青白二道約二十四度。《授時曆》謂月從黄道之交出，外一百八十一度八十九分六十七秒，則中交於黄道，從此入黄道内，復至交初，則該三百六十三度七十九分三十四秒，乃月道之一周，計二十七日二十一分二十二秒二十四毫，古曆數各不同，不及枚舉。

時分百刻

晝夜十二時，均分爲百刻，一時有八大刻二小刻，總大刻共九十六，總小刻共二十四。小刻六準大刻一，即是共百刻也。上半時之大刻四，始初初，次初一，次初二，次初三，最後小刻，名初四；下半時之大刻亦四，始曰正初，次正一，次正二，次正三，最後小刻名正四。子時之上一半，在夜半前屬昨日，下一半在夜半後，屬今日。今夜以及他夜皆然。是猶冬至得十一月中氣，一陽來復，爲天道之初也。古曆又將二小刻爲始，後卻各以四大刻繼之者，然不若今曆之便於籌策，俗流不知此說，卻謂子午卯酉各九刻，餘皆八刻，誠可笑歟。

晝夜短長

冬至日躔距赤道二十四度，立冬與立春所距亦近，似之所較，不甚多少。所以然者，此時黃道橫而平，近南極也。從立夏及於立秋之黃道橫平，而近北極者亦然。蓋冬夏之日躔東西移差多，南北移差少，春秋則黃道斜移南北，雖東西行，而南北差速於冬夏，故春秋晝夜六七日間，增減晝夜一刻。若二至前後，驗其晝夜短長，其增減一刻相去二十餘日矣。由是觀之，冬夏增減之日遲，春秋增減之日速，數未始均平，考於渾儀即可以知其理。舊云，日未出二刻半而天先明，日已入二刻半而天方昏，此五刻之內，若以衆星出沒論之，似乎在晝。然不論星，但太陽出始爲晝，入則爲夜也。

氣積寒暑

夏至晝最長，日最近北，乃午中也。冬至晝則最短，日最近南，乃子中也。然大暑在六月，卻是未中，大寒在十二月，卻是丑中。若以晝夜論之，未時熱甚於午，丑時寒過於子，此蓋甑竈之理也。夫竈火甚炎，可比午中矣。然甑蒸之氣，猶未甚盛，及其甑蒸氣盛，則竈火已稍衰矣。在後竈火盡滅，可比子中矣。然甑蒸之氣，又良久而後始衰。寒暑之理，豈非積久而氣盛乎。

天地正中

遠視物則微，近視物則大，故當午之日似盤盂，出沒之日如車輪，豈非午日與人相遠邪？然又疑東西與人相遠者，蓋爲午日熱，而又似乎火之近人也。殊不知太陽久照則熱，殆不可以遠近論。星度高升者則見其密，低垂者則見其疏，由是觀之，天頂遠而四傍近矣。

案《隋書》姜岌言地有游氣，故參伐在傍，則其間疏，在上則其間數日，晨夕近地，故色赤而大，無游氣，則色白大不甚矣。宋沈括言，在本局候影入濁出濁之節，日日不同。今西洋人本之爲清蒙氣，及濁蒙氣之說，清蒙可立算加減，此以大小疏密，證天頂遠而四傍近殊謬。

且夫天體圓如彈丸，圓體中心，六合之的也。周圍上下相距正等，名曰天中，直上至於天頂，名曰嵩高，地平不當天半，地上天多，地下天少，從地平之中直上，自有天中之所。古人卻謂地平正當天半，天中即是地中所在，爲此説者，蓋爲周天三百六十五度餘四之一，仰視常有一半星宿可見，故以地中就爲天中。今謂地中直上，自有天中之所者，蓋見日月之近大遠小，星度之高密低疏，所以知其然也。地平既在天半之下，仰觀止見半周度者，蓋天遠，則似乎較低地平得以相妨，人目不可盡見。昔人以五表求地中，以今思之，止須一表，其表與人齊高，於午日中晝其短影於地，用爲指北準繩，卻置窺筒於表首，隨準繩以望北極，若窺見北極在筒心者，此處得東西之正而不偏矣。如窺見北極之東者，則是其地偏東，窺見北極之西者，則是其地偏西，已得東西之正。然後於二分之前十餘日內，就此處置立壺漏，準定十二時之端的，須以兩日午中短影求，與時參合，卻於春分前二日，或秋分後二日，太陽正當赤道時分，於卯酉中刻，視其表影，畫地，而定東西準繩。若卯酉兩影相直而不偏，平衡成一字者，是得南北正中矣。若兩影曲而向南者，則是其地偏南，向北者則是其地偏北。古人測於二分之日，定以出没半輪之影，今恐地平或者高低難求端的，故縱擬於卯酉時中。驗之此術，蓋以午影與北極定東西之偏正，卻以東西之影定南北之偏正，測驗之最精者也。

案此術徒據胸臆而未試者，於天頂地平之義，未得其實，遂輕立説耳。《素問》言地在大虚之中，大氣舉之。《周髀》言東方日中，西方夜半，皆以地亦渾圓，人所居之方，戴天爲上，履地爲下。古法天週三百六十五度四分度之一，地與天相應，亦三百六十五度四分度之一，天頂隨人所居而移，自天頂四面至地平，必皆九十一度奇。若自天頂懸一直繩，必貫地心，自地心平引一繩，與懸直之繩，必縱横成十字，此之謂地平。其平乃割圓法，自渾圓中心縱横相交之平，非地體果平也。人在地面，上至天頂，近於四傍者，有此地體之半徑。地心，乃天之渾圓中心也，不可謂地上天多，地下天少。地平横截天之渾圓爲二，上下各半圓，必相等。設如北極之下，其天頂即北極，其地平必適與赤道齊，從此行二千餘里，於地面十度，不論四面所向，皆以北極下爲正北，所向之方皆爲南行，其天頂則距北極十度，其地平則正南下於赤道十度，正北高於赤道十度，而北極出地八十一度奇。故測北極出地高下，可以知地面南北度。日之隨天而左以成晝夜，一準乎赤道，而宗北極，使其方北極出地高下相等，雖東西循環一周，而北極定爲正北，日東出西没無差移，安能以東西之影，定南北之偏正。苟試之於測驗，未有不窮者矣。

地域遠近

古者測得陽城爲地中，然非四海之中，乃天頂之下，故曰地中也。若以四海之中言之，黄河之源爲崑崙，乃是天下地平最高處，東則萬水流東，西則萬水流西，南北亦然，彼處名悶母黎山。案《唐書》作悶摩黎山，蓋西蕃語也。其山距西海三萬餘里，距東海不及二萬里，如此陽城距東海甚近，天下之地多在地中以西，地中之東必皆水矣。高麗三邊盡海，惟有北連遼東，倭曲在高麗之南，雖越海而相去不遠，舶商發於閩越，多往南海之西，西海遥遥，罕有去者。然西海雖遠，水陸猶自皆通，若夫正北之海，則水陸皆惡而不可至。今言北海者，乃諸小國及遼海耳。遼東多水，海島之國必多，舶商亦罕去，舊云蓬萊弱水三萬里，在於東南，殆非虚語。四海之内，不中於陽城，中於四海者，天竺以北、崑崙以西也。若論天之所覆，通地與海而言中，卻是中於陽城，陽城仰觀北極出地三十六度，南極入地亦三十六度。池邐朔方而望之，出入之度漸多，遂見北極出地四十五度，南極入地亦然。錢塘望之，出入之度三十一，交廣以南望之，其度不及二十，南極二十度已上，其星猶多，中國不可見迢，今未有名。由是觀之，地平不當天半，地上天多愈無疑矣。然地中止見天之平體者，蓋天遠則似乎較低，地平得以相妨，人目不能盡見。

案北極出地之度，乃渾圓之周所分天度。出地四十五者，其方之天頂距北極四十六度奇；出地不及二十度者，其方之天頂距北極七十一度奇。兩地天頂相距二十五六度，而此兩地之天頂四面距地平皆九十一度奇也。援以言地上天多殊謬。《周禮》求地中，乃驗之陰陽風雨和會，異於多暑多寒多風多陰之地，而謂之中。此言陽城爲天頂之下，由不知環地之周，戴天皆上，履地皆下，隨人所居，各一天頂也。

地域遠近，非特仰覲不同，寒暑、晝夜、表影亦皆差別。偏南者暑多寒少，偏北者暑少寒多，往前諸曆，晝永極於六十刻，晝短極於四十刻。今之《授時曆》因爲驗於燕臺，而地稍偏北，是故永者六十二刻，短者三十八刻，蓋偏南則長短較少，偏北則所較漸多，朔方最遠之地，或煮羊胛未熟而天曉，或當午而纔方見日出没，止在須臾。此又晝夜長短之甚，所以然者，夏之太陽出寅入戌，其地近於朔方，近日之處，天先明。今又測得地平在天半之下，則愈知其太陽出早入遲矣。彼雖曉而南國未曉，彼未昏而南國已昏，是以夏晝長，而朔方尤長，夏夜短，而朔方尤短，南國之晝夜長短則不較多。冬之太陽出辰入申，其地近於南國，南國已曉，而朔方未曉；南國未昏，而朔方已昏。故冬夜長而朔方尤長，冬晝短而朔方尤短。南國之晝夜長短則不較多。

案夏日永而地愈北愈增，冬日短而地愈南愈損。《元史》南自南海，夏至晝五十四刻，至北海，晝八十二刻；北自北海，夏至夜十八刻，至南海，夜四十六刻，晝夜永短，相差二十八刻。此言冬夏南國之晝夜長短不較多，謬也。

古者立八尺之表以驗四時、日影短長。地中，夏至午影在表北約一尺六寸，地中，冬至午影在表北約一丈三尺。南至交廣，北至鐵勒等處，驗之俱各不同。蓋午日偏南，朔方之影，四時皆長於地中；南國則較短，戴日之下，直而無影。迆邐南去，影在表南，故開北户以向日，非特測於南北，亦當測於東西。帝堯之時，分命羲和之官宅於四方是也。古者測影欲求一寸所差里數，終未爲真，蓋道路迂迴，難量直徑，是以一寸千里之説，猶自難憑。

案，千里差寸，本非實測，不徒道路迂迴難量直徑也。《隋書·天文志》劉焯云，周官夏至日，影尺有五寸，先儒以爲影千里差一寸，南戴日下萬五千里，今交愛之州，表北無影，計無萬里南過戴日，是千里一寸非其實差。

表高八尺似失之短，蓋表短則影短，差難覺。表長差數易明，至元已來表高四丈，誠萬古之定法也。所謂土圭者，自古有之，然地平不在天半，地上天多，早晚太陽與人相近，則影移必疾，日午與人相遠，則影移必遲。世間土圭均畫而已，豈免午侵巳未，而早晚時刻俱差。陽城地中差已如是，若以八方偏地表影驗之，土圭之不可準，尤爲顯然。偏東者，早影疾，而晚影遲，午影先至；偏西者，早影遲，而晚影疾，午影後期；偏北者少其畫而影遲；偏南者多其畫而影疾。

案《周禮》言，日東影夕，日西影朝。《周髀》立畫夜異處，加四時相及之算，謂東西距地中四分圓周之一，則地中影正，日加午。東方已過午後，而加酉爲影夕，西方尚在午前，而加卯爲影朝。自卯至午，自午至酉，皆四時也。環東西一周，隨其方而各有子午卯酉，故月入暗虛，天下盡同，東西異地之時刻不同，測月食時刻，可以知東西地度。此言偏東早影疾，而晚影遲，偏西早影遲，而晚影疾，殊謬。凡時刻由赤道度而影移，在地平乃早晚影移遲，近午影移疾，愈南則遲者愈遲，疾者愈疾。近夏至亦遲者愈遲，疾者愈疾。此反言之，由未測驗，徒憑胸臆言也。土圭尺有五寸，乃地中夏至日午之影，此云世間土圭均畫，則又非《周禮》之土圭矣。蠻越短影南指，而子午反復，則又訛逆甚矣。

《革象新書》卷三

月體半明　日月薄食　目輪分視　五緯距合

月體半明

以黑漆球於檐下映日，則其球必有光，可以轉射暗壁。太陰圓體，即黑漆球也。得日映處，則有光，常是一邊光，而一邊暗。若遇望夜，則日月躔度相對，一邊光處全向於地，普照人間，一邊暗處全向於天，人所不見。以後漸相近而側相映，則向地之邊光漸少矣，至於晦朔，則日月同經，爲其日與天相近，月與天相遠，故一邊光處全向於天，一邊暗處卻向於地。以後漸相遠而側相映，則向地之邊光漸多矣。由是觀之，月體本無圓缺，乃是月體之光暗半輪轉旋，人目不能盡察，故言其圓缺耳。至於日月對望，爲地所隔，猶能受日之光者，蓋陰陽精氣隔礙潛通，如吸鐵之石，感霜之鐘，理不難曉。

案月體較小於地體，而皆小於日，三者於太虛之間，如三丸，然月入暗虛而虧食，暗虛當日之衝，乃地影也。故測此暗虛及北極高下，可以知地體周徑里數。必日月相望，近黄道、白道之交，乃遇暗虛，因測其交之淺深，以知月食分數。遠於交，則雖日月相望，而或南或北地，不得而掩之，此憑胸臆，附會殊疏。日月不全瑩，而似瑕映於内者，如明鏡映水之處，則瑩照地之處則瑕，以爲山河所印之影者是也。

案，日中有黑子，而月體中用大遠鏡窺見其有高下，故月之向日有吐光處，有不吐光處，此據流俗所附會，非也。

日月薄食

日體繞地一周，雖然懸虛無跡，而有必由之道，謂之黃道。世人仰觀日輪，似乎附著天體，所印天體之一遭，乃是在天之黃道，在天之黃道比一大環，日行之黃道比一小環，小環在大環内，相距遠近之數，周遭不殊。兩環之度，雖有少廣，皆曰一度，亦猶近極經度狹，赤道經度廣，皆以一度言之天周。既以太陽比尺而量爲度，則日行之道黃道，得度數之真矣。日雖與人相遠，天去人爲尤遠，近視則小猶大，遠視則雖廣猶窄，故在天之黃道，周圍雖廣，以太陽度之，亦止是三百六十五度四分度之一。日之圓體大，月之圓體小，日道之周圍亦大，月道之周圍亦小，口道距天較近，月道距天較遠，月道在日道内，亦似小環在大環之中，周遭相距之數不殊。日月之體與所行之道，雖周徑有少廣之差，然月與人相近，日與人相遠。故月體因近，視而可比日體之大，月道因近，視而可比日道之廣，亦猶日道之可比天道。日月之行，今常數以二十九日五十三分五秒九十三毫相會一次，相會則同一經度，雖因日月或盈或縮，而定朔或前或後，所較亦不甚多。若日食於朔，月食於望，當以天度經緯，而推其同經不同緯，止曰合朔。或者月從八道穿度日之黃道而出入，其時日亦在彼，即是同經同緯，合朔而有食矣。世人觀望其日體，見爲月之黑體所障，故云日食。然日體未嘗有損，所謂食者，强名而已。日道與月道相交處有二，若正會於交，則月體障盡日體，人間暗甚，謂之食既；雖然月體小而日體大，因視殊遠近，兩輪相若，日月之行遲速不同，須臾則兩輪參差而生光矣。若同經而交不正的，但在交之前後而度，相近者亦見其食，兩輪雖相犯，所食卻不既。近於正交者食分多，遠於正交者食分少，兩朔之間，日月對躔而望，平分黃道之半。黃道有二交，若不當二交前後而望，則不食，望在二交前後者，其月必食，或既或不既，食分之數當以距交遠近而推。月之黑體，映日而明，但是經度相對，則見其光滿；若相對於二交限內，對經而對緯至甚的切，所受日光傷於太盛，陽極反亢，以致月體黑暗如染紅，濃厚反成紫黑也。

案，月入暗虛而虧食，不得云所受日光傷於太盛，陽極反亢，以致月體黑暗。此等附會之虛辭，豈可加於測驗之實。

以《授時歷》考之，望在交之前後者，距交一十三度五分，方纔不食，若在此限之內，則有食矣。望而距交未遠，在四度三十五分之內，月食必既。餘八度七十分雖是食限，卻不是食既之限。食於此者，所食不既，食分則有多寡。愚因思之，測得日月之圓徑，相倍日徑一度，日道即廣一度，月徑止得日徑之半，月道亦止得日道之半。道之廣狹，隨其體之大小也。日體與日道雖廣一度，月體與月道雖狹一半，然月體與月道在於近視，亦準一度。是猶省秤比於複秤，斤兩名數雖同，其實則有輕重之異。

案，日月之實徑，日大於月近十九倍，此云日月之圓徑相倍，非也。日月在天，距人絕遠，以度計，皆視徑，日約半度奇，月較日稍大，月近於日故也。此云日徑一度，月亦準一度皆非。

日體對衝之處，往古

名曰暗虛，似乎日之像影，月體因之而失明，故云暗。日非有像影，强立其名，故云虛，言其非實有也。其暗虛之圓徑，倍於月體之圓徑，暗虛緣日而有，故其圓徑與日相等，日之圓徑倍於月，則暗虛之圓徑亦倍於月。月道之廣既準一度，則暗虛之道廣二度矣。

案，日徑大於地徑五倍奇，地徑大於月徑三倍半奇。地障日光而爲暗虛，愈近地則愈大，愈遠地則愈小，而漸鋭無有矣，由日大於地故也。日月在天皆非平行，故月入暗虛之時測之，其徑大小不定，不出一度半内外，此云廣二度，非也。

今擬畫暗虛之黄道，廣二度，又畫月之本道，色白而廣一度，兩道相交。假以一寸爲一度，交前四度三十五分，並交後四度三十五分，共八度七十分，通作一段，爲既外後限。將圓板一片塗黑，比爲暗虛之形，其徑二寸，又將圓板一片塗粉，比爲月形，其徑止廣一寸。將此兩板，於畫圖相犯而比之若剪紙，以代板，亦可自暗虛之黄道初犯處，至中段，相距八度七十分，月在其間，望者折半處，食五分，其食五分之所，距初犯處四度三十五分，距既限亦四度三十五分。以衡望處較距交遠近，增近八十七分，則食數增一分，增遠八十七分，則食數減一分。後限比前限相同。今以月體之先犯處，名曰此邊後犯處，名曰彼邊暗虛之黄道先犯處，亦曰彼邊後犯處。卻曰此邊月犯黄道，曆八度七十分而望，所食十分，止見月犯黄道一度之廣。其增近八度七十分，經度以直數也；其犯黄道一度之廣，緯度以横數也。此際食既者，月體在黄道之彼邊，止占黄道之半廣。蓋月體止一度，而暗虛之黄道廣二度也。若謂黄道止廣一度，則止是正交處食既，不當有八度七十分既限矣。此卻不然，更令曆盡八度七十分，而望月之全體，猶自盡在黄道，偏於此邊之半廣，既然前限以直移八度七十分，而月體正横移一度，此既限又以直移八度七十分，而月體再横移一度，即是月之此邊横曆二度矣。由此知暗虚之黄道横廣二度，黄道廣二度，故既限與前後兩限數均。若云暗虚之黄道止廣一度，則當如日食之不立，既限安得？前後兩限與中間既限各八度七十分，共二十六度一十分如許其長哉。若云廣一度半，則中間既限當減其半矣。日食至十分止，十分即是食既。月食乃至十五分止，然十分已是食既。食既則月盡黑，以所食雖既，纔蝕既限，故蝕十分以上之數，爲既内分。月望正在交的而食，則名曰既内五分，乃十五分也。所以然者，月之食限交前後各十三度五分，歸限八度七十分而望，則已食十分矣。更歸八十七分，而後望則食十一分。蓋十三度五分，均爲十五分，每分計八十七分，食十分，計歸限八度七十分。又既内五分計四度三十五分，共十三度五分，乃前限之一半，其出後限亦然。月食分數止以距交遠近而論，别無四時加減，八方所見食分竝同。日食則不然矣。

舊曆云，假令中國食既，戴日之下所虧纔半，化外反觀，則交而不食。何以言之？日月如大小二球，非若二餅之平圓也。日食非體失明，但因黑月障人所視，所以云食也。月雖障日，與人相去較遠，略似片雲掩翳，非能盡障日體，偏傍望之則不盡然。若將赤球比月，大小相同，共懸一索，日上月下，相去稍遠。人在其下正望之，則黑球遮盡赤球，比若食既；傍視而分遠近之差，即食數有多寡也。日行有四時早晚之異，月行有九道之殊，日行多南，月在陰曆，則中國見食分多；月在陽曆，則中國見食分少。偏南之地開北户，可以向日，此處月在陽曆反食多，陰曆反食少，戴日之下則在酌中之間。夏日近中國，冬日近交廣，如此則戴日之下不定，酌中之處亦移。凡食在午前，見食早，食在午後，見食遲。地偏西者，見食早，地偏東者，見食遲。推步曆之，南北差乃爲四時而加減，又以地偏南北遠近而加減之，南北不可以路里計，但自考其表影，更視北極出地度數，而推之東西差，則爲早晚而加減。又以地偏東西遠近而加減之，東西亦不可以路里計，但自考其表影，更驗中星而加減之。今太史所報之數，止言中國所見也。雖然推步有法，終是未密，時或有失於多寡，日月交朔於夜，望食於晝者，在所不論。蓋已没入地，則不見其食也。若帶食分出入在於晨昏之際，雖不見其食甚，但見初虧，或見復圓，以前者則亦論之。所謂食甚之時，乃在初虧、復圓酌中處，非食既者，亦於此際食分最多，從此則轉減少矣。

若月食既，又云甚者。蓋以初既之時名食既，卻於食既之後，生光之先，取其酌中處，名爲食甚。日食既者則不然，食既、食甚、生光總不分别，止作食甚時刻言之。蓋食既不久，止在須臾也。在望交者，月道廣一度，暗虛之道廣二度，兩度相犯處多，故食限不少，有一十三度五分；在朔交者，日月之道止廣二度，兩道既皆不廣，相犯處不多，故食限少，約計八度左右。日食限少，故逐年罕見其食，月食限多，故頻見其食。月之圓徑一度，而暗虛圓徑二度，故兩輪相犯之時刻久。朔交而仰觀日月，則大小相若，故相犯之時刻不多。所謂起復方位，是以月在陰陽曆論之。月在陽曆者，日食起於西南，甚於正南，復於東南；月食起於東北，甚於正北，復於西北；月在陰曆者，日食起於西北，甚於正北，復於東北；月食起於東南，甚於正南，復於西南。凡日月食至八分已上者，日食但雲起於西，復於東，月食但雲起於東，復於西。或曰天體之內，大地在太虛之中，亦爲大①，月望而緯度不對者，可以偏受日光之全，大地不可傍障。若望而經緯俱對，則大地正當其間，所以相障，而月食食不盡者，稍有參差也。愚卻以爲不然，推步暗虛者，以比圓體，而求月食。今大地卻非圓體，大地邊傍四圍，與夫地平之下，不可見其圓與不圓，夜半前後，月食難以辨論矣。倘食於晨昏出入之際，則須大地之上如覆半瓜。今陽城在地中，非高於四遠，又且地平之北高南下，但見其平斜地形，非似半瓜，則暗虛不可言地影矣。

案地體雖渾圓，百里數十里不見其圓，人目直注，不能環曲。試泛舟江湖，但見舟所到之處隆起，而水之來不見其首，水之去不見其尾。洞庭之廣，日月若出没其中，遠山悉在環曲下，不爲障也。測北極出地高下，及東西各方月食之時刻早晚，皆地體渾圓，地度上應天度之證。張衡《靈憲》曰，當日之衝，光常不合者，蔽於地也，是謂暗虛，月過則食。使暗虛非地影，何物適當日之衝，隨日旋轉，有徑可測乎？此昧於地體而疑之，由測驗疎耳。

日陽月陰，陽主德，陰主刑。有國家者，日食則懼，德之有失，月食則懼，刑之有失。故日食修德，月食修刑，所謂救之者，非能救其食，是乃觀乎天文，以察時變，不得不儆戒耳。夫子

① 點校者注：石雲裏曾經撰文「從趙友欽的若干天文學思想看『地圓説』在元代的流傳」中認爲，这裏脱漏一「球」字，應該是「亦爲大球」，並解釋了原因。

於迅雷風烈必變，況有國家者，於日月食乎？要日月之食，乃所行交道常數，雖太平盛世有所不免，故可以籌策先推，非若三辰有反常之變也。

目輪分視

物小而近，蔽遠則多，立步小移，所障迥別。夫日月之行道於列宿，雖似依躔相去、懸遠測望之所不同，見其少廣，亦異今。以畫圖喻之，畫一車輪，周圍輻輳比三百六十餘度，輪圍比天之宿躔，轂竅比六合之中，以黃紙剪爲日體，以黑紙剪爲月體。所以黑者，月體本黑，受日之光耳。日大月小，其圍徑相倍，於輻度内置日月同躔，月近轂中，日近輪圍，然近中處度狹，近圍處度廣，日月雖大小不同，俱謂之占一度。然後量日月距緯之數，以黃色畫日道，黑色畫月道，不必廣，止畫一綫之周，各取日月體，心爲距數，不以匡廓爲準。别將透明薄紙，又畫大輪圖，與先畫輪圖相似，但大小不同，周徑相倍。名薄紙之圖曰眼輪，其轂竅以比測望眼目，若將薄紙之轂，加於先畫之轂，即是眼瞳在六合之中矣。若於此處遍望，則月體所遮，正在本度。今地平不當天半，地上天多，地下天少，須當移眼輪圖放低，比似眼在地平，既已移低，則望月體所遮之天度，非本度矣。此非特比望各宿經度，亦可比望去極緯度。假若月在嵩高，則地中與天中所望相同，月漸低近四傍地中，仰望則所遮之度差高矣。近天頂則所差尚少，近四傍則所差漸多。天中與地中相遠，其折半之所平展周圍，强名夾中，於地中觀望此處，所遮差數最多。夾中以下遮差卻漸少矣。假若於六合之中遍觀太陽，食既處常在正交的度，爲是天中在懸虛之所，不可升彼測望，止就地中望之，則食既度未免移差矣。非特地中與天中相殊，偏方與地中視躔亦别，偏東之地望太陰所躔，差西，偏西之地望太陰所躔，差東，其南北差互亦然。欲得其下正數，須當考驗，以立差法，使地平之中及八方所覩如天中，然此乃仰觀之事。案，此即前「天地正中」以下等篇，昧於地體之謬説，徒足滋惑。

若地平少廣之理，亦當言之。世間湖池於水濱平望則廣，登高俯視則小，人多不悟其理，今以此圖比之。將籌策一條横平於輪輻之内，平近於眼轂，則所占輻多，移低而亦横平，比如眼瞳俯視，則所占度少矣。占輻度多，雖小猶大，少，則雖大若小也。

五緯距合

往古謂天道左旋，七政右轉，如蟻旋磨，磨順蟻逆，磨疾蟻遲，故天引之而西。後世考驗，乃知兩曜懸虛運轉，本不附著於天，各有所行之道，恐五緯亦然。今且以磨蟻比之，月因日而有晦朔弦望，其遲疾卻不因日，五星則因日而遲留伏逆，近日則疾，遠日則遲，遲甚而留，留久而退，漸疾退，退最疾而復遲，退如初，退止而留，留久而順行，卻從最遲，以至於最疾，最疾則與太陽同躔矣。歲星最疾約四日行一度，熒惑最疾約七日行五度，填星最疾約七日行一度，此三星比之太陽，行度較少，故伏合以後太陽在前。歲星距日十三度而晨見，熒惑距日十九度而晨見，填星距日十八度半而晨見。凡晨見者，俱在東方，大約近一遠二而留，周天相半而退。歲星初留約距日一百九度，初退約距日一百三十一度，熒惑初留約距日一百三十四度，初退約距日一百四十四度，填星初留約距日九十四度，初退約距日一百二十八度。凡退行最疾之時，必與太陽對衝，退止而留，則背距日如初退之度，留久而順行，則背距日如初留之度。日近於後躔漸近，而行漸疾，背近如晨見，距日度則伏，而光不著。與日未對，衝之先，夜半後可望，謂之晨段。與日既對，衝之後，夜半前可望，謂之夕段。太白辰星則不然，太白最疾約四日行至五度有餘，辰星最疾約一日行一度有餘，此兩星疾而比之太陽行度較多，伏合以後則行過太陽而前。太白距日十度半而夕見，辰星距日十六度而夕見。凡夕見者，俱在西方，太白距日甚遠處不過四十五度，辰星距日甚遠處不過二十四度。既已甚遠，則所行遲，比太陽較少，由是漸與日近。太白距日三十度有餘而初留，辰星距日二十一度半而初留，太白留後距日二十四度有餘而初退，辰星留後距日十九度半而初退。凡退行之際，與日相近。如夕見之度，伏而不著，與日相遠。如夕見之度，晨見於東。退行最疾之時，必與太陽同度，退止而留，則距日如初退之度，留久而順行，則距日如初留之度，遲行漸疾，而漸近太陽，距日如退伏之度，則又伏而不著矣。與日未退合之先，昏後可望，謂之夕段；與日既退合之後，曉前可望，謂之晨段。金木形體大，故伏見，與日近；水火土形體小，故伏見，與日遠。歲星八十三年而七周天與太陽合度者，七十六合期約三百九十九日；熒惑七十九年而四十二周天與太陽合度者，二十七合期約七百八十日；填星五十九年而二周天與太陽合度者，五十七合期約三百七十八日。金水二星似乎近侍之臣，常與太陽不相遠，故隨太陽而一年周天。太白八年而五合於太陽，退合者又五，約五百八十四日而逆順兩合；辰星四十六年之間合於太陽者一百四十五，退合亦然，約一百一十六日而順逆兩合。此乃五緯之常數也。

古者止知五緯常度，未知有變數之加減。北齊張子信仰觀歲久，知五緯又有盈縮之變，當加減常數，以求其逐日之躔。所以然者，蓋五緯不由黄道，亦不由月之九道，乃出入黄道内外。五緯各自有其道，視太陽遠近而遲疾者，如足力之勤倦，又有變數之加減者。比如路里之徑直斜曲，歲星加減，最多處約七度；熒惑加減，最多處二十五度有餘；填星加減，最多處八度有餘；太白加減，最多處四度有餘；辰星加減，最多處六度有餘。此乃五緯盈縮之變數也。

其他羅喉、計都、月孛、紫氣，每日所行均平，竝無遲疾。夫羅喉計都者，是從月交黄道，而求月交之終始，該三百六十三度七十九分三十四秒，曆二十七日二十一分二十二秒二十四毫，羅計於其間各逆行一度四十六分三十秒，以此數併月行交終之度，即黄道周天之度也。羅計漸移十八年有餘而周天，交初復在舊躔。夫月孛者，是從月之盈縮而求盈縮一轉，該二十七日五十五分四十六秒，月行三百六十八度三十七分四秒半，孛行三度一十一分四十秒半，以黄道周天之度，併孛行數，即月行數也，大約六十二年而七周天。太陰最遲之處與其同躔。夫紫氣者，起於閏法，約二十八年而周天，《授時曆》以一十日八十七分五十三秒八十四毫爲歲之閏，紫氣則一歲行一十三度五分四秒六十毫八十芒，兩數比之，乃加二之算。二十八年十閏，紫氣周行十二宫，亦加二之算也。舊云紫氣是影星，然亦罕聞其見，《史記》註云，影星狀如半月，生於晦朔，助月爲明，見則人君有德，明聖之慶也。

五緯與月孛、紫氣，此皆以左旋步之，羅喉、計都逆行，乃右旋也。若謂十一曜不附天而空轉，則右轉者亦皆是左旋。留段者，是一日繞地一周，而與天同過一度，行疾者反是遲，行遲者反是疾，退者反是疾之甚。順行，而遲疾皆是一日繞地一周，而以不及天行之數爲所行度；退行者卻是一日繞地一周，而多過天行之數。退遲者先天不甚多，退疾則愈多矣。篇內推步之法，係以左旋言之，未作懸虛而論，然以遇見觀之。魚行江河，雖不附著江河之地，須是憑托江河之水，水順流而魚則可逆、可順，後先下上，各任其情。日月行於天，雖懸空而不附著天體，意其必須憑托天地之氣，天體左旋而氣亦左旋，日月之行以繞地而言之，是見其左旋矣。以經度考之，亦可言其憑氣而右旋，倘五緯皆是懸虛運行，其左右旋亦猶是也。而日月五星獨異於繁星，自有行度者，蓋陰陽五行之精，所以爲造化之妙用在是，非繁星之比也。日月五星體性不齊，故遲疾有異，亦當以陰陽五行別之。

《革象新書》卷四

蓋天外理　渾儀制度　經星定躔　横度去極　占影知交　偏遠準則

蓋天外理

渾天論謂，天如鷄子，地如中黄，大地在天體之内，天之兩極如門樞輪輻，天旋一晝夜而周，兩極不離亢所，是故日出地則曉，日沒地則昏。蓋天論則不然，謂天形如蓋，北極如蓋之頂，正當天最高處，四海外則比蓋之圍檐，其蓋平旋一晝夜而周，蓋頂不離亢所。上天下地，地下無天，亦無南極，日常在天未始出沒，但去此度遠，則此夜而彼晝，去彼度遠，則此晝而彼夜。爲其天遠，則似乎較低也。南地日午，則爲北地夜半，西地天初曉，東地天初昏，四方之更互皆然。釋典所謂日繞須彌山而晝夜互者，助蓋天之説也。蓋天之説以天愈低而愈遠。今北斗近南則高而小，近北則低而大，由是觀之，北極之北天雖愈低，卻與中國相近，如此則蓋天之謬明矣。

夏晝長而夜短，太陽在地下時少，故井水冷；冬晝短而夜長，太陽在地下多，故井水温，是亦可一見渾天之有理。又以蓋天而論，近日之星常隱，遠日之星當常見，隱見平分周天之半。既然如是，北斗之柄與夏至太陽相近，緣何徹夜耿耿，夏至太陽躔東井，其婁、胃、張、翼諸宿，既在半周天內，緣何晨昏猶見於東西。夫日出二刻半，而天先曉，日沒後二刻半，而天方昏。夏至太陽近北極子時，望北天自當如天之將曉，否則，豈非蓋天謬邪？然太陽出沒各與地域相近遠，晨昏之遲早，想必不同。假若日常在天，恐衆星亦距日遠近而隱，既止係乎地域之晝夜，則未可以盡信也。

案《周髀》云，笠以寫天。又云天象蓋笠，地法覆槃。又云天如倚蓋。皆就人所見渾圓之半言之，故狀如車蓋，如笠，合下半則亦渾圓也。渾天圖星象於渾圓外面，人如在天外觀天，蓋天圖星象於半圓內面，人仍是在天內觀天，與仰瞻於天不殊。既圖之於內，不得不剖渾圓爲二也。其云晝夜異處，如四時相反，東方日中，西方夜半，西方日中，東方夜半，是地之東西，如循環也。云北極左右，物有朝生暮穫。趙君卿註云，北極之下，從春分至秋分爲晝，從秋分至春分爲夜，是其地平與赤道適齊。日過赤道而北，其方日出地平，日過赤道而南，其方日入地平也。蓋天之學不特知天體渾圓，併知地體亦渾圓，可謂測驗至精至密。漢以來言渾天者不逮也。此所引蓋天之説，乃後人附會之妄，强加之蓋天，以便於攻之，其亦誣矣。

渾儀制度

古者有渾天儀，又有所謂蓋天、宣夜。蓋天不可憑信，宣夜失其所傳，渾天之儀有三，一曰六合儀，二曰三辰儀，三曰四遊儀，共爲一器。所謂六合儀者，平置一黑環，準爲地平，列十二辰及八幹、四隅於其上。又置黑雙環，竝結於地平之子午，半在地上，半在地下，比爲天脊，於其側刻爲周天去極之緯度。從地平子位而上三十六度，夾一小板於黑雙環之間，板中通一圓竅，比爲北極。又從地平午位而下三十六度，亦夾一小板，作爲圓竅，比爲南極。則置赤單環比爲赤道，於上刻周天之經度，結於地平卯酉。其赤環最高處，結於北極之南九十一度初，天頂之南三十六度也。四環總六合儀，此如天地之定位，赤環雖刻周天之經度，實非周天之經度，乃周地之經三百六十餘度也。黑環雖刻周天去極之度，亦止是周地之緯度，三百六十有餘也。蓋爲六合儀，不以運轉天體，卻左旋，故云周地，而不云周天也。

所謂三辰儀者，亦置黑雙環，與六合儀之雙環同，但圍徑較小，所刻纔是周天去極之度，不可言周地度矣。所以然者，此雙環之北板竅，與六合儀之北板竅相通，共貫一圓軸，南板亦然。軸既圓，則此雙環可以運轉，轉於六合儀內，轉非定體，故云此是周天去極度。亦置赤單環如六合儀者，附結於雙動環之上，去極九十一度，乃是卯酉兩月太陽所過之躔。赤環所刻周天赤道之度，可以隨雙環而運轉之。別置黃單環，附結於赤環之卯酉宿度，仍刻周天黃道度數，恐黃赤兩環動摇不穩，又作白環佐輔之，使無傾欹之患。其白環於天卻無所比。此五環總爲三辰儀。

所謂四遊儀者，亦置黑雙環，與三辰儀之雙環同，但圍徑較小，於上亦刻周天去極度，其北極竅與在外二板竅通一軸，南板亦然。此雙環之內，各置一直幹，名曰直距，似乎圓扇之脊。與兩極相比，數均上下，俱一外軸，量兩距之長，去其當半處，作一圓竅。別置一圓板之心穿定八尺衡管，圓板兩傍聯爲圓軸，横距於直距之兩竅軸圓可轉，則衡管可以南北低昂而窺天，又隨此雙環而運轉，東西則無往而不可窺望，故曰四遊儀。窺管長八尺，故四遊之環徑八尺。在外者以次而略寬，若測望各宿星躔，則於三辰環上，知有幾度中外天官，亦知分隸在各宿幾度，分隸在去極幾度。又於南軸之外，接連一長木，以此長木貫定水輪，引水運之，則南軸因此而轉，使其一晝夜而周，又可比天體之繞地一周也。於三辰儀上佈列珠玉，比爲星象，即古者璿璣玉衡之遺製也。

案璿璣，本作璿機，《周髀》有正北極及北極璿機之名。有七衡六間，冬至日在外衡，夏至在內衡，春秋分在中衡之規法。正北極即赤道極，爲左旋之樞，北極璿機即黃道極，爲右旋之樞，中衡即赤道，餘六衡悉準之，是爲十二中氣。日隨天而左之規法，以七衡均分黃道，界之爲十二。黃道斜，而七衡與赤道平列，此虞夏商周相傳之舊，至秦而失其傳。漢人草創渾天儀，設窺管謂之衡。後儒援漢製，以當古璿機玉衡，於其本法，蓋莫之或考矣。

經星定躔

古者逐夜測驗中星，遂知黄道各宿度數，又以渾儀比較，而後定。但所謂赤道分經之度，卻是於渾儀上，以黄道推之。赤道度數已定，復以赤道推變逐年黄道度數，如是算之，如恐反覆不順，今當言之。夫赤道距兩極之數，南北不殊，且十二次度均，必然萬古不易；黄道則半偏南而半偏北，各次宿度多少不等。又因日躔歲差逐年改異，理宜先測赤道，以分天體，卻以赤道推變黄道之度。古者雖以赤道推變黄道，其赤道卻是先憑黄道而測。今欲先測赤道，但地平不當天半，地上天多，地下天少，世人與天之高處相遠，四傍之低天則相近，天高處望度差於密，天低處望度差於疏，渾儀不可以測。今別作一術測之。於地中置立壺箭刻漏，雖依舊製，但用水遲速不同，木箭之刻晝亦異，箭分一百四十六晝半，一晝夜之間其箭浮沉各五十次，如是則一日不云百刻，乃云百箭。蓋以一日分爲百箭之久，每日天體繞地一周，則是運行三百六十六度餘四之一。天運一度，則箭之浮沉移四十晝，百箭總計一萬四千六百五十晝，乃天體繞地一周之數也。此壺漏不常用，但以推測經星度數。然一晝夜之間換水五十次，恐有參差，則時刻與天先後，當就一所，置立壺漏四所，制度相同，庶幾可以互相是正。壺漏在於屋内，別於檐外，置一木架，四柱而中空，不拘大小高低，内容一人坐立架上，平放長木兩條，其長與架相稱，高五寸許，濶一寸許，各鑿水溝，試令平正，兩木之間留一長罅，其闊不及半寸，約三四分，首尾廣狹均停，直指子午中向。所謂中向者，正午表影最短，則憑其指南，候昏見時，人於架內窺測，其眼須當低罅一尺有餘，否則所望不定。若於長木之上以板加之，令高則不必低罅一尺矣。然亦當用兩人以兩架測之，庶幾可以彼此參較觀象者，候視各宿，若距星來當罅中，隨即聲説看箭者，言其箭畫數目，秉筆者記之。然箭畫以五色間雜，庶幾便於夜觀，其餘中外天官亦當如此。推測須當再驗三四夜，以審訂焉。且測半周天，其餘候過半年而推測。案此及後篇，皆泥於地上天多，地下天少之謬説，於測驗極疏。

横度去極

渾儀不可測，經度亦不可測。横度今既别立，測經度法亦當别立。測横度法，其法不拘四時，不用壺漏，亦不用經度之架，别置一架以測之，但須地中測驗，方得其正。先於露地鑿爲方穴，正向子午，傍挾卯酉，以四柱木架置於穴中，高出地平數寸許，方廣稱穴，架內可容人坐立，尺寸不拘。其穴口之南，樹一長木，與架相遠丈餘，高七尺許。其架之作十字之交，但十字之木不向子午卯酉，乃斜指四維而各構於柱，正交之心，樹立一表，約高六尺。作竅於表首，可通琴綫，不須寬廣，但令綫無澀滯。其竅向南之下一二尺許，别鑿一方竅，將平木一條於穴內，毋令突露竅北，其平木約厚一二寸許，闊四寸許，長出竅南一丈，穩附於架南。所樹之木平，木正指子午之中，上鑿水溝，以試平正。於平木左邊均畫九十一度有奇，乃周天四分之一，以一寸準爲一度。又於平木之上一寸許，再横平木一條，與在下之平木不異，但在上之畫處作通竅，可容鐵箸，在下者之畫處，止作淺竅，以承鐵箸。鐵箸長一尺許，箸首大竅，似乎大針之狀，插在平木，最南之畫竅箸竅，繫以琴綫穿，從表竅過北有窺筒，約長五尺以上。首尾各有一環，下環在筒尾之上側，數寸許，係於表根，上環繫於琴綫窺筒，直倚表北，琴綫長短稱之。蓋綫短則繫筒不及，綫長則窺筒偏斜，窺筒端直，則筒下可以直窺嵩高。一人在架外地上，而漸移鐵箸，箸移畫竅，而北窺筒之首漸移，然恐東西摇曳不定，當釘兩木於表側以夾之，鐵箸逐畫北移，則可以測衆星所在之度。測者聲説，屋下之人書記之。若筒平至地，筒孔低在表根十字交下，則可測際地之度矣。須先測北極不動處，定在平木爲準的之所，其餘中外天官，須於筒内觀其偏正遠近，當從最南度測起，漸移九十一度以至最北，星象漸轉，復可如前測之。測望至曉，則最低之度升至最高，天高處度差密，天低處度差疏，如此則平木之南畫當密，北畫當疏。平木左邊，先畫均度不可移改，當考南密北疏之數，别於右邊分畫疏密之度，亦是周天四分之一。但地平不當天半，地上天多，嵩高至北望地際，恐不止九十一度而已，當先測赤道經度，考其地平上下隱顯幾何也。東出西没之間，不止半周度數，則南地緯度亦當增矣。增於測度之平木，亦度其漸疏而畫焉。

　　須當兩人用兩架測望，庶幾可以彼此參較，仍作三四夜審訂之。審訂已定，移架指北而測南，木亦移，樹於表北，與測北不殊，但不用均畫之度，止須以較定疏密之度測之，南北俱已測定，則其畫數合得半周天度。然恐有餘數，是地上天多也。然止可測半周天，當俟半年而再測，此術係穴地置架，若於平地置架亦可測之。但穴地置架，則架上之表低而似短，平地置架，則架上之表高而似長。架上之表既高過所樹之木，不可不減，則低而相稱，否則不然，窺筒亦當減短。所以平地亦可測者，蓋望遠之差，不差於移步，但差於改向。且如夜行所戴之星，移步於四郊以望，所見並同，皆因上仰而望向不改也。雖不移步，但轉其目，所見異矣。故知異同在於改向，不在於移步。架上穴而就平地，或遷置於東西南北，似乎移步窺筒，斜轉橫直，是爲改向。茲欲明其移步改向之理，故先言穴地而復不用之原。夫地面高低不齊，豈能準則而一之穴，於高處無異，於平地而低，徒然穿鑿，何況目齊地平，微有所障，便難盡視。不若置架於平地，但移架而免移所樹之木也。

占影知交

於地中置立一表，約高四丈，表首置圓物，狀如燈球，亦可竹篾爲之，而用紙糊，但不可透明，須令塞實，亦不可小，小則影淡，大郤不妨。表下四傍平地以石灰塗之，令白，以黑畫方眼，若棊枰然，一眼方一寸，其畫縱橫，正向子午卯酉，然必須廣遠塗畫之，使早晚其影皆在其上。或不用石灰，但將白紙糊簟而畫著地砌釘，平妥以代之。於是推測四時日影，又測九道月影於棊枰上，考究東西南北遲疾之差，則可推日月兩影相犯，求其日食分數，並求虧圓時刻，起復方位。八方偏地亦當如此，測影比較地中之差，但可推測日食。蓋日食關係仰望參差，所以此影可測。若夫月食，止須步日度相對，不可以兩影相犯而推之。

偏遠準則

地中之子午卯酉四向既正，則輪盤可正二十四向矣。然八方之地，各有偏向，何以言之？蓋因測地中而知之，春分前二日，秋分後二日，此兩日之卯酉時，太陽在地盤卯酉正位。假若地偏南北者，則卯酉表影不相直，以正卯之影定輪盤，則不對正酉，以正酉之影定輪盤，則不對正卯。北極是地盤正子之位，日中太陽是地盤正午之位。假若地偏東西者，則子午兩向不相直，以正午之影定輪盤，則不對正子，以正子之向定輪盤，則不對正午。若偏地而欲取正四向以分輪盤，則二十四向疏密不均，首尾不對矣。要當各立偏向，其偏卯偏酉，雖不能端指正卯正酉，然所移之數，卯酉皆均，不於正卯移多，而正酉移少，不於正卯移少，而正酉移多。子午之偏正亦然。但地偏南北而不偏東西者，子午二向無改異，自然是卯酉均移。地偏東西而不偏南北者，卯酉二向無改異，自然是子午均移。

若地在四隅，不在四正，而四向偏者必合，均移未有準則。蓋午偏而傍又偏，則四向皆偏矣。何所取正而均移哉？愚今思索因得偏定卯酉之方。權置平木一條，約長三尺，闊五寸，厚三寸，東端之内五寸許，樹構短木，高二尺，西端之内五寸許，樹構短木，高一尺，短木之首俱作圓竅，以窺筒貫於其中，須令穩而不動，名曰筒架。別置一圓案如輪盤，然徑廣約三尺，不分二十四向，周圍三百六十輻，輻輳於中，不滿周天全度者，蓋約數也。置筒架於案上，其長短相同，使窺筒西竅齊於人目。案足高低稱之，當昏見時，窺望東方之星於筒内，將筒架於圓輻，漸遷記各星所向圓輻繩墨，亦記其在筒内高低偏正，與夫窺見之時漏刻晝數，俟已測之星，曉落西方，移轉架筒，亦於圓輻漸遷而窺望，但有一星之兩向相直，其窺見之時刻又且昏曉，兩數距夜半皆均，距午亦然。以此星繩墨爲東西之向，假作偏卯偏酉準繩，猶未得偏卯偏酉之真，故曰假。所以然者，蓋爲天遠則似較低，地東者西望，偏西差南，地西者東望，偏卯差南。欲求其真，且以假準繩爲則，置一木架，如地中所測經度者，其兩木所開長罅，直指偏卯酉之假準繩，測望天脊之緯度。所謂天脊者，自地平子際上至北極，自北極上至嵩高，自嵩高南至地平午際。比如一環之半周，名曰天脊，平分東西於正中，皆是定體午位。凡緯度北距於極者，至天脊而最高，最南兩傍低於天脊，漸漸斜倚於北，未至天脊而少偏於東，尚自帶北而低。已過天脊而少偏於西，又復指北而低。此以一緯度論也。若於卯酉長罅之内仰觀，則見緯度不一，惟有天脊緯度與北極最近，天脊兩傍東西之緯度在罅内者，距天脊愈偏，則距北極愈遠。倘若長罅得偏卯酉之真者，脊傍所偏度均。假若罅卯差北，而罅酉差南，其脊西之罅度，相距北極較遠，脊東之緯度，相距北極卻近。罅卯差南，而罅酉差北者反是。

其緯度距北極之數已測，中外天官爲準而定，即制器所測橫度是也。若取其偏卯偏酉之真，須移長罅而改準繩，若移定而脊傍均偏者，是得偏卯偏酉之真矣。雖然若是，不立假準繩而便約量，測天脊亦可求之。其偏卯偏酉移對於正辰正申者有之，移對於正寅正戌者有之；偏子偏午移對於正丑正巳者有之，移對於正亥正未者有之。

其偏地二十四向既定，若求地偏東西之數，則置刻漏，準取昏曉，折中取爲夜半。置測經度之木架，罅指偏午，於此夜半仰望中星，以較地中夜半中星，則知地偏東西之度數。又從鏬内視地中夜半之中星，以其偏地此時漏刻，比較地中夜半漏刻，此又是以時刻求東西之偏數也。若求地偏南北之數，但論鏬内所見天脊緯度，取其距北極之數計之。此術固可準矣。求地中之術亦可用以相參。先定所偏子午卯酉繩墨，卻就春分前二日，或秋分後二日，太陽正當赤道時分，於辰申中刻視表影，而畫於地。但不用偏地刻漏之辰申，須當以偏地刻漏較取地中之辰申正時。然後將其辰申表影，與所偏繩墨相較，若偏子午之繩墨近辰影而遠申影者，其地偏東，近申影而遠辰影者，其地偏西。若偏卯酉之繩墨近申影而遠辰影者，其地偏東，近辰影而遠申影者，其地偏西。量其所偏遠近，則是地偏東西之數。用辰申影而不用卯酉影者，蓋偏地而求地中卯酉兩時，恐太陽出没有遲早之不同，或二影一有一無，故用辰申也。

望北極而畫定正子之向，以較偏子，繩墨遠近亦是地偏東西之數，用偏地刻漏較取地中午時，於偏地中得地中午時之正。畫其表影於地，以定正午之向，較其偏午繩墨遠近，亦是地偏東西之數。將取向正子、正午之畫，與所偏繩墨相較。若偏卯酉之繩墨，近正子之向畫，遠正午之向畫者，其地偏北；近正午之向畫，遠正子之向畫者，其地偏南。若偏子午之繩墨，近正午之向畫，遠正子之向畫者，其地偏北；近正子之向畫，遠正午之向畫者，其地偏南。量其所偏遠近，則是地偏南北之數。地中所戴是嵩高，偏地各有偏戴之處，於偏戴之下直望在上緯度，則得所戴偏距北極之數。

案天頂地平隨人所居而異，皆以北極爲正北。日之隨天而左，一準赤道，而宗北極，故隨地可爲規，識影以正其東西南北。蓋不論偏南偏北及偏東偏西，而皆有子午卯酉之正也。環地之周，上應天度，本無定中，惟以一方爲中，因名其南北東西爲偏，則南北相差，測北極出地高下知之，東西相差，較其月食之時刻早晚知之。此篇徒憑胸臆，附會於測驗之理，茫然無足取也。

此術但憑天象推測。然世間有所謂指南針，若置偏地，其所指者正午歟，抑偏午歟。若在偏地，果指偏午，則二十四向隨偏午而定，亦可用以測天。若指正午，則偏地難指正向，午雖正午，而子非正子，首尾不對一向。既差，則二十四向皆差，是不可以不辨也。偏不向正之理，已於篇首詳說，不復贅辭。

《革象新書》卷五

小罅光影　句股測天　乾象周髀

小罅光影

室有小罅，雖不皆圓，而罅影所射未有不圓，及至日食，則罅影亦如所食分數。罅雖寬窄不同，影卻周徑相等。但寬者濃而窄者淡，若以物障其所射之處，迎奪此影於所障物上，則此影較狹而加濃。予始未悟其理，因熟思之。凡大罅有影，必隨其罅之方圓、長短、尖斜而不別，乃因罅大，而可容日月之體也。若罅小，則不足容日月之體，是以隨日月之形而皆圓，及其缺則皆缺，罅漸窄則影漸淡，影漸遠則周徑漸廣，而愈加淡。大罅之影漸遠亦漸廣，然不減其濃，此則濃淡之別也。假於兩間樓下，各穿圓穽於當中，徑皆四尺餘，右穽深四尺，左穽深八尺，置卓案於左穽內，案高四尺，如此則雖深八尺，只如右穽之淺。作兩圓板，徑廣四尺，俱以蠟燭千餘枝，密插於上，放置穽內而燃之，比其形於日月。更作兩圓板，徑廣五尺，覆於穽口地上，板心各開方竅，所以方其竅者，表其竅小而影必圓也。左竅方廣寸許，右竅方廣寸半許，所以一寬一窄者，表其寬者濃而窄者淡也。於是觀其樓板之下有二圓影，周徑所較甚不多，卻有一濃一淡之殊。詳察其理，千燭自有千影，其影皆隨小竅。而方燭在穽心者，方影直射在樓板之中；燭在南邊者，方影斜射在樓板之北；燭在北邊者，方影斜射在樓板之南。至若東西亦然。其四旁之影斜射而不直者，緣四旁直上之光障礙而不得出，從旁達中之光，惟有斜穿出竅而已。穽內既已斜穿，竅外止得偏射偏中之影，千數交錯，周遍疊砌，則總成一影而圓。所以有濃淡之殊者，蓋兩處皆千影疊砌，圓徑若無廣狹之分。但見其竅寬者，所容之光較多，乃千影皆廣，而疊砌稠厚所以濃；竅窄者所容之光較少，乃千影皆狹，而疊砌稀薄所以淡。於是向右穽東邊滅卻五百燭，觀其右間樓板之影，缺其半於西，乃小影隨日月虧食之理也。又滅左穽之燭，但明二三十枝，疎密得所觀其樓板之影，雖是周圓佈置，各自點點，爲方不相黏附，而愈淡矣。又皆滅而但明一燭，則只有一影而方，緣爲竅小而光形尤小，竅內可以盡容其光，卻爲大影隨空罅之象矣。

若依舊，皆燃左穽之燭，則左影復圓，别將廣大之板二片，各懸於樓板之下，較低數尺，以障樓板，而迎奪其影，此影較於樓板者，斂狹而加濃。所以迎奪其影者，表其影近則狹而濃，遠則廣而淡也。燭光斜射，愈遠則所至愈偏，則距中之數愈多。圍旁皆斜射，所以愈偏，則周徑愈廣。影之周徑雖廣，燭之光焰不增，如是則千影展開，而重疊者薄。所以愈廣則愈淡，亦如水多則味減也。然其板不可側高偏低，否則影不正圓而長，於是去其所懸之板，舉其左穽連板之燭，徹去穽内卓案，復燃連板之燭，置於穽底而撩之竅，既遠於燭，影則斂而狹。所以斂狹者，蓋是竅與燭相遠，則斜射之光斂而稍直，光皆斂直，則影不得不狹，影狹則色當濃，燭遠則光必薄，是以難於加濃也。

先論影距竅之遠近，此復論燭距竅之遠近。影之遠近在竅外，燭之遠近在竅内，凡影近竅者狹，影遠竅者廣。燭遠竅者影亦狹，燭近竅者影亦廣。影廣則淡，影狹則濃，燭雖近而光衰者，影亦淡；燭雖遠而光盛者，影亦濃。由是察之，燭也，光也，竅也，影也，四者消長勝負，皆所當論者也。於是徹去所覆兩穽之板，别作圓板二片，徑廣尺餘，右片開方竅，方廣四寸，左片開尖竅，三曲皆廣五寸餘，各以索懸於樓板之下，令其可以漸高漸低。所以漸高漸低者，表其影之遠廣而近狹也。仰觀樓板之影，左尖右方，俯視燭光之形，左全右半，此則大影隨空之象，各自方尖，不隨燭光而圓缺也。然穽大而板竅仍小，今喻以爲大罅者。蓋穽於板竅較遠，遠則雖大猶小，竅於樓板較近，近則雖小猶大。方尖竅内，可以盡容燭光之形也。原尖小竅之千影，似乎魚鱗相依，周遍佈置大罅之影千數，比於遝紙重疊不散，張張無參差。由此觀之，大則總是一弃之影，似無干燭之分，小則不離一弃之全，碎砌干燭之影。是故小影隨光之形，大影隨空之象，斷乎無可疑者。

句股測天

句股之術可以測天，然高深廣遠難於推步籌策，今姑以淺近喻之。塔高十丈，未知其數，於塔之正東立一木表，於表東席地而臥，以眼西望塔頂，望見塔頂雖高，只與表末相齊，於是自塔心量至表根，爲數五丈，又自表根量至測望之眼，爲數一丈二尺五寸。再立後表於前表正東，從後表正東，如前望之，見塔頂亦與後表之末相齊，量得兩表相遠三丈。自後表之根，東至測望之眼，爲數二丈。先量得兩表皆高二丈有餘，從表首下至與眼平，只高二丈，亦可以算術求其塔高。兩表相遠三丈，名曰表間。前目距前表一丈二尺五寸，名曰前影。後目距後表二丈，名曰後影。前後兩影相多七尺五寸，名曰影差。

所以名爲影者，蓋是將燈置於塔頂，假若兩表有影，長短必齊於眼望之處，故以名其數也。先以心度云，移表三丈而影差七尺五寸，即是其表每移一丈，影差二尺五寸，若移前表過西一丈，影必減作一丈，且移過西四丈，影必減盡無餘，是猶表直於載日之下，則無影也。如此則知，塔心與前表相遠五丈，以後表名爲小股，後影名爲小句，句者，矩之短處也，股，即木匠之曲尺。以塔心距前表之五丈，通併表間三丈，則知塔心距後表八丈，更加後影二丈，共計十丈，名爲大句，塔頂高數名爲大股。以小勾股作大勾股之則例，既然小句二丈，而小股二丈，則知大句十丈，大股必十丈矣。若不用後表後影爲小勾股，而求塔高，前表前影亦可用也。以前表二丈爲小股，前影一丈二尺五寸爲小句，前影一丈二尺五寸，通前表距塔心之數五丈，共六丈二尺五寸，爲大勾，塔高之數爲大股，以小句股爲大句股之則例，計小句之數，每一丈爲小股一丈六尺，今大句六丈二尺五寸，大股必十丈矣。

若或顯言塔遠之數五丈，止立一表以測塔高者，如前名作小句股，卻以大句求大股，而爲塔高。此一表之術，乃先知塔遠，而止求塔高。若前兩表之術，則皆未知，所以先求塔遠，而卻憑塔遠以求塔高也。既可將遠求高，亦可將高求遠，今以畫圖言之。畫一棊枰，縱橫各十寸，每眼比一丈，總爲百眼，如此則縱橫各有十一畫，邊西第一直畫塗紅，喻爲塔高十丈，邊東第三直畫偏低塗青，喻爲後表二丈，當中直畫偏低塗黃，喻爲前表二丈，於後表之東横底塗青，喻爲後影二丈。影末作一圈，喻爲後目，於前表之東横底塗黃，喻爲前影一丈二尺五寸。影末作一圈，喻爲前目。從前目斜畫一綫向西，而高至塔頂，名爲前大弦，後目亦如前畫，爲後大弦，此兩條弦非實有物，乃眼繩也。謂之弦者，蓋矩曲略似乎弓，兩端斜距之數，則似弓弰安弦，兩表之末必與斜弦相湊可比，兩表之末俱與塔頂相齊。以圖視之，眼繩兩條合尖於塔頂，漸低則漸開，至地平而開廣三丈七尺五寸，表末只開廣三丈。如此則是。斂窄七尺五寸，計高一表之數二丈，以心度云，眼繩於地平開廣三丈七尺五寸。若將斂窄盡絶，則至塔頂，而高五表之數。每表高二丈，則知塔高十丈矣。十丈爲股，用之求大句者，則亦以小句股爲則例而求之。後表小股二丈，而小句亦二丈，如此則大股十丈，可知大句必十丈矣，大句即是塔遠後目之數。前表小股二丈，而小句一丈二尺五寸，乃是每股一丈，句至六尺二寸五分。今大股十丈，可知大句必六丈二尺五寸矣，此大句即是塔遠前目之數。先已知大股，而止求大句者，不須兩表之小句股，但用一表之小句股爲則例，而求之。乃先知塔高，而止求塔遠也。

大句大股已得其數，亦可求大弦，乃眼繩之斜長，即人目距塔頂之斜遠也。欲求其數，不可不明其乘除開方，所謂乘者，七其八得五十六，名曰七乘八，或八其七得五十六，名曰八乘七。若十二與三十相乘，則得三百六十。所謂自乘者，三其三爲九，或十其十爲百，或百其百爲萬，或十九自乘十九，則爲三百六十一。凡自乘之數，名曰冪，冪是覆物之巾，方而有眼，數自乘之數必方，故名爲冪。所謂除者，七除其五十六，各得八，乃置五十六如七而一，則爲八也。或八除其五十六，各得七，乃置五十六如八而一，則爲七也。或十二除其三百六十，而得三十，謂之如十二而一。或三十除其三百六十而得十二，謂之如三十而一。或三除其九而得三，或十除其百而得十，或百除其萬而得百，皆曰除也。所謂開方者，九而開方而得三，或百而開方得十，或萬而開方得百，或三百六十一而開方縱横皆得十九，是謂開方也。凡已乘之數，除則復元，已除之數，乘則復元。

今求眼繩斜長之數，當用句股求弦之術。其術曰，句自乘名句冪，股自乘名股冪，兩冪相併，爲弦冪，開爲平方即得其弦。凡以丈尺求者，宜改爲寸，數以算之。今以後表所測大句十丈，準爲大句一千寸，其一千寸共乘得一百萬寸，名曰句冪，大股數同，名爲股冪，相併得二百萬寸，名爲弦冪，開爲平方得後大弦，乃一千四百一十四寸有奇，是後表之眼繩長一十四丈一尺四寸有餘也。以前表求前弦者倣之，後弦之冪二百萬寸，而開方譬似方磚二百萬片，砌於方臺之上，東西南北縱横數之，皆廣一千四百一十四片，尚有方磚六百四片。若欲用盡無餘，則碎之而砌作大方餘數。

此術以塔心喻戴日之下，以塔頂喻日之高，以燈影喻日影，喻月影亦然。衆星無影，則人以目就地，望而準之，測得三辰之高，則可知日月不附著於天，而懸虚運轉。若五緯較遠於經星，則是五緯亦懸虚而不附著。設或五緯與經星之高遠相齊，則是五緯如磨蟻而右旋矣。塔之爲物高，數不多，兩表相距三丈，亦可以測。若夫三辰之高，必須兩表相距數百里，否則不覺其影差，里之爲數長三百步，每步之長伸手一度也。浙尺約六淮尺，約五世間路里迢遥，難取徑直。既然地上量之不直，豈能推其三辰高遠，是以古人測表影千里一寸之差，猶未親切，姑以其術言之。然古者製錶未精，今别定表之制度，併述元有演算法，就地中，各去南北數百里仍不偏。於東西俱立一表，約高四丈，於表首之下數寸許，作一方竅。所以低數寸者，恐其表首影淡也，所以方其竅者，蓋小竅有影，不隨空鋍之象，必隨日月之形，可以測日月之周徑也。其竅外廣而内狹，當中薄如連邉，兩旁如側置漏底之盌，形圓而竅方。所以然者，蓋日光斜射之際，恐其竅楞相妨也。竅空之大小，當於地上試影而定之，直立其表而後試，稍有偏斜則不可準，若試而光淡者，竅差小也；影不圓者，竅差大也，須得酌中爲佳。若表末細而不可開大竅者，以木接之，以薄板接之尤妙，蓋爲作側盌之狀也。

自表根量至空竅下際，其寸數名曰表高，兩表制度須同，不可差異少許。同日測表影於正午之時，自表根量地，至於空竅下際之影，其寸數名曰表影。以南北表影之數相減，餘名影差。兩表相距路里，變作寸數，名曰表間。各乘南北表影，各如影差而一，即得二表各與戴日之地相距寸數，名曰平遠。南北各以表影加之，所得各以表高乘之，各如表影而一，即得日輪頂與戴日地相距寸數，名曰日高。乘表間，如影差而一，卻加表高，亦得日高也。若求日輪底之高者，量表高則至空竅上際，量表影亦至空竅上際之影，演算法並不殊。若將日輪頂底之兩高數相減，則知日圓之徑。以南北表影，各加平遠，所得自乘，名句冪；日高自乘，名股冪，兩冪相併，名弦冪，開爲平方，名曰日遠。乃南北表竅之影距日斜遠也。

然南北各有兩數，蓋日輪頂底各距表竅上下之影，際其相遠寸數，可於南北各作兩次求之。凡測早晚者倣此，太陰亦然。若謂表高難直者，當併樹兩表，構橫木以爲高架，橫木之中釘一方環如前。表竅之制，須當穩實不摇曳，卻懸一壯繩，以代木表，繫於懸虛之中，墜石去地寸許，令其急而不緩，則直可準矣。若測衆星者，量表則至於竅心，望亦須在竅心也。此句股之法，以橫測遠，以樹測高，乃測高遠也。若測廣遠者，則以繩引於地而爲句股，句與股皆橫測之；若測深遠者，高立表木，橫構二平木於表前，以橫測遠，以樹測高，此句股則又有橫樹之分矣。夫測三辰之高遠者，必須遠量兩表之間，然難於地平直，步要當節節測望地平之遠數，卻通併以爲表間，是又不可不知也。

乾象周髀

日之圓徑一度，以算術求其周圍，計三度一十四分一十六秒，月之周徑比似之。赤道周天三百六十五度二十五分七十五秒，以算術求其中徑，計一百一十六度二十六分五十一秒，徑當周中，似乎圓扇夾脊，平分兩旁即是南北二極相距之直數，折半計五十八度一十三分二十五秒有奇，乃是六合各距天中之均數。天體圓如彈丸，東西南北相距皆然，凡相距平分之數，皆圓中之徑也。古人謂圓徑一尺，周圍三尺，方廣一尺，邊旁四尺，圓象天而天數三，方象地而地數四。數分陰陽，自然有理，後世考究則不然，方廣一尺，而邊旁四尺，無可言者。若言圓徑一尺而周圍三尺，則三尺尚有餘；圍三尺而中徑一尺，則一尺爲不足。蓋圍三尺，徑一尺，是六角之田也。或謂圓徑一尺，周圍三尺一寸四分，案此劉徽所推。或謂圓徑七尺，周圍二十二尺，案此祖沖之所推約率。或謂圓徑一百一十三，周圍三百五十五。案此祖沖之所推密率。徑一尺而週三尺一寸四分，猶自徑多圍少，徑七尺而週二十二尺，卻是徑少周多，徑一百一十三而周圍三百五十五，最爲精密。

今求日周天徑是此法也。既論其異同，亦當言其考究之術。畫爲百眼，棋盤一眼，廣一寸，橫十寸，名句，在於東西相距方圖之內。畫爲圓圖，是去其方之四角也。圓徑十寸，與外方之股數相同，圓徑名髀，圓之髀比方之股，其數同而字義不異，但有方圓之別。就圓圖之內，又畫小方圖，其小方四角不指外方之四角，而斜抵東西南北之四正。蓋其外大方四角，在於乾坤艮巽，其內小四角，在於坎離震兌，小方四角斜弦一十寸，尚是圓中之髀，爲數不殊於外方之股。以外方而比內方，包容之積相半，外方積一百寸，內方積五十寸，何以知其然？蓋將外方均作四隅而視之，一半歸於內，一半出於外，由是察之，圓中之直髀，即內方之斜弦。內方既用爲弦，圓中難以名股，句股與弦，名不可紊，故稱爲髀以別之。內方之弦十寸，自乘得一百寸，名弦冪。凡弦冪，必兼得句股兩冪之數，今圖方而縱橫相同，當以弦冪均爲句股兩冪，各得五十寸而開方，即知句股皆七寸有餘。

考究圓圍本起於此。考究之術，將薄紙剪圓，而臨於棊枰之上，不須於紙上畫爲方眼，但影映以爲準則。然後於此薄紙之上模下之小方，以算術展爲圓象，充滿所定之圓圍，自四角之方，添爲八角曲圓，爲第一次。若第二次，則求其爲曲十六，若第三次則求其爲曲三十二，若第四次則求其爲曲六十四，凡多一次，其曲必倍，若至十二次，則求其爲曲一萬六千三百八十四。其初之小方漸加漸展漸滿漸實，角數愈多，而其爲方者不復方，而變爲圓矣。故自一二次求之，以至一十二次，可謂極其精密，若節節求之，雖至千萬次，其數終不窮。須當逐節作爲大小句，大小股，大小句冪，大小股冪，小弦，小弦冪，大弦，大弦冪，但大弦與大弦冪不於節次作之，畢竟止用本數而已。今先以第一次言之，內方之弦十寸，名大弦，自乘得一百寸，名大弦冪，內方之句冪五十寸，名第一次大句冪。以第一次大句冪，減其大弦冪，餘五十寸，名第一次大股冪。開方得七寸七釐一毫有奇，名第一次大股。以第一次大股減其大弦，餘二寸九分二釐八毫有奇，名第一較。以此較折半得一寸四分六釐四毫有奇，名第一次小句，此小句之數乃是內方之四邊，與圓圍最相遠處也。以第一次小句自乘，得二寸一分四釐四毫有奇，名第一次小句冪。以第一次大句冪折半，得二十五寸，又折半，得一十二寸五分，名第一次小股冪。以第一次小股冪，併第一次小句冪，得一十四寸六分四釐四毫有奇，名第一次小弦冪。以第一次小弦冪開方，得三寸八分二釐六毫有奇，名第一次小弦，即是八曲之一。八乘其第一次小弦，得三十寸六分一釐有奇，是即八曲之周圍也。此以小數求之，不若改爲大數。所以然者，蓋求至十二次數之降者，漸小愈小，則不便於數名，當將大弦改爲一千寸，大弦冪改爲一百萬寸，第一次大句冪改爲五十萬寸，大股亦如之，然後依法而求。若求至第二次者，以第一次小弦冪就名第二次大句冪，以第一次大股冪減其大弦冪，餘爲第二次大股冪，開方，爲第二次大股，以減其大弦，餘爲第二較，折半名二次小句。此小句之數即是八曲之邊，與圓圍最相遠處也。以第二次小句自乘，名第二次小句冪，以第二次大句冪兩折，名第二次小股冪，以第二次小股冪併第二次小句冪，名第二次小弦冪。以第二次小弦冪開方，爲第二次小弦，即是十六曲之一，以十六乘其第二小弦，即是十六曲之周圍也。以第二次倣第一次，若至十二次，亦遞次相倣而已。置第十二次之小弦，以第十二次之曲數一萬六千三百八十四乘之，得三千一百四十一寸五分九釐二毫有奇，即是千寸徑之周圍也。置此周圍之數，降呼作三尺一寸四分一釐五毫九絲二忽有奇，以一百一十三乘之，果得三百五十五尺，故言其法精密。要之，方爲數之始，圓爲數之終，圓始於方，方終於圓，《周髀》之術，無出於此矣。

《重修革象新書》【元】趙友欽 撰 【明】王 禕 刊定

臣等謹案，《重修革象新書》二卷，明王禕删定元趙氏本也。禕有大事記續編已著録是書，併趙氏原本五卷爲二卷，前有禕自序，稱原書涉於蕪冗鄙陋，反若昧其指意之所在，因爲之纂次，削其支離，證其訛舛，釐其次第，挈其要領云云。今以原書相校，其所潤色者頗多，刊除者亦復不少。然於改定之處，不加論辨，使觀者莫能尋其增損之迹，以救其得失之由。又其中舛謬之處，亦未能芟除净盡，特其字句之蕪累，一經修飭，斐然可觀，抑亦善於點竄者矣。平心而論，原本詞雖稍沓，而詳贍可考。改本文雖頗畧，而簡徑易明，各有所長，未容偏廢。故今仿新、舊唐書之例，並著於推步之屬録焉。

乾隆四十六年十月恭校上

總纂官臣紀昀、臣陸錫熊、臣孫士毅

總校官臣陸費墀

《革象新書》原序

《革象新書》者，趙緣督先生之所著也。先生鄱陽人，隱遁自晦，不知其名若字，或曰名敬，字子恭，或曰友欽，其名弗能詳也。故世因其自號，稱之爲緣督先生。先生宋宗室之子，習《天官遁甲鈐式》諸書，欲以事功自奮。一日，坐芝山酒肆中，逢丈夫脩眉方瞳，索酒酣飲，先生異而即之，相與談玄者頗久，且曰，汝來何遲也？於是出囊中《九還七返丹》書遺之。別先生問其姓名，曰，我扶風石得之也，得之盖世，傳杏林仙人云。先生自是視世事若漠然不經意間。往東海上獨居十年，註《周易》數萬言，時人無有知者，唯傳文懿公立極獨畏敬之，以爲發前人所未言。先生復即棄去，乘青騾從，以小蒼頭往來衢婺山水間。人不見其有所齎，旅中之費未嘗有乏絶，竟不知爲何術倦游而休泊，然坐忘，遂葬於衢之龍游鷄鳴山。

原有朱暉德明者，龍游人也，久從先生游，得其星曆之學，因獲受是書。而暉亦以占天名家，暉既没，其門人同里章濬深懼泯滅無傳，亟正其舛訛，刻於文梓而來徵，濂爲之序。濂聞天官之説，歷代所步必微有弗同，盖欲隨時考驗，以合於天運而已。自唐涉宋，其法寖精，至元爲尤密。耶律文正王楚材以金《大明曆》後天，乃損節氣之分，減周天之秒，去交終之率，治月轉之餘，以至兩曜五行後先出没，皆有以研窮之，而正其失。且以西域與中國地里相去之遠，立爲里差，以增損之，名曰《西征庚午元曆》。可謂無遺憾者矣。已而許文正公衡、王文肅公恂、太史令郭公守敬，復與南北日官陳鼎、臣鄧元麟等，偏參歷代曆法，重測日月星辰消息運行之變，酌取中數，以爲曆本，即所定《授時曆》、《曆經》《曆議》二書猶存，可考證，弗誣也。君子謂當世所推步者，皆二三大儒，會其精神，博其見聞，備其儀像，而後能造其精微。今先生值天書有禁之時，又獨處大江之南，且無所謂觀天之器，其所著書往往與諸公脗合而無間者，雖絶倫之識，有以致之。誠以人心之理本同，固皆相符而無南北之異也。

抑余聞西域遠在萬里之外，元既取其國，有扎瑪尔丹者，獻《萬年曆》，其測侯之法，但用十二宫，而分爲三百六十度，至於二十八宿次舍之説，皆若所不聞。及推日月之薄蝕，頗與中國合者，亦以理之同故也。嗚呼，四海内外凡圓顱方趾之民，其心皆同，其理皆不殊也。豈特占天之事爲獨然哉！先生之《易》已亡於兵燼，所著兵家書暨神僊方技之言亦不存，其所存者，僅止此而已。當與《曆經》並行無疑，濂故特序先生之事於篇首，使讀者知先生之學，通乎天人，庶幾相與，謹其傳焉。

金華宋濂序。

《革象新書》原序

《革象》，司天之書也，鄱陽趙緣督先生所纂。先生名友欽，某字子恭，其先於宋有屬籍。其學長於律法、算數，而天官星家之術尤精，讀其書可見也。其書有推步立成等篇，皆載占驗之例，而革象者，則天地、日月、五星、四時之故，曆象之制俱在焉。然其爲言涉於蕪冗鄙陋，反若昧其旨意之所在，予因爲之纂次，削其支離，證其訛舛，厘其次等，挈其要領，於是辭益簡而旨加明矣。夫司天之學，儒者之所宜務，而世顧恒置之弗講，何哉？有志於斯者，即是書求之精微之奥，從可得而知也。金華王禕序。

《革象新書》卷上

天體左旋

天體之運有常度，而無停機，天非有體也，因星之所附麗擬之，爲天之體耳。觀夫星之昏在東者，及曉則西墜；昏所不見者，至曉則東升，東西轉運，有以驗天體之左旋矣。然而北天之星未嘗入地，終夜可見，其旋轉爲甚窄，窺之以管，其間一星旋轉尤密，不出管中者，曰紐星。紐星所在，天體不動，是爲北極。若南天之星，雖終夜不常見，而其旋轉亦不遠，知爲南極之所在，而南極亦不動。南北二極爲天體之管轄，其猶門之樞、車之軸歟。試以圓瓜譬之，北極乃瓜頂聯蔕之所，南極乃瓜末含花之所，天之東西爲最廣，則比瓜之腰圍。北極高而南極下，故北極之旁，雖旋轉而常在於天，南極之側，雖旋轉而不出於地。此又可驗地在天内，天如鷄子，地如内黄矣。然天體極圓，乃取以爲譬者，非取其形之肖，特以比天包地外而已。以今譬之，天體如，内盛半水而浮板，水上板譬則地也。置物板上，鞠雖外轉，板豈常動乎？

赤道周圍

天體如圓瓜，其分十二次，猶瓜有十二瓣也。周天三百六十五度餘四之一，均爲十二分，則一瓣爲三十度四十三分七十五秒，其度輻輳於南北二極，則度之形斂尖於瓜之兩端，而開廣於瓜之腰圍。瓜腰一圍名曰赤道，其度在赤道者，正得一度之廣，去赤道則漸遠而漸狹，雖名一度，實不及一度也。各度以二十八宿之距星紀數，謂之經度，若以天體比之彈丸，則東西南北相距皆然。東西分經，則南北亦當分緯，緯度皆以北極相去遠近爲數，亦三百六十五度餘四之一。兩極相距一百八十二度六十二分五十秒，赤道橫分兩極，與兩極相遠各九十一度三十一分二十五秒。天頂名嵩高，北極偏於嵩高而北五十五度有奇，赤道則斜倚於嵩高之南三十六度。蓋北極既偏於嵩高之北，南極既偏於地中之南，所以赤道必斜倚於南也。雖曰斜倚於南，而其東西兩傍，則固在卯酉之位矣。

黄道損益

子正玄枵，由於虛七度，赤道均分周天宿度十二次，以子中爲的，而分之黄道宿度與赤道宿度，多寡不同，而黄道各次宿度亦不等。蓋由冬夏二至之日黄道平，近於兩極，其度斂狹，每度約得十之九，春秋二分斜行赤道之交，赤道所在度既廣而又斜行，每度爲十有一。惟四立之日，度在酌中之處，餘則以漸而廣狹矣。今《授時曆》冬至日躔箕宿，故寅申度數最少，已亥度數最多，餘則多寡稍近也。

日道歲差

日行不由赤道，晝永，在赤道北，晝短，在赤道南，其道別名黃道。黃道赤道如兩環交差，自冬至始言之。日在赤道之南，横距赤道二十三度九十分，冬至後行漸近北，及仲春則離冬至所躔九十一度有奇，而在赤道之交。過交入赤道北斜去，遠赤道九十一度有奇，爲夏至所躔，而近北横距亦二十三度九十分。復從此漸轉而南，但非由故道，及仲秋復交於赤道，而去夏至所躔亦九十一度有奇。然非仲春之交，乃其相對之處，過交出赤道南，其去赤道乃九十一度有奇，爲次年冬至。復元度，此周天歲終之説也。

夫《堯典》「日短星昴」，謂仲冬昏時，昴宿見於午方也。昴見正南，則日躔虚宿可知。蓋正東爲卯，正西爲酉，正南爲午，正北爲子，一日十二時，晝夜歷十二位，乃定方也。天以各經宿分十二次，乃動體也。動者，無常位，名天盤；定者，有常位，名地盤。仲冬日在虚宿，屬天盤子，而酉時日在西方，則天盤之子加地盤之酉，子加酉則酉必加午，昴宿屬天盤酉，故昏見於正南也。又北斗有柄，常指天盤卯辰間，冬至日躔虚宿，則昏見，時天盤卯辰間，加於地盤之子，故世謂十一月斗柄爲建子。然天旋一晝夜而周，酉末戌初則指丑而非子矣。且冬至時日隨天盤寅，以加地盤申酉界，其天盤卯辰之間，實加地盤之戌，則斗柄又指戌而不指子也。

蓋天體一時轉一位，戌末亥初乃指子，但不可謂初昏指子耳。夫日躔既有歲差，則昏旦亦必有差。唐虞初昏乃今戌亥之時，其後仲冬日差在卯，則斗柄夜半指子，差在午，則平旦指子，差在西，則日中方指子。世謂閏月斗柄指兩辰之間者，非也。夫唐虞之時，仲冬日在虚，漢《太初曆》曰冬至在牽牛之初，而今《授時曆》至元冬至日在箕九度二十二分十八秒，斗牛女虛危室壁，北天七宿也，三冬日躔之，故曰，日在北陸箕屬寅，而冬至日躔之，冬至後乃始躔斗，則仲冬尚在東陸也。以漢武較帝堯時，已差二十度，而當時唐都洛下閎，但疑八百年差一度，何邪？晉虞喜不用天周歲終之術，謂天度與歲日數殊，天自爲天，歲自爲歲，始以天體爲三百六十五度二十六分乃四分之一有餘，歲策爲三百六十五日二十四分乃四分之一不足，一歲差二分，五十年差一度。宋何承天以爲歲差太速，改爲百年差一度，周天爲三百六十五度二十五分半，周歲爲三百六十五日二十四分半。隋劉焯又折衷之以七十五年差一度，唐一行又以八十三年差一度。自後諸曆，各各不同，宋曆多在七十五度左十五秒，周歲三百六十五日二十四分二十五秒半右。《統天曆》謂周天赤道三百六十五度二十五分，七年差一度半。又謂上古歲策多，後世歲策少，故上古歲差少，後世歲差多也。蓋三代以前未有歲差之法，晉宋而後雖立歲差，而未有定論。李淳風猶謂無差，冬至日常躔斗十三度，至一行而論始定，然其差數，歲歲如一，未有先加後減之法。是故上考往古，百年加一秒，下驗將來，百年減一秒，其加減歲策親切之數，非歲積久，曷從知之？《授時曆》以赤道分三百六十五度二十五分七十五秒，而黃道止爲三百六十五度二十五分六十四秒，相懸十一秒者，以黃道一周同於歲策三百六十五日二十四分二十五秒，比周天尚未足一分五十秒，其一分五十秒不在瓜之腰圍，橫距赤道二十四度，斂而狹之，止廣一分三十九秒，以此一分三十九秒併入歲周，故云黃道三百六十五度二十五分六十四秒也。

黃道雖歲差，冬夏二至日躔必在橫距赤道二十四度，然其差每歲不同，歲差移一分餘，斜絡於二十八宿之間，歲久皆其經行之道，如捲紵爲圜，絲絲纏絡，雖重復參差，而其周道則一而已。且唐虞時，日躔冬至在子，夏至在午，春分在卯，秋分在酉，今未四千年，而冬至在寅，夏至在申，春秋二分在巳亥。計其歲差，退四五十度，則由帝堯後萬餘年，冬至日反躔午，夏至日反躔子，春分在酉，秋分在卯矣。若復舊躔，而冬至在子，夏至在午，當在三萬年之間，逆而推之，帝堯之前，亦必如是矣。

日月盈縮

古法一晝夜月行十三度餘十九之一，然觀其所躔，先後不同，有差至四五度者。後漢劉洪始推究之，知其疾行則十四度餘約四之三，遲行則止十二度不餘，其間漸疾漸遲，大率二百四十八日盈縮九匝。隋劉焯又推究日行亦有盈縮，自冬至行一度五分，漸減二分至三四分，以及赤道之交，則止行一度，從此復漸減之，極於夏至止行九十五分，自夏至後其行漸增，所增與所減之數相似，及冬至則復如前。蓋一日行一度有餘，曰疾，不及一度，曰遲，以增虧之數相補，一日止爲一度。從冬至距春分，以行疾而積盈，從春分距夏至，以行遲而消其積盈，比之常度猶差前，故冬至距夏至皆曰盈段。從夏至距秋分，以行遲而積縮，從秋分距冬至，以行疾而消其積縮，比之常度猶差後，故夏至距冬至皆曰縮段。然春分二日之前已交赤道，則盈二度有餘，秋分二日之後纔交赤道，則縮二度有餘，故二分之際盈縮最多矣。《授時曆》謂日在赤道之南行疾，赤道之北行遲，而後曆亦以春分距秋分行遲，秋分距春分行疾。要之，月行遲疾盈縮之理亦然，但度數不同耳。《授時曆》謂每轉二十七日五十五分四十六秒，月行三百六十八度三十七分四秒半，乃盈縮之一匝，其間遲疾之數相補，遂以十三度三十六分八十七秒半，爲一日月平行之度。李淳風有推步月孛法，以六十二日行七度，六十二年七周天。孛者，彗星之屬，光芒偏掃者爲彗，光芒四出者爲孛。孛之所在，月行最遲，與孛對衝，則月行最疾。孛不常見，則月行最遲處可以測之矣。

按「孛者，彗星之屬，光芒偏掃者爲彗，光芒四出者爲孛」一段，所引未當，考月孛之孛，與彗孛之孛不同。月孛乃月歷天之最高處，其行較遲，卑則其行較速。至於彗孛之星，隱見無時，行無定度，非可以常理測也。審如其論，則由月而可算孛星，實屬誤會。

若夫日躔十二次，蓋因各次黄道宿度不等。又日有盈縮，故或近或久不同，且一歲分二十四氣，名曰常氣。《授時曆》一氣爲十五日二十一分八十四秒三十七毫半，則是以常氣爲定，不復增減，而舊曆則有增減之法。月度縮而日度盈，則定朔在常朔後，名曰朒，月度盈而日度縮，則定朔在常朔前，名曰朓。若俱盈俱縮，則對消而用有餘數，定弦定望亦如之。

蓋古者未曾推步日月盈縮，止以常期弦望爲定。今朔與弦望既有常定之名，復有進退之法。定朔在日没以後，若無日食，見其初虧者則進，以次日爲朔，恐月見於晦之晨也。定弦望在日出以前，則退一日，定望在日出以後，其望有食，初虧在日出前者亦退一日，定望在十七，雖日出後，亦退一日，爲其太遲也。或望在十四上弦，在初七下弦，在二十二則不可退，退則太早也。或望在十三上弦，在初六下弦，在二十一非退而太早，因進朔而然。雖不皆早，其朔不進或朔進，而大月連四日爲其過多，朔亦不進也。《授時曆》則不然，當朔計二十九日五十三分五秒九十三毫，當望半之，當弦又半之，實定而不進退矣。但月食在夜半後，雖屬次日，亦只以當夜言望。

月有九行

月行不由黄道，亦不由赤道，乃出入黄道之内外，而有九行。九行止是一道，其道與黄道相交，如赤道然。黄赤二道相遠處二十三度九十分，而月道距黄道遠六度二分而已。其相交處，交之始，强名曰羅睺，交之中，强名曰計都。自交始至交中，月在黄道外，名陽曆，乃背羅向計之處也；自交中至交始，月在黄道内，名陰曆，乃背計向羅之處也。月道猶水道，日道猶陸道，而羅計猶橋道，其歲歲改異，則由日行歲差之故也。

案交行歲改易，不獨因日行歲差之故，考交行有遲速，而歲差無遲行，交行歲十九度强，歲差則歲不及一分，謂交行由歲差，亦誤會也。

且所謂九行者，陽曆在夏至，日躔之南，夏爲南，乃南之南也，名外朱道，陰曆在冬至，日躔之北，北爲内，名内朱道。在北而曰朱道者，冬至屬午，若冬至日躔伏於地盤午位，則月在黄道之上，凡地以下爲北，上爲南，故曰内朱道，乃北之南也。苟冬至日躔反在午位，則内朱道亦在黄道之北矣。此不論反而論伏黑道之理亦然。陰曆在夏至，日躔之北，名内黑道，夏爲南，乃南之北也。陽曆在冬至，日躔之南，名内黑道，在南而曰黑者。月道在黄道之下，凡地以上爲南，下爲北，故雖南而曰黑，冬爲北，乃北之北也。月行朱道，則羅在日之春躔，計在日之秋躔；月行黑道，則羅在日之秋躔，計在日之春躔。陽曆在秋分，日躔之東，名外青道，乃東之東也；陰曆在春分，日躔之東，名内青道，乃西之東也。陽曆在春分，日躔之西，名外白道，乃西之西也；陰曆在秋分，日躔之西，名内白道，乃東之西也。青白道不論反復，若天地卯酉互位者亦然。

月行青道，則羅在日之夏躔，計在日之冬躔。月行白道，則羅在日之冬躔，計在日之夏躔。是故以内外分别朱黑青白，爲八道，八道而曰九行者，以八道之行交於黄道，而穿度其間，故通以九言也。八道變易不常，不可置於渾儀，亦不可畫於星圖，所可具者，黄赤二道耳。欲别於黄，故塗以赤，赤道與八道各相交遠近，朱道止十八度遠，黑道至三十度遠，青白二道約二十四度遠。《授時曆》謂月從黄道之交，出外一百八十一度八十九分六十七秒，則中交於黄道，從此入黄道内，復至交初，則該三百六十三度七十九分三十六秒，乃月道之一周，計二十七日二十一分二十二秒二十四毫，與古曆數不同焉。

月體半明

月體本無圓缺，如懸黑漆丸於檐下，映日必有光，轉射暗壁，其半邊因映日，故有光，而半邊元暗也。遇望，與日躔度相對，半邊之光全向於地，普照人間，半邊之暗全向於天，人不可見也。及漸相近而側相映，則向地之邊光漸少矣。至晦朔則與日同經，日與天近，月與日近，其半邊之光全向於天，半邊之暗則向於地，及漸相遠而側相映，則向地之邊光漸多矣，故月體之光暗，半輪轉旋，人目所不及，因謂其有圓缺耳。然其與日對望，爲地所隔，猶能受日之光者，陰陽精氣之潛，通如吸鐵之石，感霜之鐘，莫或間之也。月明不全瑩而似瑕者，如懸明鏡，照水之處，則瑩映地之處則瑕，世以爲山河所印之影是也。

按月之瑩瑕爲山河所印之影，其説相沿已久，而於理未確，考輿地全圖，其在下者固不得見，即東西與中間三面，形勢亦迥不相同。月東升西降，在在照影，而瑩瑕終始不異，且光魄交際，往往不齊，似因凸凹之形而成明暗之質，非山河印影，亦未必如鏡之平也。

日月薄食

日所行黄道，未嘗附著於天，其道印天一周，乃在天之黄道。在天黄道如大環，日行黄道如小環，小環居大環之内，雖寬窄有少殊，而皆爲三百六十五度四分度之一。且以日擬尺而量，故爲度，則日行之黄道，要爲得數之真者。夫日體大，其道周圍亦大，月體小，其道周圍亦小。月道在日道内，亦猶小環在大環之中，日去人遠，月去人近，月體因近視而比日體之大，月道因近視而比日道之廣，亦由日道之比乎天道矣。若日食於朔，月食於望，則當以天度經緯推之，日月之行常數，以二十九日五十三分五秒九十三毫相會，二次相會，則同一經度。雖其行度有盈縮，定朔有先後，所差不多，較其同經不同緯，止曰合朔。或月從八道穿度黄道，適與日遇，則爲同經同緯，合朔而有食矣。

日體爲月體所蔽，故日食，而日體非有損也。日道與月道相交之處有二，若正會於交，則月體障盡日體，而日暗甚，謂之食既；若交不正，但在交之前後，而度相近者，亦食而不既，近於正交，則食分多，遠於正交，則食分少也。兩朔之間日月對躔而望，平分黄道之半。黄道有二交，若不當二交前後而望，則月不食；望在二交前後者必食，食或既或不既，其食分數則以距交遠近推之。月體映日而明，但涉經度相對，其光已滿，或於二交限內，對經對緯，所受日光傷於太勝，陽極反亢，故致月體黑暗如染紅，濃厚反成紫也。

《授時曆》望在交之前後者，距交十三度五分，則不食，若當交限內則有食矣。望而距交未遠，在四度三十五分之內，其食必既，餘八度七十分，雖是食限，而食不既也。古者以日對衝之處，名爲暗虛，謂日之象影也，月體因之而失明，故云暗。日非有象影，而强名之，故云虛。暗虛緣日而有，故其圓徑與日等。日體徑一度，月體半之，而其徑亦准一度，則日道之廣亦必與徑同，月道既准一度，則暗虛廣二度也。今以暗虛之黄道，與月之本道，兩道相交，以交前四度三十五分，併交後四度三十五分，共八度七十分爲食既限，既限之前八度七十分，爲既外前限；既限之後八度七十分，爲既外後限。此三限在暗虛，則爲二十六度十分，而在月道，止爲十三度五分也。

夫日食至十分，即爲食既，月食乃至十五分者。蓋十分已是食既，既則已盡黑，然所食雖既而纔入既限，故食十分以上之數，爲既內之分。月望正在交的而食，則名曰既內五分，乃十五分也。所以然者，月之食限交前後各十三度五分，歸限八度七十分而望，則已食十分矣。

更歸八十七分而後望，則食十一分，以十三度五分，均爲十五分，每分計八十七分，食十分，計歸限八度七十分。又既内五分，計四度三十五分，共十三度五分，乃前限之一半，其出後限亦然，故月食有既限，而日食則不立既限矣。

月食分數，唯以距交遠近而論，别無四時加減。八方所見，食分並同。而日食則不然。舊曆云，假令中國食既，戴日之下所虧纔半，化外反觀，則交而不食；化外食既，戴日之下所虧纔半，中國反觀，則交而不食。何則？日如大赤丸，月如小黑丸，共懸一索，日上而月下，即其下正望之，黑丸必掩赤丸，似食之既，及傍觀，有遠近之差，則食數有多寡矣。日行有四時之異，月行有九道之殊，日行極南，月在陰曆，則中國見食分多；月在陽曆，則中國見食分少。開北户而向日之處，月在陽曆，反食多，在陰曆，反食少。夏日近中國，冬日近交廣，唯戴日之下，則在酉中之間，凡食在午前，見食早，午後，見食遲。地偏西，見食早，偏東，見食遲。此其推步之差，實因四時早晚，及地偏南北東西而加減。然南北東西不可以里路計，南北則考表影及北極出地之數，東西亦考表影及中星之所在，以爲加減之法。今太史所驗，徒以中國所見者言之而已，且推步雖有法，亦時或有失，日月交會於夜，望食於晝，人不及見，固所不論。若帶食分出入在晨昏之際，雖不見其食甚，但見初虧，或見復圓，以前則必論之。而所謂食甚之時，則在初虧、復圓之際，其非食既者，亦於此際食分最多，從此則轉減少也。日食止言既，月食言既，又言甚者，蓋月初既之時，名食既，食既之後，生光之前，此際名爲食甚。若日則不然，食既、甚、生光，無所分别，食既不久，止須臾耳。

日月在望交者，月道廣一度，暗虛之道廣二度，兩度相犯者多，故食限亦多，至十三度五分而其食之，時刻亦不少；在朔交者，日月二道皆廣一度，相犯者少，故食限亦少，約八度左右，而其食之時刻亦不多。日之食限少，故其食也罕，月之食限廣，故其食也頻。

若夫起復方位，則以月在陰陽曆論之。月在陽曆者，日食起於西南，甚於正南，復於東南；月食起於東北，甚於正北，復於西北。月在陰曆者，日食起於西北，甚於正北，復於東北；月食起於東南，甚於正南，復於西南。凡日月食至八分以上者，日食但云起於西，復於東，月食但云起於東，復於西也。日月之食，其所行交道有常數，雖盛世所不免，故可以籌策推，非若五星，有反常之變也。

五緯距合

日月懸虛運轉，不附於天，五星亦然，月雖因日而有晦朔弦望，其遲速不因日。若五星，則因日而有遲留伏逆矣。近日則疾，遠日則遲，遲甚而留，留久而退，初遲退，漸疾退，退最疾，而後遲退，如初退，止而留，留久而順行，却從最遲，以至於最疾，最疾則與日同躔也。

歲星最疾，約四日行一度；熒惑最疾，約七日行五度；填星最疾，約七日行一度。此三星比日行度較少，故伏合以後，日在前，歲星距日十三度而晨見，熒惑距日十九度而晨見，填星距日十八度半而晨見。晨見則在東方，大約近一遠二而留，周天相半而退。歲星初留，約距日一百九度，初退，約距日一百三十一度；熒惑初留，約距日一百三十四度，初退，約距日一百四十四度；填星初留，約距日九十四度，初退，約距日一百二十八度。凡退行最疾之時，必與日對衝，退止而留，則背距日如初退之度，留久而順行，則背距日如初留之度。日近於後，躔漸近而行漸疾，背近如晨見，距日度則伏，而光不著矣。與日未對衝之先，夜半後可望，謂之晨段；與日既對衝之後，夜半前可望，謂之夕段。

太白、辰星則不然，太白最疾約四日行五度有餘，辰星最疾約一日行一度有餘。此兩星皆比日行度較多，伏合以後，則過日而前，太白距日十度半而夕見，辰星距日十六度而夕見。夕見則在西方，太白距日甚遠，不過四十五度，辰星距日甚遠，不過二十四度。既已甚遠，則所行遲比日較少，由是漸與日近，太白距日三十度有餘而初留，辰星距日二十一度半而初留。太白留後距日二十四度有餘而初退，辰星留後距日十九度半而初退。退行之際，與日相近，如夕見之度，伏而不著；與日相遠，如夕見之度，辰見於東；退行最疾之時，與日必同度。退止而留，則距日如初退之度，留久而順行，則距日如初留之度，遲行漸疾，而漸近日，距日如退伏之度，則又退而不著矣。與日未退合之先，昏後可望，謂之夕段；與日既退合之後，曉前可望，謂之晨段。

蓋金木形體大，故伏見，與日近，水火土形體小，故伏見，與日遠。歲星八十三年而七周天，與日合度者七十六，合期約三百九十九日；熒惑七十九年而四十二周天，與日合度者三十七，合期約七百八十日；填星五十九年而二周天，與日合度者五十七，合期約三百七十八日；太白辰星與日常相近，隨日一年一周天，太白八年而五合於日，退合者又五，約五百八十四日而順逆兩合；辰星四十六年之間，合於日者一百四十五，退合亦然，約一百一十六日而順逆兩合，此乃五緯之常數也。

古法唯知有常度，未知有變數之加減，北齊張子信仰觀歲久，知五緯有盈縮之變，當加減常數，以求其逐日之躔。蓋五緯不由黄道，亦不由月之九道，而出入黄道内外，各自有其道，視日遠近爲遲疾，如足力之有勤倦，其變數之加減，如里路之徑直斜曲也。歲星加減最多處約七度，熒惑加減最多處二十五度有餘，填星加減最多處八度有餘，太白加減最多處四度有餘，辰星加減最多處六度有餘。此乃五緯盈縮之變數也。

若夫羅睺、計都、月孛、紫氣，則其行均平，無有遲疾。羅睺、計都從月交黄道，求之月交之終始，該三百六十三度七十九分三十四秒，歷二十七日二十一分二十二秒二十四毫。羅計於其間，各逆行一度四十六分三十秒，其數併月行交終之度，即黄道周天之度，凡十八年有餘而周天，交初復在舊躔矣。

月孛從月之盈縮，而求盈縮一轉，該二十七日五十五分四十六秒，月行三百六十八度三十七分四秒半。孛行三度十一分四十秒半，黄道周天之度，併孛行數，即月行數也。凡六十二年而七周天，月行最遲之處，與之同躔矣。

紫氣起於閏法，約二十八年而周天，《授時曆》以一十日八十七分五十三秒八十四毫爲一歲之閏，紫氣則一歲行十三度五分四秒六十毫八十芒，兩數比之，乃加二之算，二十八年十閏，紫氣行十二宮，亦加二之算也。舊云紫氣即影星，罕聞。其見《史記》注云，影星狀如半月生於晦朔，助月爲明，見則人君有德，初盛之慶也。

五緯與月孛紫氣，皆以左旋步之，羅睺、計都逆行，乃右旋步之。設十一曜不附天而空轉，則右轉者亦皆左旋。其留者，一日繞地一周，與天同過一度，行疾者反爲遲，行遲者反爲疾，退者反爲疾之甚矣。盖順行而遲疾者，皆一日繞地一周，以不及天行之數爲所行度。退行者，乃一日繞地一周多，退天行之數，退遲者先天不甚多，退疾則愈多矣。以物喻之，日月猶魚也，魚行江河，不著其底，必憑江河之水以行，或逆或順，各任其情。日月雖懸虛，不附於天意，其必憑天之氣以行。五緯之行亦猶是也。夫在天成象，日月星辰皆象也，而日月五星獨異於衆星，自有行度者，此陰陽五行之精，可以爲造化之妙，非衆星之比也。日月五星體性不齊，故遲疾有異，亦當以陰陽五行別之。

日至之影

天暑則日高而近北，天寒則日低而近南。立表木以測其影，日在中天，表影最短，東西出没之時，表影最長。以四時驗之，中晝之影漸長漸短，逐日不同，於是以中晝表影極短之日爲夏至，以中晝表影極長之日爲冬至。其所以短者，由日近北而高，所以長者，由日近南而低也。日高則行天必久，而晝長，晝長則陽氣積多，而暑矣。日低則行天不久，而晝短，晝短則陰氣積多而寒矣。寒暑之變，驗日影之長短可知也。晝夜短長，冬至日躔距赤道二十四度，立冬與立春所距亦相近，是時黄道横而平，近南極也。立夏至立秋黄道横平，而近北極亦然。盖冬夏之日躔，東西移差多，南北移差少。春秋則黄道斜移於南北，雖東西行，而南北差速於冬夏。故春秋六七日間，增減晝夜一刻，而二至前後，其晝夜短長增減一刻，相去二十餘日矣。是故冬夏增減之日遲，春秋增減之日速，日數未始均平也。舊云日未出二刻半，天先明，日已入二刻半，天方昏。然此五刻不可以衆星出没論，但日始出爲晝，入則爲夜也。

氣積寒暑

夏至晝最長，日最近北，午中也；冬至晝最短，日最近南，子中也。然大暑乃在六月爲未中，大寒乃在十二月爲丑中，猶晝夜間未時熱甚，於午丑時寒過於子也。譬如甑之蒸也，竈火甚炎，可比午中，而蒸氣猶未盛，及其氣盛，則竈火已稍衰矣。竈火盡滅，可比子中，而蒸氣又良久，然後衰也。寒暑之氣，豈非積久致之乎？

時分百刻

晝夜十二時，均分百刻，一時有八大刻、二小刻，大刻總九十六，小刻總二十四，小刻六准大刻一，故共爲百刻也。上半時之大刻四，始曰初初，次初一、次初二、次初三，最後小刻爲初四；下半時之大刻亦四，始曰正初，次正一、次正二、次正三，最後小刻爲正四。若子時，則上半時在夜半前，屬昨日，下半時在夜半後，屬今日，亦猶冬至得十一月中氣，一陽來復爲天道之初耳。古曆每時以二小刻爲始，乃各繼以四大刻，然不若今曆之便於籌策也。世謂子午卯酉各九刻，餘皆八刻者非是。

《革象新書》卷下

歲序始終

定歲之法，以冬至爲第一日，逐日記之，第三百六十六日，中晝影復最長，是爲次年冬至記。夏至亦然。故曰三百六旬有六日，二至初，未可以時定，以午影驗之，似皆在午矣。雖曰三百六十六日爲一期，然第一日午，數至第三百六十六日午，實滿三百六十五日，積二期，滿七百三十日，積三期，滿一千九十五日，積四期，滿一千四百六十日。第一日爲第一冬至，第三百六十六日爲第二冬至，第七百三十一日爲第三冬至，第一千九十六日爲第四冬至，第一千四百六十一日爲第五冬至，五次冬至實得四期，滿一千四百六十日。當一千四百六十一日測午影，尚未極長，第一千四百六十二日，始爲冬至。如是則四期之日，實滿一千四百六十一，每年三百六十五日有餘，積四年之餘，餘一日，一日十二時四分之，則每年有三時爲餘數，故曰三百六十五日四分日之一。蓋以一日分與四年，爲餘數，每年各得四分之一也。夫既以一日分，加於四年，斯每年二至，當定其時，而二至之時最所難准要，亦約量以定之耳。

積年日法

曆家逆考往古，冬至歲月日時，各紀甲子，兩曜交會，五星連珠，必推其聚於子正、玄枵之中者，名曰上元，乃履端於始也。從上元而下，至當時測驗，與籌策相應，乃取正於中也。又順推以後，求其餘分皆盡，總會如初，乃歸餘於終也。一日百刻，亦曰百分，一分又爲百秒，求其積年總會，雖以百分萬秒細作，名項籌策亦不能齊，是以日法立焉。古者以九百四十爲日法，始於至朔，同在甲子夜半，復會如初，名曰一元，積年止四千五百六十而已。後世推步，知十九年七閏尚有餘數，兼欲七政皆齊，是以履端歸餘之算，非積年數千萬不可，諸曆各立日法，或以八十一，或作三千四十，或作九千七百四十，其數多寡不定，惟所謂截元曆者，但以推步定數爲則，不復逆考順推，以求其齊。至元辛巳，改《授時曆》，實用其術，而積年日法在所不取。

閏定四時

積日之法，每年餘三時，一時復八刻有餘，三時總二十五刻，故一年爲三百六十五日二十五刻。蓋月圓一次不及三十日，實二十九日有餘，十九年積六千九百三十九日七十五刻，數内月圓二百三十五次，均爲二百三十五朔，每朔計二十九日五十三刻有奇，而其餘數均分不盡。若以百刻，變爲二百三十五畫，如總朔之數，則每朔得二十九日百二十四畫，然猶有餘數，均分不盡。復將已分之畫，細分爲四，如是則一日百刻，變爲九百四十畫，每朔該二十九日四百九十九畫矣。所以四其二百三十五者，蓋每年有餘數四之一，其四之一，細爲二百三十五畫，而如總朔之數，則一日該九百四十畫方可均而無餘，故以九百四十名爲日法。

每年三百六十五日餘二百三十五畫，乃九百四十之二百三十五，此即每年數餘四之一。每朔二十九日有餘，亦云九百四十之四百九十九，苟以整數二十九日，亦分細畫，則每朔該二萬七千七百五十九畫矣。每年三百六十五日有餘，均分二十四氣，每氣十五日餘二百五畫六十二秒半，此又復以一畫細爲百秒也。兩氣計三十日四百一十一畫餘二十五秒，爲一節，若一朔以之相較，八百五十二畫二十五秒，名曰一月之閏數。蓋一節三十已有餘，其餘數四百一十一畫二十五秒名曰氣盈，一朔不及三十日，是三十日内有虧，乃虧四百四十一畫，名曰朔虚，併氣盈朔盈之數，得八百五十二畫二十五秒，即一月之閏數也。

每年十二月，總計閏數一萬二百二十七畫，積十九年，總計閏數十九萬四千三百一十三畫，若二萬七千七百五十九畫除爲一朔，則該得七閏無餘矣。夫月光晦而復蘇，爲朔，朔在本日四百四十一畫以前者，則第三十日爲後朔，朔在四百四十一畫以後者，則第三十一日爲後朔。蓋畫少是本日早時，雖加一朔之數，後朔止是第三十日内，畫多是本日晚時，既加一朔之數，則後朔在第三十一日矣。後朔在第三十日者，本朔止領二十九日，謂之月小，後朔在第三十一日者，本朔乃領三十日，謂之月大。月大則干名與後月同，月小則不同也。月朔之時刻非可真知，亦約量而定於本日之刻畫耳。一年二十四氣，爲節氣者十二，爲中氣者十二，十九年之内，爲中氣二百二十八。若一朔之内置一中氣，則七朔無中氣，有正月中氣者爲正月，有二月中氣者爲二月，它月皆然。月無中氣者必爲閏月，是故三年一閏，五年再閏，十九年必七閏矣。

凡十九年爲一章，初年甲子日子時朔旦，冬至在歲，次甲子，謂之至朔同日，第二十年爲第二章首，復得至朔同日，然非甲子之日，先期夜半，乃癸卯日酉時。第三十九年爲第三章首，復得至朔同日，乃是癸未日午時。第五十八年爲第四章首，復得至朔同日，乃是癸亥日卯時。第七十七年至朔，又復同日，乃癸卯日子時。因其至朔同在夜半，與第一章初年同，遂以七十六年名一蔀。日法九百四十，故九百四十朔爲蔀，一蔀爲四章。蔀者以至朔同在夜半，蔀，蔽，暗昧之時也。第七十七年爲第二蔀，首亦曰第一章首，每章甲子差三十九日九時，一蔀總差一百五十九日，於内甲子整數兩周，除一百二十日，每蔀止差三十九日，總二十蔀，名一紀，通差七百八十日，計甲子十三周，整數無餘，乃無差矣。一紀凡一千五百二十年，至朔必同於甲子日之先期夜半。然猶非甲子歲首也，總三紀，積四千五百六十年，至朔乃同於甲子日之先期夜半，又在甲子歲首，總會如初，是名一元。一元之内，歲次甲子者七十六，與蔀年同，積一百六十六萬五千五百四十日。日爲甲子者，二萬七千七百五十九，其數與每朔之積晝相同，一蔀之内積日亦同此數，蓋一元爲六十蔀矣。

天周歲終

觀衆星之昏旦出没，知天體日運一周。又觀中星四時所在不同，知日之所躔漸異。歲終中星復舊，知日亦復舊，而行年一周矣。蓋每年三百六十五日餘四之一，故亦以周天分爲三百六十五度餘四之一，歲數與天數相同，故曰天周歲終也。夫日一日行天一度，分、寸、尺、丈、引名曰五度，分天爲度者，殆亦度量之義。若以日爲尺，其一度即日圓之徑數也。於日行之道定二十八宿之名，宿之星數多寡不等，於其數内定一星，爲距星。距者，隔越之義。二十八距星既定其界，各宿度數由此而分。如斗星，從柄起以第三星，爲距前二星，及爲距之半星未離於箕，而尚屬於箕，餘三星半，乃在本宿之度内。然本宿星數少，而占度多者。蓋斗牛之間，又有建星等，不在玄武七宿之數，而附於斗，故斗雖星少，而占度多。它宿亦猶是也。

若夫月之所躔，昏旦漸異，見其行六七度，遂知一日之内行十三度有奇，月與日同躔之時，謂之合朔，月與日相對，兩輪相望而光滿，謂之望。近一遠三，月體黑白各半，似弓張弦，謂之弦。月行及日，光盡體伏，謂之晦。此晦、朔、弦、望之義也。一章之内，日在天一十九周，月在天二百五十四周，於月周之内減去日周，則爲二百三十五朔，十九日之内日行十九度，月行二百五十四度，與十九年周天之數相同，以二百五十四均爲十九，則知月行每日十三度餘十九之七，每年行十三周十九之七，每日遠日十二度十九之七，每年多日十二周餘十九之七，故每年之日月合十二朔，餘十九之七爲閏，積十九年爲七閏也。

舊云天道左旋，日月右轉，蓋謂日月附著於天體，天則一晝夜而周，日於天止移一度，月則移十三度有奇，其後推測，知日月與天相遠，而未嘗附著。故日每日周天爲三百六十五度餘四之一，而每年亦總爲三百六十五周餘四之一。天體則每日周地三百六十六度餘四之一，而每年亦三百六十六周餘四之一，多過於日之周，是則日每日不及天運一度，月每日與日相多十二度餘十九之七，日速而月遲也。故日月右旋之説，乃曆家用逆推之術，取其省籌耳。且日速月遲，譬之二馬，日駿而月駑，以一度比一里，每里分爲十九段，每段分爲百小刻，日月行天一周，猶馬循環封疆一周，駿馬一日周行一次，計行三百六十五里四段七十五尺，駑馬每日不及一周，止行三百五十二里十六段七十五尺，較之遲十二里七段，即所謂不及十二度十九之七也。以段計之，每日漸多二百三十五段，以天計之，每日漸多二萬三千五百尺。二馬一處，同時並發，乍分先後，不甚相遠，歷十四日七百四十九畫半，駿駑相距半周，又歷此數，至二十九日四百九十九畫，駑不及駿一周，而復同一處矣。此即一朔之喻。然一朔之内日行二十九度餘九百四十之四百九十九，而月行一周外，餘數與日同，止該二十七日餘三百二畫有奇。至次朔復相會，但不會於元所，會九百四十次，方與元所相會，則一蔀之數也。若夫天與日會者，天體每日繞地一周，三百六十六度餘四之一。而日每日一周，三百六十五度餘四之一，天體不可知，驗之經星，天速而日遲，每日不及一度，一年則不及一周，而日復舊躔，故曰天與日會，要之，亦可以二馬爲喻也。至十九年，天與日會而月亦會，是爲一章之數。但相會近非子時，四章爲一蔀，則日月與天皆相會於夜半，又皆在地下，於是日月與天地，四者俱相會也。夫謂二馬九百四十會，乃會元所者，以九百四十會比一蔀之朔。會於元所，比日月與地會，而不及天會，故不喻及一章之數。

曆法改革

一陽生於子節，交冬至已屬次年，亦猶夜半，以後即屬次日，然人事一日始於寅時，一年始於建寅之月，爲正，子丑二月雖屬次年，而紀曆則猶在舊歲。如月食於夜半，後雖屬曉，猶以夜言之也。《三統》謂夏正建寅，商正建丑，周正建子，商周雖以子丑爲頒朔授時之首，而月數未嘗改也。至於曆法，則因氣朔有差，必隨時而改革，周衰之末，司天失職，漢《太初曆》粗爲可取，固未密也。唐《大衍曆》當時，以爲密矣。自今觀之，尚爲甚疏，自古及今，凡更六十餘曆。盖歲必有差，久而積差漸多，故爲曆者，必隨時測驗，以求天數之真，不得不改也。

氣朔滅没

唐一行以前滅没之術不同。今《授時曆》蓋倣一行法也。没用氣盈，而推滅用朔虚。而求所謂没者，期内三百六十五日二十四分二十五秒，均爲二十四氣，每氣均爲三侯，每侯均爲五段。一期爲三百六十段，每段爲一日一分四十五秒六十二毫半。如以冬至爲第一段，則小寒爲第十六段，餘以類推，其段日日有之。凡兩段跨三日，先一日九十九刻左右，後一日一刻左右，二段之間，雖止一日一分四十餘秒，但一日整居其間，而餘數跨在前後二日首尾，故曰跨三日。若一日之段在九十八刻五十四秒三十七毫半，以後者爲没，没之次日必無其段，無段之日，其先一日必爲没矣。

所謂滅者，每朔二十九日五十三分五秒九十三毫，常朔之日，辰爲第一段，常望爲第十六段，餘以類推。其段亦日日有之，或其日之段，在九十八刻四十三秒五十三毫一十芒以後爲滅。若一日内，凡刻分極少是夜半後，刻分極多是夜半前，夜半前是一日極終處，没滅乃已極之義，故選日者或忌之。

元會運世

古法推步七政，多求其總會，於甲子逆考順推上下數千萬年，而諸曆履端歸餘，遠近多寡不同爲數。唐李淳風、僧一行精於曆數矣。淳風《麟德曆》已爲一行所非，而一行《大衍曆》至今，冬至凡差二日，則其積年日法俱不可求曆元之始終，豈非以歲遠故難測邪？近世邵子作《皇極經世書》，以爲十二萬九千六百年爲歲月日時，比元會運世，一元有十二會，比一年十二月也。一會有三十運，比一月三十日也，一運有十二世，比一日十二時也，其下則一時有三十分，一分有十二秒，三十年爲一世，三百六十年爲一運，一萬八百年爲一會，而十二萬九千六百年爲一元。天始於子會地始，於丑會人生，於寅會謂之開物，至戌會則閉物矣。夏禹八年甲子爲午會之初，今泰定甲子，乃午會，第十運之戌世初年也。蔡氏謂邵子，以當時日月五星推而上求之，其書不及逆推法。今以諸曆詳酌求其皇極之元，非特七政無總會之事，亦且散亂而無倫。古曆立元紀蔀章，各有其義，章者，至朔合於一時也；蔀者，至朔合於子時也；紀者，至朔會於甲子日夜半也；元者，至朔會於甲子夜半，又爲甲子歲首也。若元會運世，初無其事，但以十二與三十相參，甲子爲之，其以三十年爲世，尤非天道曆家雖約三十日爲一月，而氣盈、朔虛本自不齊，每兩朔相距止二十九日五十三分有奇，邵子例以三十爲用，是以一定之數，推不齊之運，猶月皆大盡，亦不置閏也。故曆家不取其說。

天地正中

物遠視則微，近視則大，當午之日如盤盂，出没之日如車輪，豈非午日爲遠耶？或疑午日熱爲近，殊不知日久照則熱，不可以遠近論也。至於星度，高升則密，低垂則疏，則天頂遠而四傍近，固可知矣。且天體圓如彈丸，圓體中心，六合之的也。周圍上下，相距正等，名曰天中，從天中直上至天頂，名嵩高。地平不當天半，地上天多，地下天少，從地平之中直上，自有天中之所。或以爲地平正當天半者，蓋以周天三百六十五度餘四之一，仰視爲一半，星宿周度可見，故以地中就爲天中。而今以地中直上，自有天中之所者，以日月之近大而遠小，星度之高密而低疏知之也。然地平既在天半之下，而仰觀，止見周度之半者，天遠似乎低，地平與之相妨，人目不可盡見也。古法以五表求地中，以今思之，惟用一表。其表與人齊高，當午日中，畫其短影於地，以爲指北準繩，置窺筒於表首，隨準繩以窺北極，若見北極當筒心，則其處爲得東西之正。或窺見北極之東，則其地偏東，窺見北極之西，則其地偏西矣。既得東西之正，乃於二分之前十日內，就其處，置壺漏定十二時，以兩日午中短影，求與時參合，於春分前二日或秋分後二日，日正當赤道之際，於卯酉中刻，視其表影，畫地，以定東西準繩。若卯酉兩影相直而不偏，平衡成一字，則南北正中矣。兩影或曲而向南，則其地偏南，或曲而向北，則其地向北矣。此法蓋以午影與北極，定東西之偏正，又以東西之影，定南北之偏正，測驗之最精者也。

地域遠近

古者以陽城爲地中，然非四海之中，乃天頂之下以爲地中也。論四海之中，則崑崙爲天下地平最高處，東則萬水流東，西則萬水流西，南北亦然。其山距西海三萬餘里，距東海不及二萬里，則天下之地多在地中以西，地中之東則皆海也。故四海之內，不中於陽城，中於四海者，乃天竺以北，崑崙以西也。若天之所覆通地與海而言中，則中於陽城矣。陽城仰觀北極出地三十六度，南極入地亦三十六度，北至朔方，則北極出地四五十度，南極入地亦然。南至錢唐，則出入之度三十一，又南至交廣，則出入之度二十而已。天地之遠近非惟仰觀不同，而寒暑、晝夜、表影亦皆差別。舊曆晝永極於六十刻，晝短極於四十刻，今《授時曆》以驗於燕，地稍偏北，故其永至六十二刻，短至三十八刻。蓋偏南則長短較少，偏北則所較漸多，夏日出寅入戌，其地近北，冬日出辰入申，其地近南。日近北則夏晝長，而北方尤長，夏夜短，而北方尤短；日近南則冬夜長，而北方尤長，冬晝短，而北方尤短。而南方之晝夜長短，則不較多也。古者立八尺之表，驗日影短長。地中，夏至午影在表北約一尺六寸，地中，冬至午影在表北約一丈三尺，南至交廣，北至鐵勒等處，驗之影各不同，然非特測之南北，亦驗之東西。帝堯分命羲和之官宅，於四方是也。然表用八尺，似失之短。今至元辛巳用表四丈，允爲定法。是故表短則影短，差數難覺，表長則影長，差數易明，而一寸千里之差，終未足據。若土圭者，雖古有其制，然陽城地中已不無差，若即八方偏地驗之，實有不可准者。大抵偏東者，早影疾而晚影遲，午影先至；偏西者，早影遲而晚影疾，午影後期；偏北者，少其晝而影遲，偏南者，多其晝而影疾。鑾粤短影指南，而子午反復，則又舛訛甚矣。

蓋天舛理

古之言天者三家，曰渾天，曰宣夜，曰蓋天。宣夜已失其傳，而蓋天最爲舛理。其説謂天形如蓋，北極如蓋頂，正當天最高處，四海外比蓋之圍檐，其蓋平旋，一晝夜而周，而蓋頂不動，上天下地。地下無天，亦無南極，日常在天，未始出没。去此度遠，則此夜而彼晝，去彼度遠，則此晝而彼夜。天以遠，故似乎低也。釋氏書所謂日繞須彌山，而晝夜互更者，此即其説。且其論天以低而遠，今北斗近南，則高而小，近北，則低而大。然則北極之北天，既愈低，乃與中國相近何歟？夏晝長而夜短，日在地下時少，故井水冷，冬晝短而夜長，日在地下時多，故井水温，而謂日長在天可乎？

按所論日在地下時少，故井水冷，日在地下時多，故井水温。近鑿考地徑，幾三萬里，而井深不過一繩，其冷熱未必如此之透。且鑿穴置物，煖不結冰，斯實冷熱發斂之由，而日光適爲之助，非日光之力也。

又其説近日之星常隱，近月之星常見，隱見平分周天之半，審如是，則夏至北斗與日近，何以終夜常明？日躔東井，其婁胃張翊諸宿，既在半周天内，何以晨昏猶見於東西乎？夫日未出二刻半，而天先曉，日既没二刻半，而天始昏。夏至日近北極，子時望北天，必知天之將曉，無足疑者。然則蓋天之説，其爲舛理，殆不辨而明者也。

渾儀制度

渾天之儀有三，曰六合儀，三辰儀，四遊儀，共爲一器。所謂六合儀者，平置一黑環，準爲地平，列十二辰及八方四隅其上，又置黑雙環，並結於地平之子午，半在地上，半在地下，比爲天脊，其側刻爲周天去極之緯度。從地平子位而上三十六度，夾小板於黑雙環之間，板通圓竅，比爲北極。又從地平午位而下三十六度，亦夾小板爲竅，以比南極。別置赤單環，比爲赤道，於上刻周天之經度，結於地平之卯酉，其最高處結於北極之南九十一度，即天頂之南三十六度也。四環之結，如天地之定位，赤環雖刻周天經度，實乃周地之經三百六十餘度，黑環雖刻周天去極之度，實亦周地之緯度三百六十有餘。蓋六合儀不以運轉，而天體則左旋，故言周地，不言周天也。

三辰儀者，亦置黑雙環，與六合儀之雙環同，而圍徑小，所刻始爲周天去極之度，其雙環北板竅與六合儀北板竅相通，共貫以圓軸，南板亦然。軸圓則雙環轉還於六合儀內，轉非定體，故爲周天去極度。亦置赤單環，如六合儀者，附結於雙動環之上，去極九十一度，是爲卯酉兩月之日躔。而其上始刻周天赤道之度，可以隨雙環而運轉。別置黄單環，附結於赤環卯酉宿度，仍刻周天黄道度數，恐赤黄兩環動揺，又作白環以輔之，使無攲傾。而五環總爲三辰儀。

四遊儀者，亦置黑雙環，與三辰儀之雙環同，而圍徑又小，其上亦刻周天去極度。其北極板竅與在外二板竅通一軸，南板亦然。此雙環内各置一直幹，名曰直距，如圓扇之脊，與兩極相比，數均上下，俱夾外軸，量兩距之長，取其當半，作圓竅。别置一圓板，其心貫以八尺之衡管，圓板兩旁聯爲圓軸，横距道、直距道、兩竅軸圓可轉，則衡管可以南北低昂而窺天。復隨此雙環東西轉運，無往不可窺望，故謂之四遊也。窺管長八尺，故四遊之環，徑八尺，在外者以次漸寬。若測望各宿星躔去極度數，並於三辰環上驗之，又於南軸之外，接連一長木，貫定水輪，引水運之，使南軸因而轉運一晝夜而周，以比天體之繞地一周也。三辰儀上佈列珠玉，比爲星象，即璿璣玉衡之遺制也。

測經度法

古法夜驗中星，知黄道各宿度數，乃參之於渾儀。而赤道分經之度，於渾儀上以黄道推之，去赤道分、兩極之數，南北不殊，其十二次之度必均。黄道則半偏南，而半偏北，各次宿度有多少，而又日躔歲差，理宜先測赤道以分天體，乃以赤道推變黄道之度。然其間渾儀有不能盡測者，今别立一法以測之，先求地中，准舊制，置刻漏壺箭，而每箭分一百四十六晝半。

按每箭分一百四十六晝半，與後百箭，總一萬四千六百五十晝，二句均有舛誤。當云每箭分一百四十六晝又十分晝之一，總一萬四千六百一十晝，方與運行三百六十五度餘四之一，其運一度，則箭之浮沉，爲四十晝相符。

晝夜之間，易水五十次，箭之浮沉亦各五十，於是一日不云百刻，乃云百箭矣。天體一日繞地一周，運行三百六十五度餘四之一，其運一度，則箭之浮沉爲四十晝，百箭總一萬四千六百五十畫，乃一周之數也。此壺漏不常用，止以測經星之度數，別立四木爲架，架上平列二板，其厚五寸許。二板之間留一直罅，其濶不及半寸，正指子午，中向星，昏見時當罅底尺餘，仰視，俟各宿距星來當罅間，即令守壺者視箭畫之數，秉筆以記箭畫，間以五色，乃便於夜視也。然必置四壺、立兩架，同時条驗，庶無差忒，且須測半周天度，俟半年後更測之也。

測緯度法

渾儀不可測經度，亦不可測緯度。既別置測經度法，則測緯度法亦當更爲之。其壺箭與經度之架皆在所不用，宜即地中，立四木爲架，不限高低，須正向子午，而旁夾卯酉，架上交二木如十字，而十字之木不直子午卯酉，乃斜構，於四木當交之心，樹一木爲表，約高六尺，於表首作竅，可令通綫。架南別樹一長木，約高丈餘，距架丈餘而遠，乃即表木竅南下二尺許，鑿竅。置一平木，約厚二寸，濶四寸，横構於架南之長木，其平木正指子午，上鑿渠，置水以取正。而左側均畫九十一度有奇，爲周天四分之一，盖用一寸准一度也。又即平木之上一寸許，重加一平木，刻畫與下平木同，而當畫處皆作竅，可令通針，其下平木則作淺竅，以承針。針長二尺許，插平木最南之畫竅，而針竅以綫繫之，其綫穿於表首之竅，引過竅北。表北置竅筒，長五尺餘，上下有環，上環結於所引之綫，下環繫於表根，而窺筒直倚表北矣。筒既端直，乃於筒底直窺嵩高，別令人當架前，移針綫，亦漸縮針，逐畫北移，而衆星所在之度，從可測也。測者言之，又別令人筆記之，當先測北極不動處，定於平木以爲的，乃從最南度測起，漸移九十一度，以至最北，及星象漸轉，復如前測之。凡測望至曉，則最低之度升至最高，高則度密，低則度疏，而平木之左，所畫均度不可移改。

更考南密北疏之度分，畫於右側，亦爲周天四分之一，然又必先測赤道經度，求地平上下或東西日所出没，亦止半周天，則南北緯度亦當增畫於平木矣。測望已審，復移架指北向木，亦移樹表北，與測南不殊，但不用均畫之度，唯以疏密之度測之。宜用兩架而測以數夜，庶彼此同異，可以參較。南北俱已測定，則其畫數必合半周天度，或有餘度，乃因地上天多故也。所測止半周天餘，半周天當更測於半年之後。一法，鑿地爲方穴，而立架穴中，蓋恐方向有動移耳。

目輪觀天

物小而近，蔽遠則多，日月之行道於列宿，雖若依躔而相去懸遠，測望不同。試畫紙爲輪，其輻輳比三百六十餘度，輪圍比宿之躔，轂竅比六合之中，復剪黄紙爲日，黑紙爲月，日大月小，圍徑相倍。於輻度内置日月同躔，月近轂中，日近輪際，盖近中則度狹，際邊則度廣，日月雖大小不同，而俱占一度也。復置日月距終之數，以黄色畫日道，黑色畫月道，各取日月體心爲距數，别用薄紙畫爲大輪，與前小輪同，而周徑倍之，謂之目輪，其轂竅以比測望之目，以大輪加於小輪，測目瞳在六合之中，因即其處，偏望月體所遮，正在本度矣。然地平不當天半，目輪須令低，就低仰望，則月體所遮之度，非本度矣。此非特比望各宿經度，而亦可比望去極之緯度也。

立表占影

立表於地中，高四丈，表首置一大圓器，表下四傍平地廣塗以白，而黑畫方眼，如棊枰，每眼方一寸，縱横正向子午卯酉，即其上推測四時日影、九道月影，以考其東西南北、疾遲之差。或日月兩影相紀，因以求日食分數，并虧圓時刻、起復方位、八方偏地亦可如是測之。然但可推測日食。若月食，則惟步日度相對，不可以兩影相犯而推也。

地有偏向

地中有子午卯酉四向，四向既正，則輪盤二十四向皆正矣。然而八方之地，各有偏向，春分前二日後二日，此兩日卯酉時，日在卯酉正位。設地偏南北，則卯酉表影不相直，北極爲子正之位，日中太陽爲正午之位。設地偏東西，則子午表影不相直，故於偏地而欲取正四向，以分輪盤，則二十四向疏密不均，首尾不對矣。要當各立偏向，而先審定偏卯偏西之方。置爲木架，如測經度者，其上所列兩木直鋳指偏卯酉。以測望天脊之緯度，天脊緯度與北極最近，天脊兩旁東西之緯度，當鋳内者，距天脊愈偏，則距北極愈遠。苟其鋳所指得偏卯酉之真，則脊旁之度均偏矣。大抵偏卯偏酉者，或以正辰正申爲對，或以正寅正戌爲對；偏子偏午者，或以正丑正巳爲對，或以正亥正未爲對，而二十四向因可定也。然此法乃憑天象，以測地向，若世所用指南針，要亦可准試，即偏地，用之驗其所指者，正午歟？偏午歟？使偏地而指偏午，則二十四向皆隨偏午而定，而亦可因以測天。苟指正午，則偏地難指正向，午雖正午，而子非正子，首尾不對，一向既差，餘向俱差矣。此不可不辨也。

隙影大小

室有小隙，雖不皆圓，而日影所射無不圓者。及至日食，則隙影亦如所食分數，又隙之大小雖不同，而影之周徑則相等，但隙大者影濃，隙小者影淡。設以物障所射影，迎視之，則其影少，較小而加濃矣。所以然者，蓋大隙之影，必隨其隙之方圓長短，以爲形，因隙大足以容日月之體也。小隙不足容日月之體，故隨日月之形，而影皆圓，及其缺則皆缺也，隙漸小則影漸淡，影漸遠則周徑漸廣而愈淡。大隙之影漸遠，周徑亦漸廣，而濃則不減，理固然也。

試即兩樓之下，左右各穿圓穽，圍徑皆四尺，作二圓板。圍徑與穽同植千燭，其上燃之，置穽中，以比日月。復作二圓板，圍徑稍廣，覆於穽口，覆板之心各開方竅，竅所以方者，見其影因小必圓也。左板之竅方寸許，右板之竅方半寸，所以一大一小者，見其大則影濃，小則影淡也。仰觀樓板所射二圓影，雖周徑不甚殊，而濃淡則有異。於是燭也，光也，竅也，影也。四者之間，消長盈虛之故，從可考矣。且千燭則千影，小竅之千影如魚鱗相依，佈置周遍，大竅之千影比沓紙重疊，上下參差。大則總一穽之影，似無千燭之分，小則無一穽之全，乃分千燭之影。蓋小影隨光之形，大影隨空之象故也。

勾股測天

勾股之法用以測天，然高深廣遠不易推步，姑以淺近言之。塔高十丈，於塔之正東立一木表，其高二丈。於表東席地而卧，西望塔頂，見塔頂雖高，止於表首相齊，於是自塔心量至表根，爲數五丈，又自表根量至測望之眼，爲數一丈二尺五寸。再立一表於前表之正東，其高亦二丈，從後表正東，如前望之，見塔頂亦與後表之首相齊，兩表相遠爲數三丈，自後表之根東至測望之眼爲數二丈，其兩表相遠三丈，名曰表間。前目距前表一丈二尺五寸，名曰前影，後目距後表二丈，名曰後影，前後兩影相多七尺五寸，名曰影差。謂之影者，假若塔頂燃燈，用以爲准也。夫移表三丈，而影差七尺五寸，則其表每移一丈，差二尺五寸也。設移前表過西一丈，影必減一丈，再移過西四丈，影必減盡無餘，猶表直於戴日之下，則無影也。是知塔心與前表相距五丈矣。乃以後表名爲小股，後影名爲小勾。勾者，矩之短曲也，股者，矩之長回也。矩，即曲尺是也。以塔心矩前表之五丈，通表間之三丈，爲八丈，更加後影二丈，總十丈，爲大勾，則以塔頂之高數爲大股，必十丈矣。

苟不用後表、後影爲小勾股，而止用前表、前影，以求塔高亦可。乃以前表二丈爲小股，前影一丈二尺五寸爲小勾，遂以前影一丈二尺五寸，通前表距塔心五丈，總六丈二尺五寸爲大勾，而塔高之數爲大股。以小勾股爲大勾股之則例，則小勾每一丈爲小股一丈六尺，今大勾六丈二尺五寸，大股必十丈矣。此一表之法。蓋已知塔遠而止求塔高，若前兩表之法，則初所不知，故先求塔遠。因憑其遠，以求其高也。於是以塔頂喻日月之高，以燈影喻日月之影，星無影，則以目就地望之，以爲準。日月星辰之爲高，既以測知，而其所以不附天而自運，亦可知也。然塔之爲物，高數不多，兩表相距三丈已，可以爲則。若三辰之高，則必兩表相距數百里而後可，然路里迴遠，難取徑直，古法測影者，所以有千里一寸之差也。

乾象周髀

日之圓徑一度，以算術求其周圍，計三度一十四分一十六秒。月之周徑似之，赤道周天三百六十五度二十五分七十五秒，則其中徑一百一十六度二十六分五十一秒，徑當周中，如團扇奕脊，平分兩旁，即爲南北二極，相距之直數折半得五十八度一十三分二十五秒有奇，是爲六合各距天中之均數。天體正圓，東西南北皆然，凡相距平分之數，皆圓中之徑也。古法圓徑一尺，周圍三尺，以今考之，圓徑一尺，而周圍三尺爲有餘；周圍三尺，而圓徑一尺爲不足。蓋徑一圍三，乃六角之田耳。故或以圓徑一尺，周圍三尺一寸四分，或以圓徑七尺，周圍二十三尺，或以圓徑一百一十三尺，周圍三百五十五尺。夫徑一尺，而周三尺一寸四分，猶徑多而圍少，徑七尺而周二十三尺，則徑少而圍多，及徑一百一十三尺，而周三百五十五尺，始爲精密。

今求日周天徑即其法也。試畫紙爲方圖，如棊枰百眼，每眼廣一寸，横十寸，名勾，相距於東西，縱十寸，名股。相距於南北，斜十四寸有奇，名弦。相距在四角之交，乃即方圖之内畫，爲圓圖，而去其方之四角，圓徑十寸，與外方之股數相同，而圓徑名髀矣。圓之髀比方之股，其數相同，特方圓有異耳。别就圓圖之内，畫小方圖，其小方四角斜抵東西南北之四，正在坎離震兑之位，而外大方四角在乾坤艮巽之位也。小方四角斜弦十寸，尚是圓中之髀，其數不殊於外方之股，以外方而繩内方，包容之積相半，外方積百寸，内方積五十寸。盖以外方均作四隅而視之，則半歸於内，半出於外也。於是知圓中之直髀，即内方之斜弦，内方既用爲弦，圓中難以名股，勾股與弦，名不可紊，故稱髀以别之也。内方之弦十寸，以自乘，得百寸，名弦冪。冪者覆物之巾，方而有眼，數自乘之數必方，故曰冪。凡弦冪必兼得勾股，兩冪之數分圓方而縱横相同，當以弦冪均爲勾股兩冪，各得五十寸，而開方即知勾股皆七寸有餘。

考究圓圍本原於此。乃别用薄紙剪圓，臨於方圖之上，摹小角之廣，以算術展爲圓象，充滿圓圍，自四角之方增爲八角曲圓，爲第一次；及第二次則求爲曲十六，第三次則求爲曲三十二，第四次則求爲曲六十四，加一次則曲必倍，至十二次則爲曲一萬六千三百八十四。其初之小方漸加漸展，漸滿漸實，角數愈多而爲方者不復方，漸變爲圓矣。故自一、二次求之至十二次，精密已極，若復節節求之，雖千萬次而無終窮。然必逐節爲大小勾、大小股、大小勾冪、大小股冪小弦、小弦冪、大弦、大弦冪，而大弦、大弦冪不必節次爲之，止用本數而已。以十二次曲數一萬六千三百八十四，乘之得三千一百四十一寸五分九釐二毫有奇，則千寸徑之周圍也。置此周圍之數，降呼爲三尺一寸四分一厘五毫九絲二忽有奇，而以一百一十三乘之，果得三百五十五尺，此其爲法所以極精密也。大抵方爲數之始，圓爲數之終，圓始於方，方終於圓，《周髀》之術無出於此矣。

天文圖 石刻

太極未判天、地、人三才函於其中，謂之混沌。云者言天地人渾然而未分也。太極既判，輕清者爲天，重濁者爲地，清濁混者爲人。輕清者氣也，重濁者形也，形氣合者，石刻人也。故其氣之發見於天者，皆太極中自然之理，運而爲日月，分而爲五星，列而爲二十八舍，會爲斗極，莫不皆有常理，與人道相應，可以理而知也。今略舉其梗概列之下。天體圓地體方，圓者動，方者靜，天包地，地依天，天體周圍皆三百六十五度四分度之一，徑一百二十一度四分度之三。凡一度爲百分，四分度之一即百分中之二十五分也，四分度之三即百分中七十五分也。天左旋，東出地上，西入地下，動而不息，一晝一夜行三百六十六度四分度之一。緣日東行一度，故天左旋三百六十六度，然後日復出於東方。

地體徑二十四度者，其厚半之勢，傾東南，其西北之高不過一度。邵雍謂水、火、土、石合而爲地，今所謂徑二十四度，乃土石之體耳。土石之外，水接於天，皆爲地體。地之徑亦得一百三十一度四分度之三也。兩極南北，上下樞是也。北高而南下，自地上觀之，北極出地上三十五度有餘，南極入地下亦三十五度有餘。兩極之中皆去九十一度三分度之一，謂之赤道，横絡天腹，以紀二十八宿相距之度。大抵兩極正徐，晝夜循環斡旋，天運自東而西，分爲四時，寒暑所居南北之中，是爲天心，中氣存焉。其動有常，不疾不遲，以平陰陽，所以和此後天之太極也。先天之太極造天地於無形，後天之太極運天地於有形，三才妙用盡在是矣。

日，太陽之精，主生養恩德，人君之象也。人君有道，則日五色失道，則日露其慝譴，告人主而儆戒之。如史志所載，日有食之，日中烏見，日中黑子，日色赤，日無光，或變爲孛星，夜見中天，光芒四溢之類是也。日體徑一度半，自西而東一日行一度，一日一周天，所行之路謂之黄道，與赤道相交，半出赤道外，半入赤道内。冬至之日，黄道出赤道外二十四度，去北極最遠，日出辰日入申，故時寒，晝短而夜長。夏至之日，黄道入赤道内二十四度，去北極最近，日出寅日入戌，故時暑，晝長而夜短。春分秋分黄道與赤道相交，當兩極之中，日出卯日入酉，故時和，而晝夜均焉。

月，太陰之精，主刑罰威權，大臣之象。大臣有德，能盡輔相之道，則月行常度；或大臣擅權，貴戚宦官用事，則月露其慝，而變異生焉。如史志所載，月有食之，月掩五星，五星入月，月光晝見，或變爲彗星，陵犯紫宫，侵掃列舍之類是也。月體徑一度半，一日行十三度百分度之三十七，二十七日有餘一周天。所行之路，謂之白道，與黄道相交，半入黄道内，半出黄道外，出入不過六度，如黄道出入赤道二十四度也。陽精猶火，陰精猶水，火則有光，水則會影，故月光生於日之所照，魄生於日之所不照。當日則光明，就日則光盡，與日同度謂之朔。

月行潛於日下，與日會也。分天體爲四分，謂初八及二十三日，月行近日一分，謂之近一，遠日三分，謂之遐三，昏旦分受日光之度，故半明半魄，如弓張弦，上弦昏見，故光在西，下弦旦見，故光在東也。衝分天中，謂之望。謂十五日之昏日入月出，東西相望，光滿而魄死也。光盡體伏謂之晦。謂三十日月行近於日，光體皆不見也。月行於白道與黄道正交之處，在朔則日食，在望則月食，日食者，月體掩日光也；月食者，月入暗①虛不受日光也。暗虛者，日正對照處。

經星，三垣二十八舍，中外官星是也。計二百八十三官一千五百六十五星，其星列動。三垣，紫微垣、太微垣、天市垣也。二十八宿，東方七宿，角亢氐房心尾箕，爲蒼龍之體；北方七宿，斗牛女虛危室壁，爲靈龜之體；西方七宿，奎婁胃昴畢觜參，爲白虎之體；南方七宿，井鬼柳星張翼軫，爲朱雀之體。中外官星在朝象，官如三台、諸侯、九卿、騎官、羽林之類是也；在野象，物如鷄、狗、狼、魚、龜鼈之類是也；在人象，事如離宫、閣道、華盖、五車之類是也。其餘因義制名，觀其名則可知其義也。經星皆守常位，隨天運轉，譬如百官萬民，各守其職業，而聽命於七政。七政之行至於所居之次，或有進退不常，變異失序，則災祥之應如影響，然可占而知也。緯星，五行之精，木曰歲星，火曰熒惑，土曰填星，金曰太白，水曰辰星，并日月而言謂之七政，皆麗於天。天行速，七政行遲，遲爲速所帶，故與天俱東出西入也。五星輔佐日月，斡旋五氣，如六官分職而治，號令天下，利害安危由斯而出。至治之世，人事有常，則各守其常度而行，其或君侵臣職，臣專君權，政令錯謬，風教陵遲，乖氣所感，則變化多端，非復常理。如史志所載，熒惑入於匏瓜，一夕不見，匏瓜在黄道北三十餘度，或勾已而行，光芒震曜如王斗器；太白或犯狼星，狼星在黄道南四十餘度，或晝見經天，與日爭明甚者，變爲妖星。歲星之精變而爲欃槍，熒惑之精變爲蚩尤旗，填星之精變爲天賊，太白

① 此處「暗」同原本中的「闇」，估計王禕删定時作此改動。

之精變爲天狗，辰星之精變爲枉矢之類，如日之精變爲孛，月之精變爲彗，政教失於此，變異見於彼，故爲政者尤謹候焉。

天漢，四瀆之精也。起於鶉火，經於西方之宿，而過北方，至於箕尾而入地下。二十四氣本一氣也，以一歲言之，則一氣耳。以四時言之，則一氣分爲四氣。以十二月言之，則一氣分而爲六氣，故六陰六陽爲十二氣。又於六陰、六陽之中，每一氣分爲初、終，則又裂而爲二十四氣。二十四氣之中每一氣有三應，故又分而爲三候，是爲七十二候，原其本始，實一氣耳。自一而爲四，自四而爲十二，自十二而爲二十四，自二十四而爲七十二，皆一氣之節也。十二辰，乃十二月斗綱所指之地也。斗綱所指之辰，即一月元氣所在，正月指寅，二月指卯，三月指辰，四月指巳，五月指午，六月指未，七月指申，八月指酉，九月指戌，十月指亥，十一月指子，十二月指丑，謂之月建。天之元氣無形可見，觀斗綱所建之辰即可知矣。斗有七星，第一曰魁，第五曰衡，第七星曰杓，此三星謂之斗綱。假如建寅之月，昏則杓指寅，夜則衡指寅，平旦魁指寅，他月倣此。十二月次，乃日月所會之處。凡日月一歲十二會，故有十二次。建子之月，次名元枵，建丑之月，次名星紀，建寅之月，次名析木，建卯之月，次名大火，建辰之月，次名壽星，建巳之月，次名鶉尾，建午之月，次名鶉火，建未之月，次名鶉首，建申之月，次名實沈，建酉之月，次名大梁，建戌之月，次名降婁，建亥之月，次名娵訾。十二分野即辰次所臨之地也。在天爲十二辰、十二次，在地爲十二國、十二州，凡日月之交食，星辰之變異，以所臨分野占之，或吉或凶，各有當之者矣。

題《革象新書》後

占天之學，本聖賢大事業，載典堯舜，蓋有由也。自慎竈之説行，而儒者始術之矣。其氛祲祥眚，周官雖具，至甘石星座，其曰騎官、羽林、丞尉之類，襲用秦漢名稱，愈疑後學，學者不屑用力焉。殊不知經緯天地，首務明時，時苟不明，終不能撫五星以播四政矣。《革象》談異，十無一二皆爲曆設，學者所當究心者也。第以邵子之書，不堪作曆，致可疑焉。皇極經世欠曆數用，宋人雖有此談，西山蔡氏以爲書不盡言者，藏諸用也。又曰以當時日月五星推而上之，得堯即位之日，是即逆推法，而不著其法者，豈非藏諸用乎？且數家以毫厘絲忽極於十百千萬，如因影求形，無具可隱，況康節數學直繼孔子。程子嘗言曆法主於日，日正他皆可推。洛下閎作曆言數，百年後當差一日，何承天因立差法，攤其差於所曆之年，以驗分數，竟亦不審。獨堯夫於日月交感之際，以陰陽虧盈求之，差法遂定，可謂冠絶古今，此非虚語也。又按邵學，伯温不與而傳王豫，豫殁，書殉，蜀道士杜可大購得於發塚之盜，以授廖應淮，由是邵學復出。近世祝秘傳立齊琦皆得邵學者，本朝宋學士先正，最號博洽，其序此書曰，傳立極敬畏緣督，謂其能發前人所未言，不知立時曾見此説否也。又論耶律《西征庚午曆》精妙絶出，及元許、王、郭、陳、鄧諸公，相與訂定《授時曆》，可法萬代，曾無一言及邵近舜江人。余誠者爲予言邵學内外篇具見傳書，而秘傳書又有内外集，具天地人三元之學，其天元所論曆數極爲精簡，意必具逆推法，或伊川所謂冠絶古今者耳。惜乎，吾不得而時讀焉。因併書之，以爲有志聖賢大事業者，告蒙泉岳正書。

《表度説》提要

鄧可卉　孫　榕

一、歷史背景

明末耶穌會士來華之際，中國的傳統科學與技術面臨失傳。明朝一直尊用《大統曆》，這是在元代《授時曆》基礎上改編而成的，這部行用近三百年的曆法多次失驗，在實際觀測與測量中顯現出其誤差已經達到難以忍受的地步。中國傳統天文學的失傳爲中國學者接受西方天文知識帶來契機。

學術界把明末清初（一五八三—一六四三）西方天文學的傳入分爲三個階段，《崇禎曆書》編撰完成（一六三四）之前爲第一階段，從一五八二年至一六二九年，是入華傳教士對西方天文學的宣傳和介紹，這主要包括出版或引用天文學著作，製作並且贈送天文儀器，講學和交流；第二階段：從一六二九年至一六三四年，主要以徐光啟主持，耶穌會士參與編纂的《崇禎曆書》爲代表；第三階段：從一六三四年至一六四八年，主要是圍繞《天步真原》一書的翻譯及其相關天文學知識的傳播與會通展開。

在第一階段，以利瑪竇（Matteo Ricci，一五五二—一六一〇，意大利人）爲主的耶穌會士宣傳西方天文學思想，向朝廷和上層人士贈送書刊、天文儀器。爲了在中國順利開展傳教活動，耶穌會士在中國採取了調和儒耶的傳教策略，又稱爲「調適」（accommodation）策略，爲了贏得信任，疏通路徑，除了穿華服、講華語以外，耶穌會士還在中國古代經典中尋章撑句，以附會外來思想或事物。受這種風潮的影響，許多利瑪竇早期寫的關於天主教義，以至科學知識的書中出現了大量調和儒耶的言論。徐光啟、李之藻、熊明遇等中國學者與耶穌會士共同翻譯的著作中，也出現了許多將西方科學知識與中國古代經典相比附的言論。

與此同時，利瑪竇及其他傳教士在科學領域具有良好的聲望，他無論對宗教，還是世界地圖、地球儀、日晷、星盤等天文儀器都很瞭解。而利瑪竇也不斷請求羅馬教會派遣在科學特別是天文學方面有造詣的神父或修士來北京。

與「文化適應」政策同等重要的是「科學傳教」策略，科學在耶穌會傳教事業中的作用主要有：第一，通過顯示傳教士們在科學，特別是在天文學領域的知識與才能，使中國的知識階層直到皇帝本人，都覺得離不開他們，然後再慢慢地，最後公開地容忍他們在中國的傳教活動。第二，借助科學減少中國人對耶穌會士的偏見，提高耶穌會士的威望；第三，最重要的是，從利瑪竇在世時就看到了，利用自然科學，特別是地理學和天文學方面的知識，可以打開中國人的眼界，破除他們的「中國中心論」，爲傳教做準備。

利瑪竇來華早期在學會成員中宣講道德、科學與哲學，他發現，中國上層知識份子對於西方的道德和科學非常感興趣。據徐宗澤《明清間耶穌會士譯著提要》載，從萬曆間到乾隆年間，西方自澳門攜帶進入內地的科學技術書籍多達一八〇餘種，內容包括數學、物理學、天文等等。金尼閣（P.Nicolaus Trigault，一五七七—一六二八）與對神學和科學很有造詣的鄧王函（P. Joannes Terrenz，一五七六—一六三〇），專程前往當時以印書著稱的里昂、慕尼克、法蘭克福、科隆、奥格斯堡等城市購置或徵募圖書，最後加以精心選擇，「重複者不入，纖細者不入」，並耗費精裝，共計帶來中國的書籍多達七五七部，六二九冊，學科門類廣泛。這批書首先運抵澳門，後又運到北京，成爲北京天主堂圖書館的首批藏書。這些書籍在貫徹學術傳教的方針中發揮了積極作用。

二、《表度説》的譯者

熊三拔（Sabbatino de Ursis，一五七五—一六二〇）字有綱，意大利人，他原來的姓氏是Sabbatino de Ursis，中文説成三拔蒂尼·烏席斯。烏席斯（Ursis）是意大利語，譯爲漢語即是「熊」。而Sabbatino，則是中國古人對三拔的音譯。

他於一五九七年入耶穌會，一六〇六年來華，起初主要擔任利瑪竇的助手，二人同徐光啟一同翻譯了歐幾里得的《幾何原本》。一六一一年，徐光啟曾請教熊三拔作《簡平儀説》，隨後在序言中徐光啟説道：「儀爲有綱熊先生所手創……熊子以爲少，未肯傳，余固請行之，爲言曆嚆矢焉。」次年，徐光啟又請教熊三拔作《泰西水法》，之後在序言中徐又説：「迄餘服闋趨朝，而先生已長逝矣。間以請於熊先生，唯唯者久之，察其心神，殆無吝色也，而顧有怍色。余因私揣焉：無吝嗇者，諸君子講學論道所求者，亡非福國庇民，矧茲土苴以爲人，豈不視猶敝蓰哉！有怍色者，深恐此法盛傳，天下後世見視以公輸墨翟，即非其數萬里東來，捐頂踵，冒危難，牖世兼善之意耳？」這段序言可見徐光啟對熊三拔的評價之高，序言中所説（徐光啟)「唯唯者之久」和(熊三拔)「顧有作色」是由於龍華民在利瑪竇去世之後繼任在華耶穌會長，但他並不支持「科學傳教」方針，變化的時局之下熊三拔可能擔心自己與中國學者頻頻深入交流學術是有悖耶穌會意圖的，但由於徐光啟的再三懇請和熊三拔自己對科學的不吝，西學編譯工作纔得以進行，《泰西水法》是第一部在中國介紹西洋水利技術的著作，在《四庫全書總目》稱此書「皆記取水蓄水之法」。

一六一四年，熊三拔與周子愚、卓爾康共同完成了《表度説》的翻譯工作，這部著作第一次詳盡地介紹了在西方天文學理論之下表的原理和實際用法。《簡平儀説》《泰水西法》和《表度説》均被收入《四庫全書》，也被李之藻列入《天學初函》裏，可見熊三拔對中國古代天文學的貢獻是很重要的。

一六一六年，隨著首次耶穌會士在華受挫——「南京教案」的發生，熊三拔被逐出京師，押至澳門，結束了他的十年(一六〇六—一六一六)的傳教生涯，一六二〇年，他病逝於澳門。

三、《表度説》的主要内容

《表度説》完成於一六一四年，是由意大利傳教士熊三拔口授，周子愚、卓爾康筆錄，在北京出版，由周子愚、熊明遇和李之藻爲之作序。《表度説》是一本宣傳西方測量技術的著作，書中精要地説明了西方利用圭表進行測量的理論基礎和實際操作過程。中國學者對圭表測算本不陌生，再加上《表度説》所帶來的是一種更加便捷的立表測量技術，這就滿足了中國注重實際操作的傳統，正如四庫全書版《表度説》序言中所寫：「是書大旨言表度起自土圭，今更創爲捷法，可以隨意立表……」。

此時《幾何原本》（一六〇七）前六卷在中國翻譯完成，書中歐幾里得所建立的一套從公理、定義出發，論證命題從而得到定理的幾何學論證方法，構成了「幾何學」的邏輯演繹體系。熊三拔所撰的《簡平儀説》（一六一一年刊刻於北京）、《表度説》（一六一四年成書）兩部著作，都受到《幾何原本》的影響，這從書中多處强調邏輯證明的内容就可以看出來。另外，《表度説》和《簡平儀説》中介紹的兩件天文儀器分别是圭表和平渾儀，與中國傳統天文學測量密切相關，所以這些内容對中國學者既不陌生，又很新鮮。《表度説》主要基於古希臘天文學宇宙模型的假設理論，系統總結了圭表測量的幾類用途和具體操作步驟，並且對每一個步驟的合理性進行證明。這與中國古代注重解決實際問題，而忽視理論方法的建構思想有著本質的區别。周子愚在《表度説・序》中説：「圭表我中國本監雖有之，然無其書，理未窮，用未著也。余見大西洋諸先生，其諸書内具有此法，請於龍精華先生譯其書，以補本典，用備曆元，龍先生然之。乃以其友熊有綱先生即爲口授，因演成書以行於世。」《表度説》中關於圭表測量的方法和原理，説理明白曉暢，圖表俱全，技術簡便易於掌握，正如四庫全書版《表度説・序》中所載：「末言表式、表度，並節氣時刻、推算之法，繪畫日晷術，皆具有圖説，指證確實。夫立表取影，以知時刻節氣，曆法中之至易至明者」。

到了乾隆年間，《表度説》收録在《四庫全書》中，屬天文演算法類，書中主要探討立表測影的革新之法，這種方法起自土圭，便捷之處在於可以隨意立表。西方圭表測影技術傳入中國的兩個條件，一是明於天地之運行，二是習於三角之算術，立意高，且完全不同於中國古代測影技術的實用性特點；另外一個重要條件是包含在天地運行中的地圓説。爲了使當時還未在國人中得到普遍接受的地圓説深入人心，《表度説》做出了努力，在開篇的理論部分中進行論證。《表度説》全書主要分爲兩部分：圭表測影的理論基礎和實際操作，其中，理論基礎部分是以「太陽繞地球運轉的速度是均等的」「地球在宇宙的中心」「地球和太陽相比，大小相當於一個點」「地球爲球體」「可立表於地面，表端之處均爲地心」五個論題展開的，展現了一種與中國古代天文測算技術不同的西方古典數理天文學傳統。五個論題均通過先假設結論（或結論的反面）是正確的，然後以該假設爲源，通過推理得出與假設相同（或矛盾）的結果，説明假設成立（或不成立），從而總結出原命題結論正確（或錯誤），保證了證明思路的嚴密性。與此同時，在求證過程中，圖文並茂，將原本「看不見摸不著」的假設更加具體化。《表度説》的後半部分概述了古代西方圭表實測操作原理以及所用的六種具體方法，體現出了西方圭表測量技術在測太陽高度角、每日午正初刻及太陽高度角最大值、南北極出入地度分、測節氣定日期、根據表上刻度和物體影長來推算物體高度、製造日晷方面的便捷之處。

《表度説》在介紹具體的測量技術之前，首先介紹了使用圭表測影的基本原理和空間幾何模型基礎，這些具有典型的西方古典天文學的特徵。

（一）五個基本原理如下：

1.「日輪周天，上向天頂，下向地平，其轉於地面俱平行，故地體之影亦平行」

這裏關鍵是指出了：日輪運動一周天，其運行軌道與地面始終平行。下面進一步解釋了日行一周天的時間劃分，依次是：一周分爲四象限，從卯至午，從午至酉，等等；一周總共是十二時，每刻行三度四十五分，八刻爲一時，每時平行三十度，每象限三時。並且做一天空立體圖，說明太陽照射地球形成影，太陽每向上平行一度，地影必向下平行一度，所以影與太陽運動恒平行且相等。

2.「地球在天之中」

此命題是地心說的四個要點之一，用反證法給出證明。如果地球不在天中，在其一隅，在天空立體圖中，太陽運行了大半圈分，而地影只運行了小半圈分，遲速不等，與前面已經論述的第一條基本原理不符。接下來通過觀測到的現象進行證明，春分、秋分日，太陽運行六時在地平上，爲晝；六時在地平下，爲夜，就是因爲地在天中的緣故。

3.「地球小於日輪，從日輪視地球，止於一點」

此命題也是地心說的四個要點之一，仍然用反證法給出證明。關於地心說的四個主要命題，曾經出現在利瑪竇和李之藻翻譯的《乾坤體義》中，後來在編修《崇禎曆書》時，又在《測天約說》中進行論證，可見它們在西方古典天文學體系中的重要地位。據筆者考證，它們在各書中主要通過反證法和歸納法進行證明，這也基本沿襲了托勒密在他的《至大論》中論證這四個命題的方法①。

但是在《表度説》中，這些證明也有一個傾向性，即爲了説明表影之理。所以，在利用反證法，或者通過觀測現象進行論證時，所選擇的基本是與測影、太陽運動或晝夜時間有關的例子。對於「止於一點」，特別指出：令非一點，則地面上的人不會都見到天體之半，亦不能分日天爲兩平分。這在數學上實現了一個理想假設，顯示了古希臘的思辨哲學是人類早期認識宇宙和自然的利器的特點。最後給出，太陽運行軌道大於地球一百六十倍。這個資料與今測值相去甚遠，如果從數學上解釋地球小於日輪止爲一點的話，也不應該是這個數量級的差異，由此可見古代科學的局限性。

4.「地本圓體」

關於這一條，雖然地球的本像已經説明地球是圓體，但是這裏仍然從地球東西經度和南北緯度的所見來證明地球是圓體。

首先，對於日月諸星，雖每日出入地平一遍，但天下國土非同時出入，一般是東方先見，西方後見，漸東漸早，漸西漸遲。進一步從周天三百六十度，地面每度二百五十里，分別説明若東西相去百八十度、相去九十度等，所觀測到的時間不同，甚至晝夜時刻完全顛倒。這些結論也是借助古希臘人的理性思維和空間推理得到的。下面利用空間立體圖舉例進行説明。

① 鄧可卉：《希臘數理天文學溯源——托勒密〈至大論〉比較研究》，山東教育出版社二〇〇九年版。

還有一種方法值得提及，就是通過觀測來驗證。《表度說》針對上面的晝夜完全顛倒的現象有「然於言兩地相遠，一得午，一得子，晝夜時刻天下各異，何自驗之乎？」

古代西方的曆學多用於推驗大地的經度緯度，推算七政運動的同時，也要測量地海之用。

關於緯度推驗比較容易，日晷測驗就反映了太陽在不同的地理緯度日影變化的不同，或通過星高及南北二極的測量也可以得到。

關於從緯度方向證明地球是圓體，用了不同緯度地方北極高度不同。「試如有人居廣東，測北極出地得二十二度，北行二百五十里，見北極稍高，測得二十三度，次每行二百五十里，皆如之。至京都，測北極出地得四十度矣。」又用反證法，如果地球是平體，「北極諸星，何由得漸次隱見乎？」所以地球是圓體。

但是關於經度推驗，最好的方法是借助日月食觀測。「夫月食與日食異，日或食或不食，或食而分數多寡，時刻先後，隨地各異；而月食的食限、分數時刻，天下皆同，但入限有晝夜，人有見不見耳。」具體的測量方法是，每測得一處，月食甚於子，即他處在其東者，必食甚於丑；在其西者，必食甚於亥。若兩地相去一百八十度，則此方見食於子者，彼方必於午不見食。所以，雖然月食有定，而天下之見食時間各異，並且每相去九百三十七里半而差一刻。

5. 「表端爲地心」

前面第三個命題已經證明了，地球之大，比日天只止一點。所以地上山嶽、樓臺、樹木，及所立之表的尺度相比就更不必計了。它們都與大地共爲一點。下面針對所立表及表影的産生，認爲表端之影與地心之影沒有差別，所以表端不得不爲地心。從數學上，這一條命題能夠保證，在地面可以隨時隨地立表測影，並且可以假設日影不論何時何地都是均勻變化的，由此進一步確定太陽運行的周天定度。進一步反證曰「設非表端為地心，安能日影平行，且用此平行日影，作日晷數十百種，一一合轍乎。」

（二）具體測量方法：

在上面五個命題的基本前提下，《表度說》主要討論了立表測影的兩種形式，一為直影，一為倒影，即分別在平面上立表，得到直影，在立面上立表，得到倒影。對於相等的表高，這兩種影長是有關係的，為了得到這種關係，先規定「以表之度分，量此二種影，可得其短長」，另外，「須先得二影之比例，及表與二影相求之法」，然後纔能夠進一步解決相關的問題，以上幾條「乃悉其立法所由」。

至於立表測影能夠實現的天文學測量主要是，可以「以短長之度數，可得日軌高度」，還可以「量得一種影，推算可得別種。」

下面分別論述。

「其一曰，日軌出地平，從一度至九十度漸升，上就天頂，既過一象限，從九十度漸入地平，下離天頂，故表影因日上下，而得消長，日上，直影消，倒影長；日下，倒影消，直影長，皆至午正而復。」

以上說明了日軌在地面上由升而到達天頂，然後又降的整個過程中，直影和倒影皆隨之變化，漸消漸長，並且日升，則直影消，倒影長；日降，則倒影消，直影長。它們互為關係。

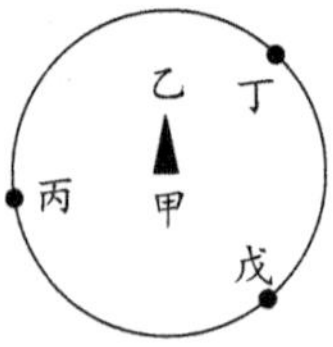

圖一　圭表的取直

「其二曰，直影與倒影之比例，表與二影之比例，皆在日輪出入，上下度分也。令立二表相等，取兩種影，日出地平，則倒影表無影，其端正對日光故也。而直影之表有無窮影，無數可量，其影與地平平行故也。」

以上説明直影與倒影互成比例，並且從數學上看，在日出地平時，倒影爲零，而直影爲無窮大。太陽在天頂時，直影爲零，倒影爲無窮大。另外，「日軌高四十五度，爲半象限，即二影得相遇，其長皆與表等。」對於日高每升高一度，「試如日高二度，直影得長，倒影得短，日高八十九度，倒影得長，直影得短，則日高二度之直影，八十八度之倒影，其長同也。其短反是，以至日高三、四、五度，二影短長與日高八十七、八十六、八十五度，並同也。」按照上述表影變化規律，給出了一張直影、倒影隨日高之度變化的表格。

除了作各種立表圖進行幾何説明外，《表度説》還對於各種不同情況舉例進行説明，對於「直影(倒影)隨日高變化表」的各個量值進行説明，解釋了「皆以直影、倒影長短立算，而得日高度分」的順序和方法。最後説明表格的使用方法，認爲「用日高度分、表影短長，立法佈算，得一推二，至爲簡便也」。説明這張表在《表度説》中比較重要。

(三)《表度説》涉及分表、立表等一些具體技術。

由於表高的分度直接關係到影長測量準確與否，所以特别規定「表得分十二平分」(並附圖)，並且「以十二平分之一爲度，每度更六十平分之，共得七百二十分」最後還總結了一條規則，即是「表長無定度，愈長，影則愈准」。

立表則首先要保證表的垂直，一方面講清楚理論，一方面從實用角度給出具體操作步驟，如圖一：「試如上圖，甲爲表位，以甲爲心，作丙丁戊三平分圈界，作丙丁戊三點，用規從丙界點，量向表端得度，用元度從丁、從戊，量至表端皆等，則表正也。」進一步提到了中國古代也重視這項技術，如《周禮》八繩附臬之法就是解決這個問題的。

在立表測影的具體用法中，論述了包括原理、測量具體天文量的方法、具體實例等等，按順序展開。

第一，隨地隨時測日軌高幾何度分。

具體技術路綫如下：「欲以直影測日高，依法立表，承日取影，視表影於平面所至。依表之度分，量其長，既得影長，爲表之幾何度分，檢上圖，得所求。」下面還有實例說明用法。

第二，隨地隨時測午正初刻，測本日日軌最高度分及定方向。

立表取影，測午正初刻，先於午前數刻，視表影之末點識之。次用日晷，或任意視影，每過一刻或半刻許，俱如前累識之。若累短者，法所謂影消，爲日升，爲午前也。復依前法累識之，至表影得累長，法所謂影長，爲日降，爲午後也。次檢表影識中最短者，得本日午正初刻，依法量其長，即得本日日軌最高度分。

又自表位至影末，作綫，即得本地子午綫，依子午作垂綫，得天元卯酉，爲定方面之正法。

這個方法除了在午正初刻前後不斷地測影，作影識外，須以日晷輔助，以便隨時確定時間隔，並且在影識最短處找到與之對應的時刻——午正初刻。午正初刻確定以後，最短影長也確定了，與之對應的日軌最高度分就可以得到。一天之中的午正初刻不僅和最短影對應，也意味著表影指示了正南北方向，由此東西方向也就確定了。影長測量的三個步驟簡捷，直達目標，但是沒有展開論述其深刻的天文學原理，這符合當時譯撰西書的原則。這方面的處理是本土化了。

第三，隨地隨日測南北極出入地幾何度分。

依第二法，立表測得本地午正初刻，查表得日軌高幾何度分$h_{\odot}$，次求本日日躔距赤道幾何度分$\delta_{\odot}$，次視日躔赤道南北，用公式$h_{\odot} \pm \delta_{\odot} = H$算之，即此時該地北極的地平高度值。若日躔赤道南，則以距度加高度，得赤道至地平之高；日躔赤道北，則以距度減高度。用九十度減去赤道的地平高度H，得到赤道到天頂的度數H′。這是利用了西方古典球面天文學的理論，測量原理如圖二。

第四，隨地測節氣定日。

《表度説》假定二十四節氣是在黃道上等分爲二十四份，太陽沿著黃道自西而東，每日約行一度，歲行一周，行至黃赤二道之交，爲天元春秋分，南北去赤道各二十三度半强。二道相距甚遠之處，爲冬夏至。先用各距赤道幾何度分，及本地北極度分，具列二圖如上。

具體作法是：「凡黃道南北諸節氣，相反相對者，演算法並同。節氣在北，即自春至秋分，加其距度分於赤道高度分，得各節氣高於地平度分；節氣在南，即自秋至春分，減其距度分於赤道高度分，亦得各節氣高於地平度分。以其高於地平度分，依法測表影長短，得各節氣本日。」（如圖三）

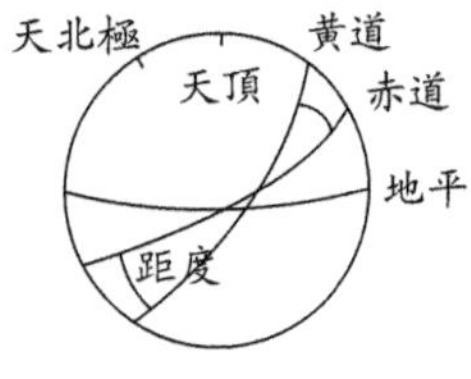

圖二　北極出地的測量原理

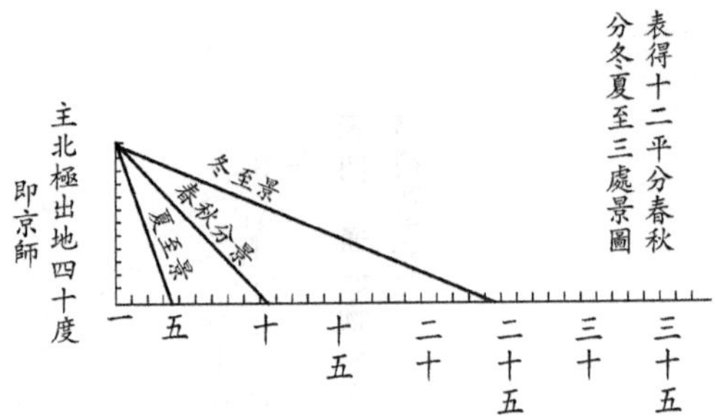

圖三　測節氣定日

第五，依表之度分、物影之長得物之高。

依據影長計算物之高度，主要利用了數學上的比例關係，原理關係如圖四。

在第六題中，還介紹了日晷的製作，用到了三角學、球面天文學、立體幾何知識等。特別介紹了柱晷。相關內容參見孫榕的碩士論文。

《表度説》雖然介紹的是西方的立表測量技術，但是其內容的選取、方法的强調、論證的系統性方面卻兼顧中西方傳統，各有所考慮。

考慮到中國人的天文學傳統和偏好方面，重點從立表測影的重要性進行論證，舉例如下。

1. 重視測候和造曆的傳統；2. 曆測中尤爲重要的二至時刻測量。

例如，在「用法」中的「西儒多習曆造器，以測日高，其法甚衆，立表是其一法，特爲簡便焉」，這句話故意迎合中國人的重視立表測影的傳統，並且强調西儒習曆造器的傳統也由來已久，而關於立表是衆多方法之一，尤爲簡便。暗示中國人可以從西學中得到需要的東西，傳教士的重要性也就舉足輕重了。

傳教士肯定西學的同時，也貶損了中國古代的測量。如在「測北極出地」中，首先討論了這項測量的重要性。然後以郭守敬組織的「四海測驗」爲例，説明他只測得二十七處北極出地度，但是耗費人力物力，非常艱難。而現在採用傳教士介紹的這個方法，但凡人跡所至，都會郡邑，一測便得，不勞餘力。

總之，《表度説》是明末清初西學東漸的產物，不僅介紹了在西方宇宙模型假設下的圭

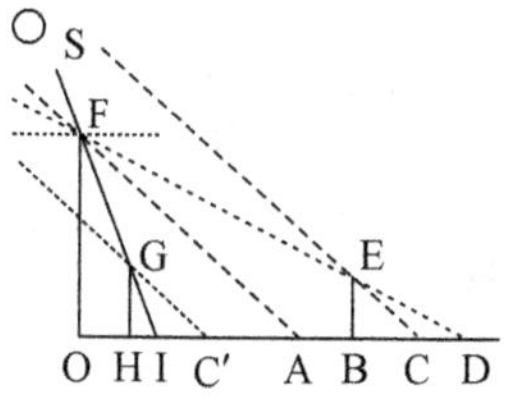

圖四　通過物影之長得物之高

表測量技術，而且把傳統天文學所要解決的許多實際問題納入一個新的理論框架，即在一系列的天文量值之間建立關係，這些關係包括：表的直影（BC）和倒影（BC′）之間的關係以及它們與太陽地平高度（$h_{\odot}$）的關係；每日午正時刻最大太陽地平高度（$h_{\odot}$）和各節氣距緯值（$\delta_{\odot}$）的關係$h_{\odot} \pm \delta_{\odot} = H'$，及其與北極出地度（H′）的關係；將倒影（BC′）和各節氣距緯$\delta_{\odot}$概念用在製造柱晷的時刻綫和節氣綫刻畫上。它與傳統圭表測量的最大區别是，它明確了天文學概念及其聯繫，以及測量與表格的對應關係，而且把這種思路進行整理，給出了便捷的測影方法，滿足了中國人對天文學測量的實際需求。

《表度説》

熊三拔　口譯　【明】周子愚　撰

臣等謹案，《表度説》一卷，明萬曆甲寅，西洋人熊三拔撰。三拔有《泰西水法》，已著録。是書大旨言表度起自土圭，今更創爲捷法，可以隨意立表。凡欲明表影之義者，先須論日輪周行之理，及日輪大於地球比例，彼法别有全書，此復舉其要略，分爲五體。一謂日輪周天，上向天頂，下向地平，其轉於地面俱平行，故地體之影亦平行。一謂地球在天之中，若令地球不在天中，則在地之影，必不能隨日周轉，且遲速不等矣。今春、秋二分，日輪六時在地平上，爲晝，六時在地平下，爲夜，非在正中而何？一謂地小於日輪，從日輪視地球止於一點，若令地非一點，則隨在地面不得見天體之半，必上半恒小，下半恒大，而爲半地之厚所礙矣。一謂地本圓體，故一日十二辰更疊互見，如正向日之處得午時，其正背日之處得子時，處其東三十度，得未時，處其西三十度，得巳時。若以地爲方體，則惟對日之下者其時正，處左處右者，必長短不均矣。一謂表端爲地心，凡立表取影，必於兩平面之上，求得兩種影。其一，立表平面上與地平成直角，其所得影，直影也。如山岳、樓臺、樹木等影，在地平者是也。其一，横表之影，倒影也。如向日有墻，於其平面横立一表，於地平爲平者是也。末言表式、表度，并節氣時刻、推算之法、繪畫日晷術，皆具有圖説，指證確實。夫立表取影，以知時刻節氣，曆法中之至易至明者。然非明於天地之運行，習於三角之算術，則不能得其確準。是時地圓、地小之説，初入中土，驟聞而駭之者甚衆，故先舉其至易至明者，以示其可信焉。

總纂官【臣】紀昀、【臣】陸錫熊、【臣】孫士毅　總校官【臣】陸費墀

《表度説》五題

曆家有渾天儀、有平儀、有圭表、有正方案，以測七政星辰高下之分，以察日至之影，以審日月方位，因而隨時隨地，可用測驗日輪高下度分，及午正初刻也。有法於此，任意立表取影，以表影度分，得日高度分，甚爲簡便。第欲明表影之義，先須論日輪周行之理，及日輪大于地球之比例，二論爲説甚長，俱有全書，今特舉要略作五題焉。

第一題

日輪周天，上向天頂，下向地平，其轉於地面俱平行，故地體之影亦平行。

解曰：周天三百六十度，分爲四圈分，每分九十度，所謂周天象限也。試如上圖，午酉子卯周天也，午酉象限九十度也。日輪自卯向午，每刻行三度四十五分八刻爲一時，每時平行三十度，至午，得三時；自午向酉亦如之，故一周得十二時，終古如此，因知其終古平行也。其所照物影周行地面，亦平行也。令日輪在甲，照乙地球，其影必至丙，日在甲，向午上行一度，影在丙，亦向子下行一度，故影與日輪恒平行相等也。

第二題

地球在天之中

若令地球不在天中，在其一隅，如上圖，丁爲天中，設地球在乙，日輪在甲，照乙地球，其

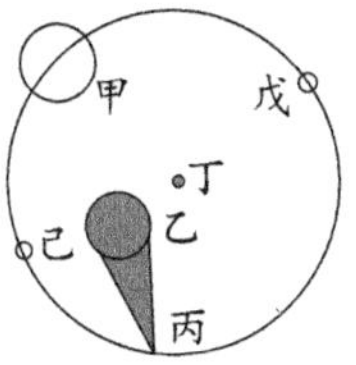

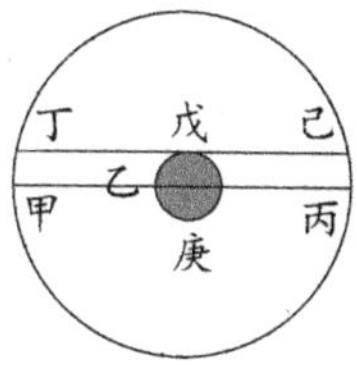

影必至丙，則地之影必不能隨日輪而平行轉周，蓋日行從甲過戊至丙，影必從丙過己至甲，是日輪行大半圈分，而影行小半圈分，遲速不等甚矣。依第一題，日輪與影不得不平行相等，故不得言地球不在天中也。又春秋二分，日躔赤道，晝夜平，是因地在天中，故日輪六時在地平上，爲晝；六時在地平下，爲夜，非在正中而何。

第三題

地球小於日輪，從日輪視地球，止於一點。

此題全説見《天地儀解》。今約略論説，以明表影之理焉。依第二題，地在天中，而分日天爲兩平分，欲分圈界爲兩平分，其徑綫必過圈心。如上，甲乙丙綫分圈於甲丙，必過乙心，而爲兩平分，令不過心，而過心之上或下，如丁戊己綫，過戊，在圈心之上，而兩分圈界於丁己，則非兩平分也。今地球分日天爲兩平分，隨人所至地面，恒得見天體之半，又春秋二分晝夜平，故其大比日天，當止一點。令非一點，而爲大如戊庚，即人在戊，地面不得見天體之半，其地平綫平行至丁己，亦不能分日天爲兩平分也。從日輪視地，既小如一點，今從地視日，乃大如小車輪者，日輪本大於地球一百六十倍故也。此論見《乾坤體義》。

第四題

地本圜體。

解曰：凡物有本像焉，地之本像，圜體也，世有云天圜地方，動静之義，方圓之理耳。今先論東西，後論南北，合証地圜之旨。

日月諸星，雖每日出入地平一遍，第天下國土非同時出入，蓋東方先見，西方後見，漸東漸早，漸西漸遲。如有人居東，又一人居西，東西直相去試七千五百里，則東人見日爲午正初刻，此際西人乃見日在禺中，爲巳正初刻也。周天三百六十度，每度爲地二百五十里，若相去百八十度，則東方之午，爲西方之子，相去九十度，則東方之午，爲西方之卯矣。餘度俱依此推。

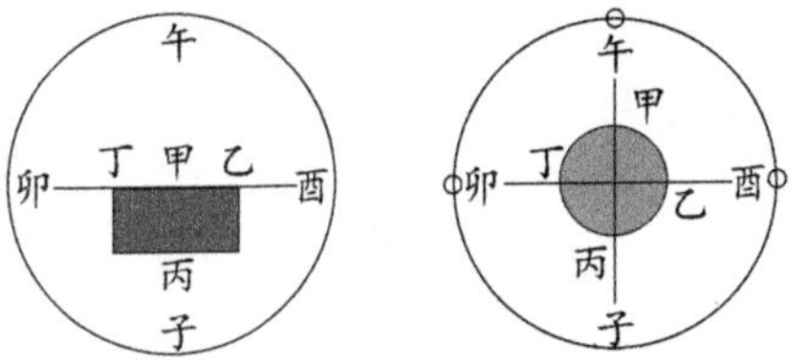

如上圖，午酉子卯爲日天，甲乙丙丁爲地球，令日輪在午，而人居甲，即日正在其天頂，得午時；人居丙，即得子時，日在其天頂衝也。東去甲九十度，居丁，得酉時，日既過其天頂，將没於地，則午甲丙子爲其地平也。西去九十度，居乙即得卯時，日向其天頂，方出於地，亦午甲丙子爲其地平也。依此推算，令日輪出地平，在卯，人居丁，得午時，居乙，得子時矣。此何以故？地爲圜體，故日出於卯，因甲高與乙，障隔日光不照，故丁之日中，乙之半夜也。

若地爲方體者，如上，甲乙丙丁則日出卯，凡甲乙丁地面人宜俱得卯日，入酉，宜俱得酉，不應東西相去二百五十里而差一度，又七千五百里而差一時也。故明有時差者，不能不信地圜也。又丁乙與甲異，地即異，天頂即異，日中而又與甲同卯酉，即丁之午前短，午後長矣，乙之午前長，午後短矣。獨甲得午前後平耳，而今之半晝分，天下皆同，何也？則明有半晝分者，不能不信地圜也。

或問，曰此理甚明矣。然於言兩地相遠，一得午，一得子，晝夜時刻天下各異，何自驗之乎？曰，敝國諸儒多習曆象之學，推驗大地經緯度數，皆與天應，以爲推算七政、測量地海之用。其推驗緯度稍易，大抵用午正日晷，或星高及南北二極取之；其推驗經度稍難，必於月食取之。夫月食與日食異，日或食或不食，或食而分數多寡，時刻先後，隨地各異；月之食限、分數時刻，天下皆同，但入限有晝夜，人有見不見耳。今以之推顯地度，每測得一處，月食甚於子，即他處在其東者，必食甚於丑矣。在其西者，必食甚於亥矣。可見此一方之子時，乃東方之丑時，西方之亥時也。若兩地相去九十度，則東方見食於子者，西方見食于酉矣，若相去百八十度，則此方見食於子者，彼方必於午不見食矣。盖月食有定，而天下之見食各異，又每去九百三十七里半而差一刻，可見時刻天下各異，各以日到本天頂爲午正初刻也。又月平行自西而東一日，大約十三度强，每一時約一度五分度之一，其所離列宿次舍，每時各異。故西土曆家欲知兩地東西相去道里之數，即兩地相約於同夜，測月輪與某星，同經度分爲何時刻分，如東方與此星同度分爲子，而西方與同度分爲丑，相隔一時，即東西相去遠七千五百里也。以此推之，知天下時刻各因日輪所至，不可疑也。即地爲圜體，又何疑焉。

自南而北地爲圜體，亦可推也。試如有人居廣東，測北極出地得二十二度，北行二百五十里，見北極稍高，測得二十三度，次每行二百五十里，皆如之。至京都，測北極出地得四十度

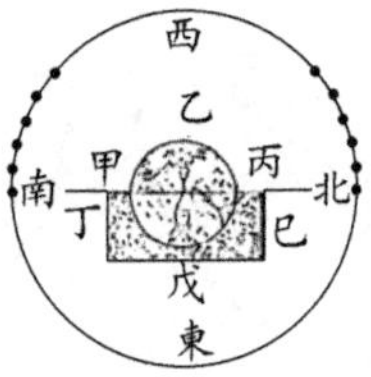

矣，亦見北界星，廣東不見者；其在廣東亦見南界星，京師所未見者。此由地爲圜球，人乃循球而行，故南北二極及附近諸星，隨而漸次隱見也。若地爲平體，隨人所至，恒見天星高於地平若干度矣。

如上圖，西南東北爲周天，甲乙丙爲地之圜球，丁戊巳爲地之方面，若人在圜球之乙，即見在南諸星，從乙漸向丙，即南諸星漸隱矣。漸向甲者反是。若人在平面之丁，即得俱見南北二極之星，其在戊、在巳，亦如南北極諸星，何由得漸次隱見乎？則地爲圜體亦可證也。

又地周三百六十度，每度二百五十里，其周圍實獨有九萬里。令地爲方四面，其一面應得二萬二千五百里，人居一面地平之上，其二萬二千五百里之內，並宜見之。乃今目力所及極大，略能見三百里，即於最高山上，未有能見四五百里者。則地之圜體突起於中，能遮兩界故也。不惟高山，即空際之雲亦然。試令兩方相去四五百里，其一密雲甚雨，其一日色晴霽，此密雲處不見日，彼晴霽處不見雲矣。人聞雷聲而不見密雲者，恒有之。蓋雷聲所極可至三百里以外，故耳可得聞，而雷起處，必有密雲，而三百里以外空際之雲，人遂不能見之。夫向所云，平地不見四五百里，猶云目力有限，乃空際之雲物在三百里以外者，遂不能見之，則豈非地爲圜體，人所及見之面至於三百里而止乎？以此地圜故。

若有二國，東西相去四萬五千里，得一百八十度，半地之周，居西二人約往東國，一向西、一向東，令同時發行，而以發行之第六日相遇於東國，其同發時爲月之朔日，則向東者遇之日爲月之六日，向西者遇之日爲月之五日，此兩人行，同至同所，更曆時刻同，而一爲六日，一爲

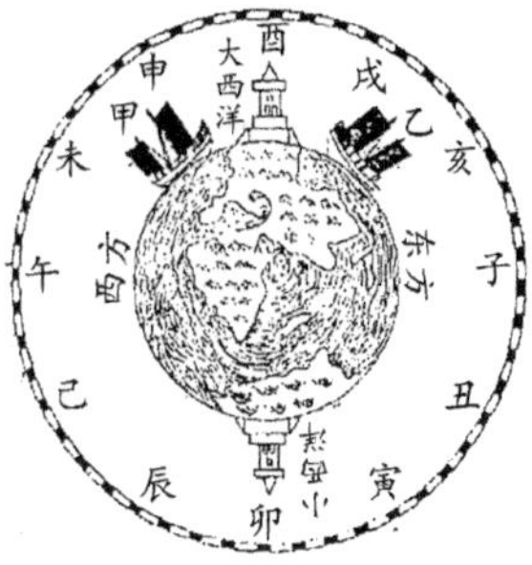

五日，何也？蓋東行者遡日而馳，漸就於日，故此人恒先得見日出地，而日先得至其天頂；西行者與日俱馳，漸遠於日，故此人恒後見日出地，而日後至其天頂也。今大西洋估舶至小西洋，歲歲有之，若二船同日解，維其一東行，其一西行，後相遇於小西洋。東行者若算得月之六日甲子，即西行者必算得月之五日癸亥。試如後圖，甲乙二船俱從大西洋往小西洋，同以三月初一日午時解，維甲船望西行至申，即申爲其天頂，乙船望東行至戌，即戌爲其天頂。因日輪自東而西，當先至戌，後至申，戌在申東，即日輪第一周先至戌。乙船以戌爲天頂，是得午時從昨開洋，至此得一日足。甲船以申爲天頂，日未至，自戌至申須二時，則乙船之午，是甲船之辰，扣至一日足，實少二時。次乙船至亥，甲船必至未，各以亥、未爲其天頂，日輪第二周先至亥，後至未，自亥至未隔四時，則東船先四時而得午正，從開洋扣得二日足。西船更須四時，乃得午，爲二日足也。次乙船至子，甲船必至午，而子午爲其天頂，日輪第三周先至子，後至午，東船在子，先得午時，爲三日足，自子至午隔六時，西船在午，須六時乃得午，爲三日足。次至丑、至巳，亦如之。及東船至寅，西船宜至辰，日輪自寅繞東至辰，隔十時，故十時之初，東船先得五日足，而西船尚須十時乃適足，故甲乙二船自開洋至此際，一得五日，一得四日零二時。既抵小西洋，而卯爲其天頂，日輪至卯，即向東者實滿六日，向西者實滿五日。是故雖同發俱至，而先後差一日也。此何以故？地爲圜體，人居東先得見日輪出地平，居西後見故也。五日、六日假説之實行者，不論一年、二年，皆差一日，其理同也。

或問地果圜體，則上下四旁皆生人所居，不知在下者，安所佇其足哉？曰，地球之説，其

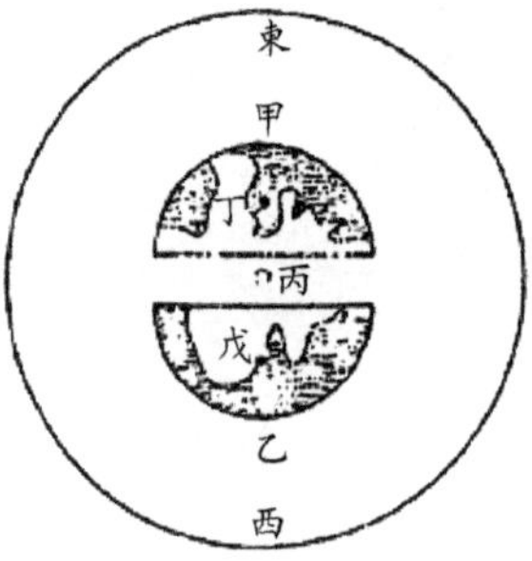

理甚廣，西庠有專書備論，今獨舉一二端，明徵此理。其一曰，天下萬物各有本所，最上本所，爲天之上，最下本所，則爲地之中心也。其二曰，物之體質有輕有重，最輕紗者就最上所，如火是也；最重滯者就最下所，如土是也。其三曰，物重者各有體之重心，此重心者，在重體之中。試觀於衡，均重則不欹，物重之重心得在其中故也。其四曰，既地中之心，爲諸重物，各重心之本所，物之重心，悉欲就之，欲就之勢，其下必爲垂綫也。如人上山，山之陡面不能正佇人足，如佇地平，與其直角造室，立柱於山之陡面，亦不能與爲直角也，何故乎？人體之重心所欲就者，爲地之心，下就之勢，作一地之心而垂綫，欲垂綫立柱亦然。山之斜面與地中心非相對，待如地平之面，故人體、柱體與其峻面，悉不能爲直角也。

如上圖，甲山欲立柱，作直角於山之陡面如乙，必傾矣。其體之重心所願就者，爲丁地心，非甲山之心也。雖陡面必與地平爲直角如丙，乃安何故？其體之重心與丁相直耳。故凡重物居地面之上，各以地心爲下，以天爲上，因其重心願就地心，遂得安於地面，能佇其足矣。因是可知，上下之分，凡謂下者，遠於天而就地心也；謂上者，就天而遠於地心也。

是故地之圜球，懸於空際，居中無著，常得安然。蓋四方土物皆願降，就於地心之本所。東降，欲就其心，而遇西就者；南降，欲就其心，而遇北就者。悉悉如此。相遇之際，皆能相衡相逆，故凝結於地之中心。即不相及者，以欲就故，附離不脫，得令大地懸居空際也。

如上圖，丙爲中心，甲乙兩分各爲地之半球，甲東降就其心，乙西降就其心，其兩半球又各有本體之重心，如丁、如戊。甲東降，其本性必欲令本體之重心丁，至於丙，然後止而不可得，何者？乙西降，亦欲其體之重心戊，至丙中心，然後止也。故兩半球相遇於丙中心，甲不令乙得西，乙不令甲得東，一衝一逆，力勢均平，遂兩不進，亦兩不能退，而懸居空際，安然永奠矣。試於一門，二人出入，其一在內，其一在外，在外者，衝欲開之，在內者，逆欲閉之，若同衝同逆，爲力均平，門必不動。甲乙半球，其理同也。推至四方八面，一塵一土，莫不皆然，隤然下凝，職由於此矣。

第五題

表端爲地心。

解曰：地球之大，比日天只止一點，本篇三題解，況地上山岳、樓臺、樹木，及所立之表，何足算乎？亦與大地共爲一點而已。故雖人所立表，表影隨日輪，若在地面，苐以一點論之，則表端之影與地心之影一也，故表端不得不爲地也，欲徵其實，試作一赤道晷，其法於平面作圈，圈界平分三百六十度，每三度四十五分，每一度變四分，爲一刻，每三十度爲一時，立表於圈心候之，即見表影平行，每刻三度四十五分，每八刻爲一時，每時三十度，與日輪旋轉地心度數相等。設非表端爲地心，安能日影平行，且用此平行日影，作日晷數十百種，一一合轍乎。既明表端爲地心，因可隨地隨時立表取影，以得日行周天定度也。

凡立表取影，必於兩平面之上，求得兩種影，其一，立表平面上與地平爲直角，其所得影，直影也，如山岳、樓臺、樹木等影，在平地者是。

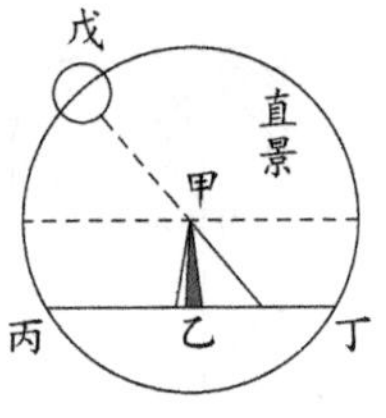

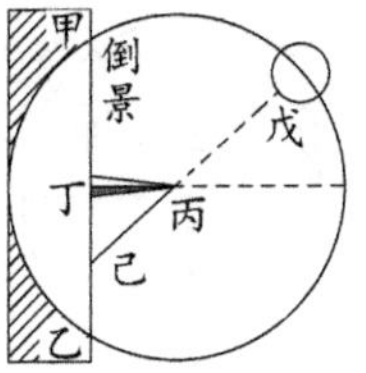

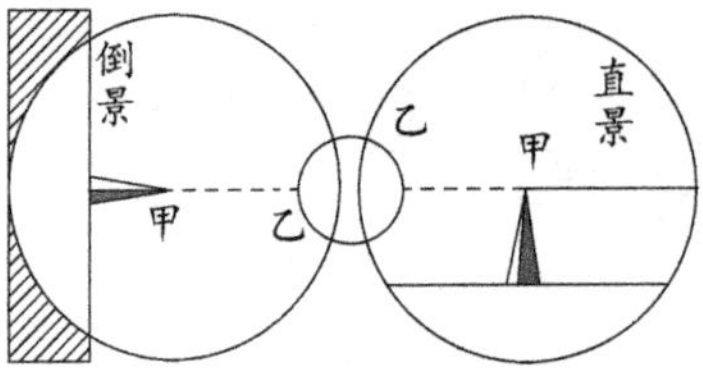

如上圖，甲乙爲表，丙乙丁爲地平面，戊爲日輪，立甲乙表，任意長短，與丙乙丁地平面爲直角，令日輪在戊，爲表東，其光必過甲表端，表端影必在表西丁，則乙丁爲直影。

其一，倒影者，横表之影也。如向日有墻，於其平面横立一表，與地平爲平行者是。

如上圖，甲乙爲墻，丙丁爲表，戊爲日輪，立丙丁表於甲乙墻之平面，爲横表，與地平平行，令日輪在戊，其光過表端，表端影必在已，而丁己爲倒影。

立表取影，以表之度分，量此二種影，可得其短長，以短長之度數，可得日軌離地平分秒。又量得一種影，推算可得别種。但須先得二影之比例，及表與二影相求之法，乃悉其立法所由。今引説數條，推明指義如左。

其一曰，日軌出地平，從一度至九十度漸升，上就天頂，既過一象限，從九十度漸入地平，下離天頂，故表影因日上下，而得消長。日上，直影消，倒影長；日下，倒影消，直影長。皆至午正而復。

其二曰，直影與倒影之比例，表與二影之比例，皆在日輪出入上下度分也。令立二表相等，取兩種影，日出地平，則倒影表無影，其端正對日光故也。而直影之表有無窮影，無數可量，其影與地平平行故也。

如上二圖，甲爲表，乙爲日軌出地平，於直影見甲表，爲無窮影，與地平爲平行綫，故不能交於地平，其故見《幾何原本》卷之一。次見倒影之表甲，正對日軌出地平之乙，故無影。

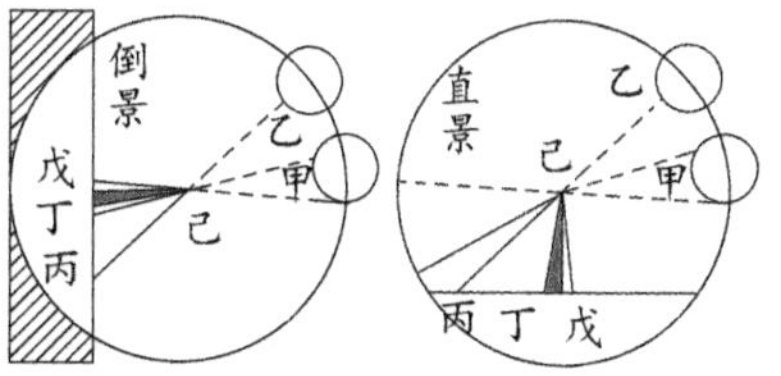

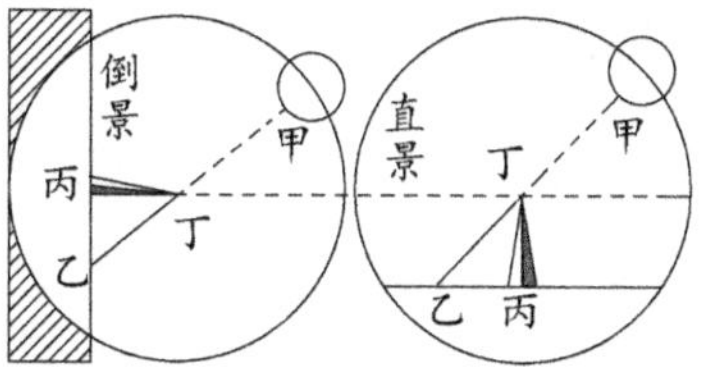

其三曰，日軌既出地平，漸向天頂，而上至高四十五度，此半象分，内二影一消一長，直影漸消，顧大於表，倒影漸長，顧小於表。日過四十五度而上，直影亦消，而小於表，倒影亦長而亦大於表。

試如上圖，甲爲日軌，在四十五度以下，到丙，而丙戊大於戊己表，其到丁，而丁戊小於戊己表也。若乙爲日軌，在乙四十五度以上，其直影到丁，而丁戊小於戊己，表倒影到丙，而丙戊大於戊己表矣。又日向天頂而上，非獨所立表之直影漸消，而山岳、樓臺、樹木之影亦然。

其四曰，日軌高四十五度，爲半象限，即二影得相遇，其長皆與表等。如上，甲爲日軌高四十五度，即丙丁二影之表等，因知二影與表皆等。蓋日軌在甲，表影必在乙，即顯乙丙直影、倒影，皆與丙丁兩表等矣。諸物之影亦然，故測得日高四十五度，此際量得山岳、樓臺、樹木之影度分，即得物高度分也。

其五曰，日軌至天頂高九十度缺，即直影，表無影，而倒影之表，有無窮影。試如日軌在甲，天頂乙，直影之表端，正對於甲日軌，故無影。乙表之倒影必與丙丁墻面平行，故爲無窮影，此與第二論同義也。蓋如直影，因與地平爲平行綫，故不能交於地平倒影，乃與墻面亦爲平行綫，却不能交於墻面也。

其六曰，日出地，與日高九十度，二影之理既同，即一度，至其間相反相對者，理並同也。試如日高二度，直影得長，倒影得短，日高八十九度，倒影得長，直影得短，則日高二度

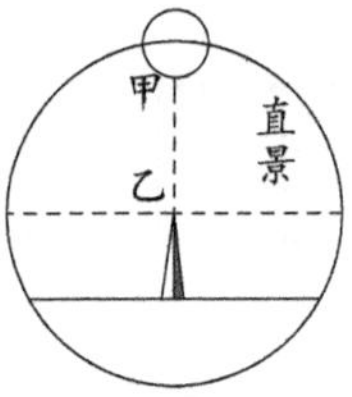

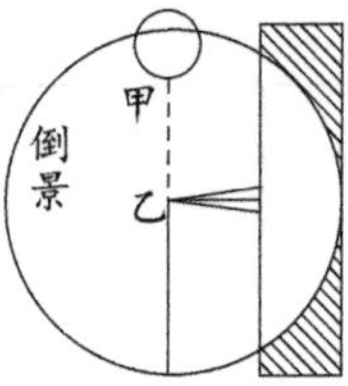

之直影，八十八度之倒影，其長同也。其短反是，以至日高三、四、五度，二影短長與日高八十七、八十六、八十五度，並同也。假如立二表相等，各十二，平分之，日高五度，直影之長爲表之一百三十七度，即日高八十五度，倒影之長，亦爲表之一百三十七度。日高五度，倒影之短爲表之一度，日高八十五度，直影之短，亦爲表之一度。二影一消一長，相反相對，無有不合，故用日高度分，表影短長，立法佈算，得一推二，至爲簡便也。

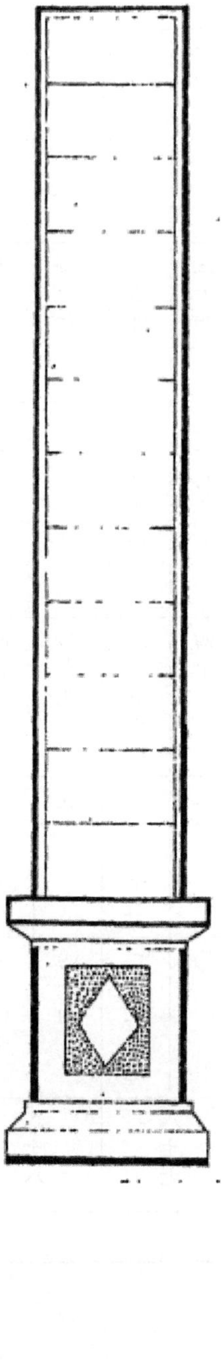

表得分十二平分（图）

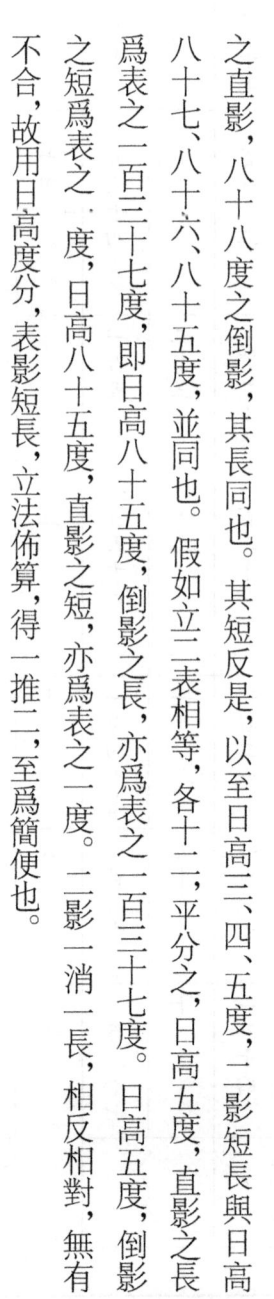

用日高度分表影短長立算（表格）

日高之分因直影	○表 度	○表 分	一表 度	一表 分	二表 度	二表 分	三表 度	三表 分	四表 度	四表 分	五表 度	五表 分
○	無窮	之影	六百八十七	三十四	三百四十三	四十四	二百二十九	○	一百七十一	三十七	一百三十七	十
十	四千一百三十七	五十三	五百八十九	十六	三百十七	十四	二百十六	五十四	一百六十四	四十四	一百三十二	四十三
二十	二千六十五	二十三	五百十五	四十六	二百九十四	三十一	二百六	三	一百五十八	二十三	一百二十六	二十三
三十	一千三百七十六	六	四百五十六	二十二	二百九十四	五十四	一百九十六	十三	一百五十六	二十九	一百二十四	三十八
四十	一千三十一	四十五	四百十二	二十九	二百五十七	四十	一百八十七	十六	一百四十七	一	一百二十	五十六
五十	八百二十五	十三	三百七十四	五十五	二百四十二	二十八	一百七十九	六	一百四十一	五十六	一百七十	二十八
六十	六百八十七	三十四	三百四十三	四十四	二百二十九	○	一百七十一	三十七	一百三十七	十	一百十四	十一
	八十九		八十八		八十七		八十六		八十五		八十四	

直影日高之度

日高之分因倒影	十一		十		九		八		七		六	
	表		表		表		表		表		表	
	分	度	分	度	分	度	分	度	分	度	分	度
六十	四十四	六十一	三	六十八	四十六	七十五	二十三	八十五	四十四	九十七	十	一百十四
五十	四十七	六十	五十五	六十六	二十四	七十四	三十七	八十三	二十六	九十五	四	一百一十
四十	五十二	五十九	四十九	六十五	一	七十三	五十五	八十一	十五	九十三	七	一百八
三十	五十九	五十八	四十五	六十四	四十三	七十一	十八	八十	九	九十一	十九	一百五
二十	七	五十八	四十三	六十三	二十七	七十	四十四	七十八	九	八十九	四十	一百二
十	十六	五十七	四十三	六十二	十四	六十九	十三	七十七	十四	八十七	八	一百
○	二十七	五十六	四十四	六十一	三	六十八	四十六	七十五	二十三	八十五	四十四	九十七
	七十八		七十九		八十		八十一		八十二		八十三	

倒影日高之度

日高之分因直影

	十二表 度	十二表 分	十三表 度	十三表 分	十四表 度	十四表 分	十五表 度	十五表 分	十六表 度	十六表 分	十七表 度	十七表 分
○	五十六	二十七	五十一	五十九	四十七	八	四十四	四十七	四十一	五十一	三十九	十五
十	五十五	四十	五十一	十八	四十七	三十二	四十四	十六	四十一	二十四	三十八	五十一
二十	五十四	五十三	五十	三十八	四十六	五十八	四十三	四十七	四十	五十七	三十八	二十七
三十	五十四	八	四十九	五十九	四十六	二十四	四十三	十六	四十	三十一	三十八	四
四十	五十三	二十四	四十九	二十一	四十五	五十一	四十二	四十七	四十	五	三十七	四十一
五十	五十二	四十一	四十八	四十四	四十五	十九	四十二	十九	三十九	四十	三十七	十八
六十	五十一	五十九	四十四	八	四十四	四十七	四十一	五十一	三十九	十五	三十六	五十六
	七十七		七十六		七十五		七十四		七十三		七十二	

直影日高之度													
日高之分因倒影		二十三		二十二		二十一		二十		十九		十八	
		表		表		表		表		表		表	
		分	度	分	度	分	度	分	度	分	度	分	度
	六十	十六	二十八	四十二	二十九	十六	三十一	五十八	三十二	五十一	三十四	五十六	三十六
	五十	三	二十八	二十七	二十九	○	三十一	四十	三十二	三十一	三十四	三十四	三十六
	四十	四十九	二十七	十三	二十九	四十四	三十	二十三	三十二	十二	三十四	十三	三十六
	三十	三十六	二十七	五十八	二十八	二十八	三十	六	三十二	五十三	三十三	五十三	三十五
	二十	二十三	二十七	四十四	二十八	十二	三十	四十九	三十一	三十五	三十三	三十一	三十五
	十	十	二十七	三十	二十八	五十七	二十九	三十二	三十一	十六	三十三	十一	三十五
	○	五十七	二十六	十六	二十八	四十二	二十九	十六	三十一	五十八	三十二	五十一	三十四
		六十六		六十七		六十八		六十九		七十		七十一	
倒影日高之度													

日高之分因直影

	二十四表		二十五表		二十六表		二十七表		二十八表		二十九表	
	度	分	度	分	度	分	度	分	度	分	度	分
○	二十六	五十七	二十五	四十四	二十四	三十六	二十三	三十三	二十二	三十四	二十一	三十九
十	二十六	四十五	二十五	三十二	二十四	二十五	二十三	三十三	二十二	二十五	二十一	三十
二十	二十六	三十二	二十五	二十一	二十四	十五	二十三	十三	二十二	十五	二十一	二十一
三十	二十六	二十	二十五	十	二十四	四	二十三	三	二十二	六	二十一	十三
四十	二十六	八	二十四	五十七	二十三	五十四	二十二	五十三	二十一	五十七	二十一	四
五十	二十五	五十六	二十四	四十七	二十三	五十三	二十二	四十四	二十一	四十八	二十	五十六
六十	二十五	四十四	二十四	三十六	二十三	三十三	二十二	三十四	二十一	三十九	二十	四十七
	六十五		六十四		六十三		六十二		六十一		六十	

直影日高之度													
日高之分因倒影		三十五		三十四		三十三		三十二		三十一		三十	
		表		表		表		表		表		表	
		分	度	分	度	分	度	分	度	分	度	分	度
	六十	八	十七	四十七	十七	二十九	十八	十二	十九	五十八	十九	四十七	二十
	五十	二	十七	四十一	十七	二十二	十八	五	十九	五十	十九	三十九	二十
	四十	五十六	十六	三十四	十七	十五	十八	五十七	十八	四十三	十九	三十一	二十
	三十	四十九	十六	二十八	十七	八	十八	五十	十八	三十五	十九	二十三	二十
	二十	四十三	十六	二十一	十七	一	十八	四十三	十八	二十七	十九	十四	二十
	十	三十六	十六	二十一	十七	一	十八	四十三	十八	二十七	十九	十四	二十
	○	三十一	十六	八	十七	四十七	十七	二十九	十八	十二	十九	五十八	十九
		五十四		五十五		五十六		五十七		五十八		五十九	
倒影日高之度													

日高之分因直影	三十六 表 度	三十六 表 分	三十七 表 度	三十七 表 分	三十八 表 度	三十八 表 分	三十九 表 度	三十九 表 分	四十 表 度	四十 表 分	四十一 表 度	四十一 表 分
○	十六	三十一	十五	五十五	十五	二十二	十四	四十九	十四	十八	十三	四十八
十	十六	二十五	十五	五十	十五	十六	十四	四十四	十四	十三	十三	四十三
二十	十六	十九	十五	四十四	十五	十一	十四	三十九	十四	八	十三	三十九
三十	十六	十三	十五	三十八	十五	五	十四	三十三	十四	三	十三	三十四
四十	十六	七	十五	三十三	十五	○	十四	二十八	十三	五十八	十三	二十九
五十	十六	一	十五	二十七	十四	五十四	十四	二十三	十三	五十三	十三	二十四
六十	十五	五十五	十五	二十二	十四	四十九	十四	十八	十三	四十八	十三	二十
	五十三		五十二		五十一		五十		四十九		四十八	

直影日高之度

日高之分因倒影	四十七		四十六		四十五		四十四		四十三		四十二	
	表		表		表		表		表		表	
	分	度	分	度	分	度	分	度	分	度	分	度
六十	十一	十一	三十五	十一	○	十二	二十六	十二	五十二	十二	二十	十三
五十	八	十一	三十一	十一	五十六	十一	二十一	十二	四十八	十二	十五	十三
四十	四	十一	二十七	十一	五十二	十一	十七	十二	四十三	十二	十	十三
三十	○	十一	二十三	十一	四十八	十一	十三	十二	三十九	十二	六	十三
二十	五十六	十	十九	十一	四十三	十一	八	十二	三十四	十二	一	十三
十	五十二	十	十五	十一	三十九	十一	四	十二	三十	十二	五十七	十二
○	四十八	十	十一	十一	三十五	十一	○	十二	二十六	十二	五十二	十二
	四十二		四十三		四十四		四十五		四十六		四十七	

倒影日高之度

日高之分因直影

	四十八		四十九		五十		五十一		五十二		五十三	
	表		表		表		表		表		表	
	度	分	度	分	度	分	度	分	度	分	度	分
○	十	四十八	十	二十六	十	四	九	四十二	九	二十三	九	三
十	十	四十五	十	二十二	十	一	九	四十	九	十九	八	五十九
二十	十	四十一	十	十九	九	五十七	九	三十六	九	十六	八	五十六
三十	十	三十七	十	十五	九	五十四	九	三十三	九	十二	八	五十三
四十	十	三十三	十	十一	九	五十	九	二十九	九	九	八	五十
五十	十	三十	十	八	九	四十七	九	二十六	九	六	八	四十六
六十	十	二十六	十	四	九	四十二	九	二十三	九	三	八	四十三
	四十一		四十		三十九		三十八		三十七		三十六	

直影日高之度

日高之分因倒影		五十九		五十八		五十七		五十六		五十五		五十四	
		表		表		表		表		表		表	
		分	度	分	度	分	度	分	度	分	度	分	度
	六十	十三	七	三十	七	四十八	七	六	八	二十四	八	四十三	八
	五十	十	七	二十七	七	四十五	七	三	八	二十一	八	四十	八
	四十	七	七	二十四	七	四十二	七	○	八	十八	八	三十七	八
	三十	四	七	二十一	七	三十九	七	五十七	七	十五	八	三十四	八
	二十	一	七	十八	七	三十九	七	五十四	七	十二	八	三十	八
	十	五十九	六	十五	七	三十三	七	五十一	七	九	八	二十七	八
	○	五十六	六	十三	七	三十	七	四十八	七	六	八	二十四	八
		三十		三十一		三十二		三十三		三十四		三十五	

倒影日高之度

日高之分因直影

			○	十	二十	三十	四十	五十	六十	
六十	表	度	六	六	六	六	六	六	六	二十九
		分	五十六	五十三	五十	四十七	四十五	四十三	三十九	
六十一	表	度	六	六	六	六	六	六	六	二十八
		分	三十九	三十六	三十四	三十一	二十八	二十六	二十三	
六十二	表	度	六	六	六	六	六	六	六	二十七
		分	二十三	二十	十七	十五	十二	十	七	
六十三	表	度	六	六	六	五	五	五	五	二十六
		分	七	四	二	五十九	五十六	五十四	五十一	
六十四	表	度	五	五	五	五	五	五	五	二十五
		分	五十一	四十九	四十六	四十三	四十一	三十八	三十六	
六十五	表	度	五	五	五	五	五	五	五	二十四
		分	三十六	三十三	三十一	二十八	二十六	二十三	二十一	

直影日高之度

日高之分因倒影	七十一		七十		六十九		六十八		六十七		六十六	
	表		表		表		表		表		表	
	分	度	分	度	分	度	分	度	分	度	分	度
六十	八	四	二十二	四	三十六	四	五十一	四	六	五	二十一	五
五十	五	四	二十	四	三十四	四	四十八	四	三	五	十八	五
四十	三	四	十九	四	三十二	四	四十六	四	一	五	十六	五
三十	一	四	十五	四	三十	四	四十四	四	五十六	四	十三	五
二十	五十九	三	十三	四	二十七	四	四十一	四	五十六	四	十一	五
十	五十六	三	十	四	二十四	四	三十九	四	五十三	四	八	五
○	五十四	三	八	四	二十二	四	二十六	四	五十一	四	六	五
	十八		十九		二十		二十一		二十二		二十三	

倒影日高之度

日高之分因直影	七十二表 度	七十二表 分	七十三表 度	七十三表 分	七十四表 度	七十四表 分	七十五表 度	七十五表 分	七十六表 度	七十六表 分	七十七表 度	七十七表 分
○	三	五十四	三	四十	三	二十六	三	十三	三	○	二	四十六
十	三	五十一	三	三十八	三	二十四	三	十一	二	五十七	二	四十四
二十	三	四十九	三	三十六	三	二十二	三	八	二	五十五	二	四十二
三十	三	四十七	三	三十三	三	二十	三	六	二	五十三	二	四十
四十	三	四十五	三	三十一	三	十七	三	四	二	五十一	二	三十七
五十	三	四十二	三	二十九	三	十五	三	三	二	四十八	二	三十五
六十	三	四十	三	二十六	三	十三	三	○	二	四十六	二	三十三
	十七		十六		十五		十四		十三		十二	

直影日高之度

日高之分因倒影	八十三		八十二		八十一		八十		七十九		七十八	
	表		表		表		表		表		表	
	分	度	分	度	分	度	分	度	分	度	分	度
六十	二十八	一	四十一	一	五十四	一	七	二	二十	二	三十三	二
五十	二十六	一	三十九	一	五十二	一	五	二	十八	二	三十一	二
四十	二十四	一	三十七	一	五十	一	三	二	十六	二	二十九	二
三十	二十二	一	三十五	一	四十七	一	○	二	十三	二	二十六	二
二十	二十	一	三十三	一	四十五	一	五十八	一	十一	二	二十四	二
十	十八	一	三十一	一	四十三	一	五十六	一	九	二	二十二	二
○	十六	一	二十八	一	四十一	一	五十四	一	七	二	二十	二
	六		七		八		九		十		十一	

倒影日高之度

直影日高之度

日高之分因倒影	八十九		八十八		八十七		八十六		八十五		八十四			日高之分因直影
	表		表		表		表		表		表			
	分	度	分	度	分	度	分	度	分	度	分	度		
	十三	○	二十五	○	三十八	○	五十	○	三	一	十六	一	○	
	十	○	二十三	○	三十六	○	四十八	○	三	一	十四	一	十	
	八	○	二十一	○	三十四	○	四十六	○	五十九	○	十一	一	二十	
	六	○	十九	○	三十一	○	四十四	○	五十七	○	九	一	三十	
	四	○	十七	○	二十九	○	四十二	○	五十五	○	七	一	四十	
	一	○	十五	○	二十七	○	四十	○	五十二	○	五	一	五十	
	○	○	十三	○	二十五	○	三十八	○	五十	○	三	一	六十	
	○		一		二		三		四		五			

倒影日高之度

用日高度分、直影、倒影短長立算

右各圖，皆以直影、倒影長短立算，而得日高度分，最上、最下各横書一行，日高之度也。上行順算，自一度至九十度，用之，因直影度分，而得日高之度；下行逆算，自九十度起算至一度，用之，因倒影度分而得日高之度。盡左盡右，直書各一行，日高之分也，右行，從上起算，自一分至六十分，用之，因直影而得日高之分；左行，從下起算，自一分至六十分，用之，因倒影而得日高之分。假如立竪表取直影，若量其長，得表之五十五度四十分，欲知此時日軌高幾何度分，檢取圖中表影度分下，五十五度四十分所在，即直視本行最上，得十二度，横視右行相對，得一十分，是爲日軌高一十二度一十缺分也。若立横表取倒影，而得表之長五十五度四十分，即下行，日高得七十七度，左行相對得五十分，是爲日高七十七度五十分也。

分表之法

凡立表取影，先定表長，以表之長，任意平分爲若干度，右圖，表度十有二，故今以十二爲法，分表爲十二平分，以十二平分之一爲度，每度更六十平分之，共得七百二十分。表長無定度，愈長影則愈準。

立表之法

凡立表，必作垂綫於平面，而與爲直角，表偏其端，則下而影短，立法若表長一尺，法以內則以表之位爲心，從心作一圈，任意大小，次三平分圈界，作三立表於圈心，用規從界之一點，量至表端爲度，用此度量第二、三點，皆至表端，則表正矣。一不至表端者，改之，若表長數尺，至數丈者，或四面八面各懸垂綫正之，如《周禮》八繩附臬之法。

試如上圖，甲爲表位，以甲爲心，作丙丁戊三平分圈界，作丙丁戊三點，用規從丙界點，量向表端得度，用元度從丁、從戊，量至表端皆等，則表正也。

用法

第一，隨地隨時測日軌高幾何度分。

凡測候者，欲定時成歲也。定歲之最急者，爲隨地隨時測日軌高度分，以知二至之日時刻分。西儒多習曆造器，以測日高，其法甚衆，立表是其一法，特爲簡便焉。欲以直影測日高，依法立表，承日取影，視表影於平面所至，依表之度分，量其長，既得影長，爲表之幾何度分，檢上圖，得所求。假如立表取影，以表之度分量影長，得四十三度十六分，檢上圖，表影度分下四十三度十六分所在，此爲直影，視上行日高度，得十五，視右行日高分，得三十，是日軌高於地平一十五度三十缺分也缺。倒影測驗亦如之。但檢圖當視下行日高度，左行日高分耳。

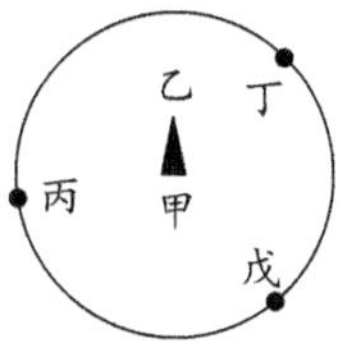

第二，隨地隨時測午正初刻，測本日日軌最高度分，及定方面正法。

日輪自出地平，至午正時，漸近子午綫而上，過午正，漸近地平而下，故日輪出地，最高之度爲午正初刻。欲得午正初刻，測本日何時太陽至子午綫上，及日行所至最高之度，即是也。依上法，立表取影，若直影者，日軌漸上，直影漸消，日軌漸下，直影漸長，故表影甚消之時，即日軌最高之度。視表影消極長初，即得午正初刻。

立表取影，測午正初刻，先於午前數刻，視表影之末點識之，次用日晷，或任意視影，每過一刻或半刻許，俱如前累識之，若累短者，法所謂影消，爲日升，爲午前也。復依前法累識之，至表影得累長，法所謂影長，爲日降，爲午後也。次檢表影識，識中最短者，得本日午正初刻，依法量其長，即得本日日軌最高度分。又自表位至影末，作綫，即得本地子午綫，依子午作垂綫，得天元卯酉，爲定方面之正法。

第三，隨地隨日測南北極出入地幾何度分。

南北極出入，隨地不同，曆家測驗，先須得此，不然，即晝夜長短，日月出入躔度、高下、交食分數，悉不可考，悉不可論，故元太史郭守敬分道測驗，以爲曆準，然周行四極，輶軒錯出，而所得止二十七處，意其爲術，亦大艱難矣。今用此法，但是人跡所至，都會郡邑，一測便得，不勞餘力矣。

依第二法，立表測得本地午正初刻，日軌高幾何度分。次求本日日躔距赤道幾何度分，次視日躔赤道南北，算之。若日躔赤道南，則以距度加高度，得赤道至地平之高，以赤道高減周天象限度，即得赤道離天頂度，亦即本極出地度。日躔赤道北，則以距度減高度，如法算之，亦得本極出地度分。

假如順天府於天正春分日，依第二法，立表測午正初刻，測得日軌高五十度，又依距度，得本日日躔黄赤道之交，無距度，即赤道高於地平五十度，減周天象限九十度，得四十度，即赤道離天頂度也。南北極出入地，其度分與赤道離天頂同，故北極出地亦四十度。又霜降日，日躔赤道南，是日午正初刻，測得日軌高三十八度三十分，次依距度得十一度三十分，以加日軌高三十八度三十分，亦得赤道高於地平五十度，如上法，算得北極出地四十度。又立夏日，日躔赤道北，是日午正初刻，測得日軌高六十六度四十分，次依距度，得十六度四十分，以減日軌高六十六度四十分，亦得赤道高五十度，如上法，算得北極出地四十度。

第四，隨地測節氣定日。

二十四節氣者，黄道二十四平分也。日循黄道，自西而東，每日約行一度，歲行一周，行至黄赤二道之交，爲天元春秋分，離南離北去赤道，各二十三度半强，是二道相距甚遠之處，爲冬夏至。曆家分黄道作四大限，曰春、秋、冬、夏日。自春分東陸至夏至北陸，爲九十日有奇，六平分爲六節氣，每節氣得十五日有奇，曰春分、清明、穀雨、立夏、小滿、芒種。自夏至北陸，至秋分西陸，亦九十日有奇，六平分爲六節氣，曰夏至、小暑、大暑、立秋、處暑、白露。自秋分西陸，至冬至南陸，亦如之，爲六節氣，曰秋分、寒露、霜降、立冬、小雪、大雪。自冬至南陸，至春分東陸，亦如之爲六節氣，曰冬至、小寒、大寒、立春、雨水、驚蟄，共二十四節氣，爲黄道二十四平分，故曰節氣者，黄道平分也。諸節氣距赤道南北遠近，每相反相對者，度分皆同，故得六距度，即得二十四距度，第其高下，距地平不同，故諸節氣各有測驗本法焉。欲用此法，又先用各距赤道幾何度分，及本地北極度分。故具列二圖如左。

假如順天府北極出地四十度，欲知夏至高於地平度分，當以本日日距赤道二十三度半强，求之。凡北極出地度分，與赤道離天頂度分等，即順天府赤道南離天頂四十度，又自地平至天頂恒爲九十度，今赤道離天頂南四十度，其至地平必五十度，即赤道高於地平五十度，而夏至日躔赤道北上二十三度半强，以加五十度，得七十三度半强，爲夏至日午正日高於地平度分也。日高七十三度半强，即表影長，得表之三度三十三分，故夏至前後各二三日，每日立表取影，視某日午正表影長，得表之三度三十三分，爲夏至。

冬至日在南距赤道二十三度半强，以減五十度，爲赤道高於地平二十六度半弱，即冬至日午正日軌高於地平也。依法得是日表影長，得表之二十四度〇四分，若冬至前後各二三日，立表取影，視某日午正表影長，得表之二十四度〇四分，爲冬至。

春秋分爲黄赤二道之交，無距度，正得赤道高於地平五十度，無加減，日軌高亦五十度，表影長，得表之十度〇四分，春秋分前後各幾日，立表取影，視其日午正表影，得表之十度

○四分，爲春秋分也。

凡黄道南北諸節氣相反相對者，算法並同。節氣在北，即自春至秋分，加其距度分於赤道高度分，得各節氣高於地平度分；節氣在南，即自秋至春分，減其距度分於赤道高度分，亦得各節氣高於地平度分。以其高于地平度分，依法測表影長短，得各節氣本日。

每節氣本所及離赤道度分圖

春分日軌出赤道南，入赤道北，當二道之交，無距度分，本地赤道高於地平度分，即日高度分，其宫爲白羊之初，無加減。

清明距赤道北六度十九分，其宫爲白羊之中加。

穀雨距赤道北十一度三十分，其宫爲金牛之初加。

立夏距赤道北十六度四十分，其宫爲金牛之中加。

小滿距赤道北二十度十二分，其宫爲雙昆之初加。

芒種距赤道北二十二度四十六分，其宫爲雙昆之中加。

夏至距赤道北二十三度半强，其宫爲巨蟹之初加。

小暑距赤道北二十二度四十六分，其宫爲巨蟹之中加。

大暑距赤道北二十度十二分，其宫爲獅子之初加。

立秋距赤道北十六度四十分，其宫爲獅子之中加。
處暑距赤道北十一度三十分，其宫爲室女之初加。
白露距赤道北六度十九分，其宫爲室女之中加。
秋分日軌出赤道北，入赤道南，當二道之交，無距度分，本地赤道高於地平度分，即日高度分，其宫爲大稱之初，無加減。
寒露距赤道南六度十九分，其宫爲天稱之中減。
霜降距赤道南十一度三十分，其宫爲天蝎之初減。
立冬距赤道南十六度四十分，其宫爲天蝎之中減。
小雪距赤道南二十度十二分，其宫爲人馬之初減。
大雪距赤道南二十二度四十六分，其宫爲人馬之中減。
冬至距赤道南二十三度半强，其宫爲磨羯之初減。
小寒距赤道南二十二度四十六分，其宫爲磨羯之中減。
大寒距赤道南二十度十二分，其宫爲寶瓶之初減。
立春距赤道南十六度四十分，其宫爲寶瓶之中減。
雨水距赤道南十一度三十分，其宫爲雙魚之初減。
驚蟄距赤道南六度十九分，其宫爲雙魚之中減。

北極出地度數及春秋分冬夏至表影度分（表格）

	春秋分		夏至		冬至	
北京 四十強	十度	四分	三度	三十三分	二十四度	四分
南京 三十二半	七度	三十九分	一度	五十四分	十七度	四十七分
山東 三十七	九度	三分	二度	五十三分	二十一度	十三分
山西 三十八	九度	二十三分	三度	六分	二十二度	六分
陝西 三十六	八度	四十三分	二度	四十分	二十度	二十三分
河南 三十五	八度	二十四分	二度	二十六分	十九度	三十五分
浙江 三十	六度	五十六分	一度	二十二分	十六度	十三分

貴州 二十四	五度二十一分	○六分	十三度六分
云南 二十二	四度五十一分	○十九分	十二度十三分
廣西 二十五	五度三十六分	○十九分	十三度三十四分
福建 二十六	五度五十一分	○三十一分	十四度三分
廣東 二十三	五度六分	○六分	十二度三十九分
四川 二十九	六度四十七分	一度十六分	十五度五十五分
湖廣 三十一	七度十三分	一度三十五分	十六度四十九分
江西 二十九	六度三十九分	一度九分	十五度三十八分

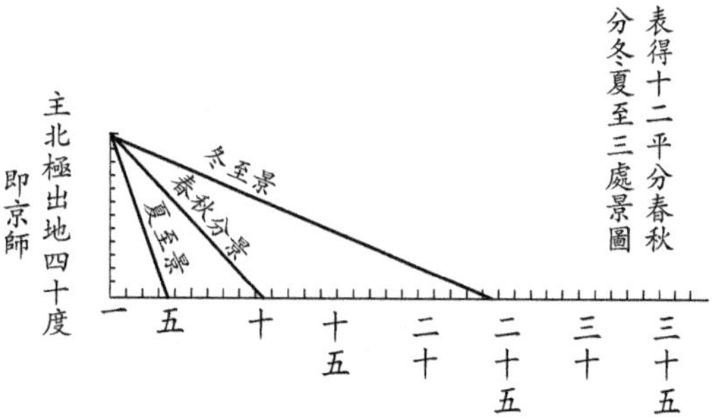

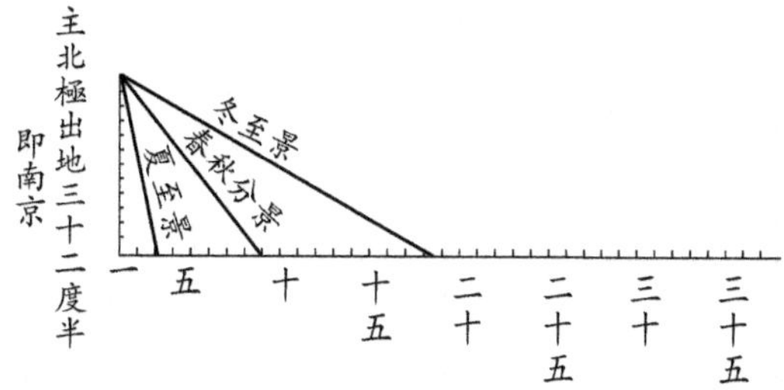

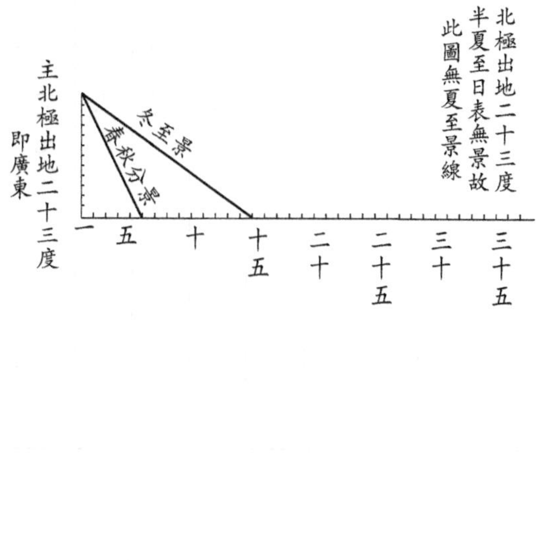

右北極出地度數，止南北二京及江西、廣東，已嘗測驗無疑，其餘據地圖，約量之，其確與否，未能明也。又北極出地，每二百五十里差一度，一省之中各郡邑，各有本地度數，故諸方測驗者，須先定本地北極出地度分，方能行測。

凡用右二圖，當先知測驗法，測驗之理，略有數端。其一曰，自地平至天頂爲九十度，其二曰，南北極不出入地者，其赤道正爲天頂，若北極出地，南極入地，其度分與赤道南離天頂同也；北極入地，南極出地，其度分亦與赤道北離天頂同也。其三曰，北極出地度分，以減地平至天頂九十度，即赤道高於地平度分。其四曰，欲以表影測節氣本日，先考節氣高於地平度分。其五曰，節氣在赤道北，爲在赤道上，而遠於地平，欲得幾何度分，當加其距赤道度分，於赤道離地平度分。節氣在赤道南，爲在赤道下，而近於地平，欲得幾何度分，當減其距赤道度分，於赤道離地平度分。

第五，依表之度分、物影之長得物之高。

日軌在四十五度，直影、倒影皆與表等，故物在地平之影，與物之高亦等。在四十五度以下，直影大於表，則物之影必大於物之高；在四十五度以上，直影小於表，則物之影亦小於物之高，故量其影長，即得其物高。試如依第一法，測得日高度分，以表之影度分，便得物在地平之影度分，所據物影之度分，及表度分推算，便得物高度分。

假如依第一法，量得日高四十五度，此際量物影之長，或山岳之影，或樓臺之影，或樹木之影，其影或長三丈，據上法，日高四十五度，物在地平之影與其物之高等，是物之高亦三丈，不可疑矣。次若日高三十度，物影之長五丈，據上法日在四十五度以下，物影多於物之高，減其多，必得其物之高也。次檢前圖，日高三十度之影，係二十度四十七分，內減表度十二，餘八度四十七分，爲餘影。今取五丈之影，亦分作二十度四十七分，截去餘高八度四十七分，而其餘，即物之高也。若日高五十度，物影長二丈者，據上法，日在四十五度以上，影短於物，當用加法，查前圖影，得十度四分，較表度十二，不足一度五十六分，即以二丈之影分，作十度四分，外補一度五十六分，得物之高，餘倣此。

第六，日晷。

日晷者，定時之器也。凡定時刻，皆憑表影，故造晷者，先明表影之法。日晷定時，凡數百種，其理甚廣，別有成書，今因表影及之，止就用影而造者略說一二器耳。先論其理，略有數端。

其一曰，表影與日躔平行，日出地而上，或過午時而下，每行三度四十五分得一刻，行三十度得一時，表影亦然，一長一消，具有定度，因其定度，則可定時，每日行三度四十五分，而檢其表長，定刻也。每日行三十度，而檢其表長，則定時也。午前則檢其直影之消，倒影之長，午後則檢其直影之長，倒影之消也。

其二曰，日愈高，直影愈短，倒影愈長，日之升於地平，隨地各異，表影之長在地面，亦隨地各異也。所以然者，日之高下於本地平，隨南北極出入高下也，南北極之出入於本地平，其高下也，亦隨地各異也。

其三曰，赤道離天頂，各與其極出地度分等。如北極出地三十度，赤道離天頂亦三十度，而高於地平六十度。蓋地平於天頂，恒爲九十度故。北極出地四十度，赤道離天頂亦四十度，而高於地平五十度，是故二分之日，日躔赤道，而測午正初刻。若本地所得北極出地三十度，測即日躔高六十度，本地所得北極出地四十度，即日躔高五十度，是知午正初刻，日高於地平，隨地各異也。

其四曰，日躔赤道高于地平，既隨地各異，即過此而躔赤道北或南，其高其下，亦隨地各異也。故夏至測午正初刻，本地所得北極出地三十度，即日高八十三度半强，若所得北極出地四十度，即日高七十三度半强也。冬至亦然。諸節氣亦然。

其五曰，午正初刻之日軌高，既隨地隨節氣各異，即諸時諸刻之日軌高，亦隨地各異也。假如二分日，日躔赤道或南或北，測量巳未二時，其本處爲北極出地三十度，即日軌高於地平六十二度。若北極出地四十度，即日軌高五十九度。諸時諸刻亦然，是其表影，亦隨日軌高下而得長消，故日軌高下隨地、隨節氣、隨時刻各異，表影長短亦隨地、隨節氣、隨時刻各異也。故以表影測時刻，當先得本地及本節氣每時每刻日軌高幾何度分也。

其六曰，既得每時每刻日軌高度分，即可用表影定時刻也。假如順天府北極出地四十度，夏至初日巳未二時，日軌高於地平五十九度，即直影長得表之七度十三分，倒影長得表之十九度五十八分，立表取直影，候至影長七度十三分，即巳未時也。若取倒影，候至影長十九度五十八分，亦巳未時也。其餘時刻，推此類焉。求各處各節氣每時每刻日軌高度分，具見簡平儀説。今舉一二處爲例如左。

造柱晷

造圓柱晷法，用堅木或銅，作圜體如柱，任意大小長短，其圜必中規而上下等，次於兩端之圈界各十三，平分之，依所分各界，兩兩相對作直綫，俱平行，各綫與柱體亦平行，柱體之周爲十三，直綫皆平行相等，每綫直二節氣，惟夏、冬二至各得一綫，名爲二十四節氣綫。即任取一綫爲冬至，次右二曰小寒、大雪，右三曰大寒、小雪，右四曰立春、立冬，右五曰雨水、霜降，右六曰驚蟄、寒露，右七曰春分、秋分，右八曰清明、白露，右九曰穀雨、處暑，右十曰立夏、立秋，右十一曰小滿、大暑，右十二曰芒種、小暑，右十三曰夏至。次作表，表長短無定度，約柱之長短而定，其度既得，其長依前分表法，十二平分之，爲表度，每度六十平分之，凡十二度七百二十分。若表體小者，每度六平分之，次依上圖，視每節氣、每時刻表影長短幾何度分，而移之柱晷之節氣本綫，即得各時刻。

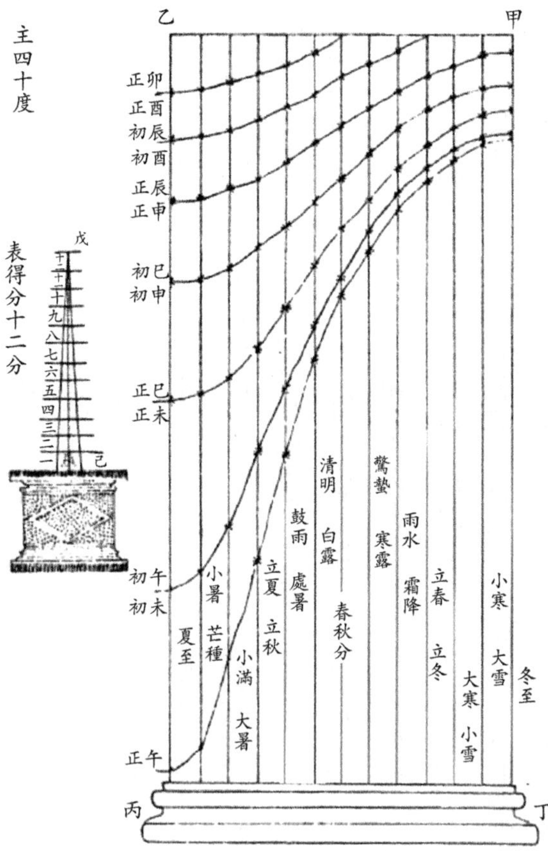

假如甲乙丙丁爲圜柱，其甲乙等附柱十三直綫，則二十四節氣綫也。戊己表度十二平分也。若於夏至綫欲定午正，檢上圖，夏至倒影於午正，得表之四十度三十一分，即規取戊己表之四十度三十一分，於柱之夏至綫上，自乙向丙移量之，得午正初刻也。午初、未初倒影，得三十度二十八分亦如之，諸時諸節氣俱如之。

安表之法

晷之上端爲樞，表體之長，信其度長爲空，於餘表而入之樞。令表之度皆在晷體之外也。表之末與樞之心爲一直綫，用時以晷與表各展轉，就日而測之。

用法

視本日爲某節氣第幾日，轉表，加於晷端界第幾日上。次轉晷，承日影。令表影與節氣綫平行，視表末所至得時刻。造方晷以倒影，其法同也，其節氣綫以分黄道法爲疏密。度略見《簡平儀説》。

用直影造圜晷及方晷，其法並同，但表爲立體，晷體則横安之。

北极出地四十度，每节气每时直影倒影度分		午正 直影 度	午正 直影 分	午正 倒影 度	午正 倒影 分	午初 直影 度	午初 直影 分	未初 倒影 度	未初 倒影 分	巳正 直影 度	巳正 直影 分	未正 倒影 度	未正 倒影 分
夏至		三	三十二	四十	三十一	四	四十四	三十	二十八	七	十三	十九	五十六
芒種	小暑	三	四十二	三十九	十五	四	五十一	二十九	四十二	七	二十一	十九	四十三
小满	大暑	四	十五	三十三	五十三	五	二十	二十六	五十七	七	四十	十八	三十
立夏	立秋	五	六	二十八	十六	六	二十三	二十二	三十四	八	二十四	十七	八
谷雨	处暑	六	二十三	二十二	三十四	七	二十一	十九	三十五	九	二十三	十四	四十九
清明	白露	八	六	十七	四十七	九	三	十五	五十五	十一	二十三	十二	二十六
春分	秋分	十	四	十四	十八	十一	○	十三	六	十三	三十四	十	三十七
惊蛰	寒露	十二	二十六	十一	三十五	十三	二十	十	四十八	十六	十三	八	五十三
雨水	霜降	十五	五	九	三十三	十六	三十一	八	四十三	十九	五十八	七	十三
立春	立冬	十七	四十七	八	六	十九	五十八	七	十三	二十三	三十三	六	七
大寒	小雪	二十	四十七	六	五十六	二十三	三	六	十五	二十八	十六	五	六
小寒	大雪	二十三	三十	六	○	二十五	十	五	三十六	三十一	六	四	十二
冬至		二十四	四	五	五十九	二十六	二十	五	二十八	二十二	五十八	四	○

酉		卯		酉		辰		申		辰		申		巳	
正				初				正				初			
倒影		直影		倒影		直影		倒影		直影		倒影		直影	
分	度	分	度	分	分	度	分	度	度	分	度	分	度	分	度
六	三	二十四	四十六	四十三	五	十	二十九	三	九	五十	十五	三十四	十三	三十七	十
	三	八	四十八	三十	五	五十	二十五		九	七	十六	二十	十三	五十	十
三十三	二	八	五十四	二十	五	五十七	二十六	二十四	八	五十	十六	五十二	十二	十一	十一
七	二	三	六十八	三十六	四	十六	三十一	四十八	七	二十九	十八	三十五	十一	十三	十二
三十五	一	○	九十一	一	四	五十二	三十五	五十六	六	四十七	二十	二十六	十	四十八	十三
五十	○	三十七	一百七十一	十三	三	四十七	四十四	五十一	五	三十六	二十四	三	九	五十五	十五
				一十	二	四十四	六十一	五十一	四	四十二	二十九	四十八	七	二十九	十八
				三十五	一	九	九十一	五十四	三	五十六	三十六	二十三	六	三十四	二十二
				五十	○	三十七	一百七十一	○	三	八	四十八	六	五	十六	二十八
								十三	二	五十五	六十四	八	四	五十一	三十四
								四十五	一	○	八十七	二十六	三	五十一	四十一
								十六	一	十一	一百十四	○	三	八	四十六
								九	一	三十八	一百十四	五	二	○	四十八

北极出地三十二度，每节气每时直影倒影度分		午				午		未		巳		未	
		正				初				正			
		直影		倒影		直影		倒影		直影		倒影	
		度	分	度	分	度	分	度	分	度	分	度	分
夏至		一	四十	八十	○	三	四十	三十九	○	六	二十	二十二	○
小暑	小暑	一	五十	八十五	十	三	五十	三十八	十	六	四十	二十一	四十
大暑	大暑	二	二十	五十八	四十	四	○	三十六	○	七	○	二十	四十
立秋	立秋	三	十	四十四	五十	四	四十	三十	二十	七	三十	十九	二十
处暑	处暑	四	十	三十一	○	五	三十	二十五	三十	八	二十	十七	三十
白露	白露	五	五十	二十四	五十	六	五十	二十一	○	九	三十	十五	二十
秋分	秋分	七	二十	十九	十	八	三十	十六	四十	十一	十	十二	五十
寒露	寒露	九	三十	十五	十	十	二十	十三	四十	十三	○	十一	○
霜降	霜降	十一	二十	十二	三十	十二	四十	十一	二十	十五	二十	九	十
立冬	立冬	十三	二十	十	四十	十四	十	九	四十	十八	三十	七	五十
小雪	小雪	十五	二十	九	十	十六	五十	八	三十	二十	四十	六	五十
大雪	大雪	十七	○	八	三十	十八	三十	七	四十	二十三	十	六	十
冬至		十七	二十	八	十	十九	十	七	二十	二十三	四十	六	○

酉		卯		酉		辰		申		辰		申		巳	
正				初				正				初			
倒影		直影		倒影		直影		倒影		直影		倒影		直影	
分	度	分	度	分	分	度	分	度	度	分	度	分	度	分	度
十	二	○	五十六	二十	五	○	二十七	○	九	○	十六	五十	十二	二十	十
二十	二	○	五十九	十	五	三十	二十七	五十	八	二十	十六	四十	十三	三十	十
十	二	○	五十九	十	五	三十	二十七	五十	八	○	十七	二十	十三	五十	十
五十	一	○	八十	三十	四	四十	三十一	○	八	○	十八	三十	十二	三十	十一
二十	一	○	一百八	○	四	○	三十五	十	七	○	十九	三十	十一	二十	十二
				二十	三	○	四十三	二十	六	十	二十	十	十	○	十四
								三十	五	○	二十六	○	九	○	十六
								三十	四	○	三十一	四十	七	五十	十八
								五十	三	○	二十八	三十	六	一十	二十二
								十	三	○	四十六	三十	五	五十	二十九
								二十	二	○	五十七	五十	四	四十	二十九
								十	二	○	六十四	二十	四	○	三十三
								○	二	○	七十	○	四	十	三十四

北极出地三十度，每节气每时直影倒影度分	午				午		未		巳		未	
	正				初				正			
	直影		倒影		直影		倒影		直影		倒影	
	度	分	度	分	度	分	度	分	度	分	度	分
夏至	一	二十	一百五	十	三	三十五	四十	○	六	二十五	二十二	五十
小暑 小暑	一	三十	九十五	○	三	四十	三十九	十	六	三十五	二十二	○
大暑 大暑	二	○	七十一	○	三	五十五	三十六	五十	六	四十五	二十一	三十
立秋 立秋	二	五十	五十一	十	四	二十五	三十二	四十	七	十	二十	○
处暑 处暑	四	○	三十六	四十	五	十五	二十七	二十	八	○	十八	五
白露 白露	五	十	二十七	十	六	二十五	二十二	五十	九	五	十六	○
秋分 秋分	六	五十	二十	四十	八	五	十七	四十	十	四十	十三	二十五
寒露 寒露	八	四十	十六	三十	九	五十五	十四	三十	十二	三十	十一	三十五
霜降 霜降	十	三十	十三	三十	十二	○	十二	○	十四	五十	九	四十五
立冬 立冬	十二	三十	十一	三十	十四	○	十	二十	十七	五	八	二十五
小雪 小雪	十四	二十	十	○	十六	○	九	五	二十	○	七	十
大雪 大雪	十五	五十	九	十	十七	二十五	八	十五	二十一	四十	六	二十
冬至	十六	十	八	五十	十八	○	八	○	二十二	二十	六	五十

酉	卯	酉	辰	申	辰	申	巳								
正		初		正		初									
倒影		直影		倒影		直影		倒影		直影		倒影		直影	
分	度	分	度	分	分	度	分	度	度	分	度	分	度	分	度
二十五	二	○	六十	十	五	五十	二十七	五十	八	十	十六	五十	十三	二十	十
十五	二	○	六十二	○	五	十五	二十八	四十	八	三十	十六	四十	十三	三十	十
五	二	○	六十八	五十	四	四十	二十九	二十五	八	五	十七	二十	十三	五十	十
四十	一	○	八十五	三十	四	五	三十二	○	八	○	十八	四十	十二	二十	十一
十五	一	○	一百十四	五十五	三	三十	三十六	十五	七	五十	十九	三十五	十一	二十五	十二
				三十	三	二十	四十二	二十	六	○	二十二	二十五	十	四十五	十三
				四十五	二	○	五十二	三十五	五	四十	二十五	十	九	四十	十五
				五	二	○	六十八	四十	四	三十	三十	○	八	五	十六
				三十	一	○	九十七	○	四	四十	三十六	四十五	六	十	二十一
								三十	三	○	四十三	五十	五	三十五	二十四
								四十五	二	○	五十二	五	五	十五	二十八
								二十五	二	○	五十九	四十	四	○	三十一
								十五	二	○	六十二	三十	四	四十	三十一

《測天約説》提要

陳亞君　鄧可卉

《測天約説》作爲介紹西方天體測量學的理論簡説，是大型曆算叢書《崇禎曆書》中的基礎文獻。該書涉及西方的數學、視學、球面天文學、天體測量學的相關理論，在《崇禎曆書》中佔有重要的地位，爲西學的傳播做出了貢獻。

一、歷史背景

十六、十七世紀歐洲的主流天文學思想是亞里士多德的經院主義。代表「地心説」的亞里士多德、托勒密等天文學思想和著作被作爲權威而反復印證①。與此同時也有其他一些先驅者尋求新的假説、方法。一五四三年，代表著「日心説」的哥白尼的巨著《天體運行論》出版。一五八八年，第谷公開發表了「地日心説」宇宙體系。在這一體系中，月、日、恒星都以地球爲中心旋轉，但五大行星卻是繞太陽旋轉的。這是一種調和新舊體系的折中方案。但是，第谷並没有完成以這個宇宙體系爲基礎的數學天文學理論便去世了。若干年以後，開普勒利用第谷多年的觀測數據，不斷完善、擴充哥白尼的理論，於一六〇四年出版巨著《新天文

① 崔瑞德，牟複禮编：《劍橋中國明代史（一三六八—一六四四年下卷）》，中國社會科學出版社二〇〇七年版，七五七頁。

學》。該書首次發表了著名的開普勒第一、第二定律。這些新的學説雖然在不斷成長，但尚未被當時的主流思想所認同，並且其理論範式有待完善，觀測事實有待證明。直到一八三八年，貝塞爾發現了周年視差，「日心説」纔宣告取得最後的勝利。

總體而言，當時歐洲天文學界呈現出的狀態是：「地心説」與「日心説」並立，托勒密(包括亞里士多德)、哥白尼、第谷、隆哥蒙塔奴斯和開普勒五家宇宙學説衆口喧騰①。不僅如此，天文學革命還引發了宗教紛争，哥白尼的學説就遭到了宗教領袖的排擠和打壓。「日心説」威脅著基督教徒對萬能上帝的信仰，動摇著基督教神職人員的神聖地位。因此，一六一五年，教廷公開禁止了哥白尼學説的傳播。

明王朝長期沿用明初頒佈的大統曆，從元朝開始行用的《授時曆》三百多年未有修訂，誤差日益明顯。因明初有嚴禁民間私習曆法的禁令，斬斷了民間天文學愛好者研究傳授的道路，使得這時的曆法幾乎成爲絶學。官方的天文機構司天監的官員們即便發現錯誤，但也無力修改。與此同時，耶穌會士帶來的西方天文曆法知識又與中國古代天文曆法體系存在不合甚至矛盾，西方的宇宙模型更受到一些守舊勢力的懷疑和反對。西方天文曆法知識作爲「外夷之曆學」，遭遇了强力阻擊。據記載，明神宗屢次駁回了參用西法改曆的請求。

① 杜昇雲，崔振華，苗永寬等主編：《中國古代天文學的轉軌與近代天文學》，中國科學技術出版社二〇一三年版，四七頁。

一六二九年六月廿一日，司天監的日食預報又出現錯誤。而此時，徐光啟在耶穌會士的幫助下，依西法預推的日食時刻符合天象。爲此，剛登上皇位的崇禎帝終於下定決心，在同年的七月，命徐光啟督修曆法。

徐光啟深知，西方天文學的許多內容是中國「古所未聞」的，「惟西曆有之。而舍此數法，則交食淩犯，終無密合之理」[①]，所以改曆「宜取其法，參互考訂，使與大統法會同歸一」[②]。於是，他制定了一個以西法爲基礎的改曆方案，這體現了他的「會通中西」的思想。在他領導下，曆局從翻譯西方天文學資料起步，力圖系統地和全面地引進西方天文學的成就，當時還聘用了義大利龍華民（Nicolas Longobardi，一五五九—一六五四）、羅雅谷（Jacques Rho，一五九三—一六三八），瑞士鄧玉函（Jean Terrenz，一五七六—一六三〇），德國湯若望（Jean Adam Schall von Bell，一五九一—一六六六）等人，與曆局的中國天文學家一道譯書，編譯或節譯托勒密（Ptolemy，八五?—一六五）、哥白尼（N. Copernicus，一四七三—一五四三）、第谷（Tycho Brach，一五四六—一六〇一）、伽利略（Galileo Galilei，一五四六—一六四二）、開普勒（J. Kepler，一五七一—一六三〇）等歐洲著名天文學家的著作。

徐光啟上疏初始，提出改曆的「會通以求超勝」的目的，《測天約說》作爲第一批進呈的書，是《崇禎曆書》的數學天文學理論和計算方法的基礎。另外，徐光啟在領導曆局改革的

---

①② 《明史》卷三一《曆志一》。

初步安排和構想中，提出了「度數旁通十事」，强調了數學的重要性。有關的中、西編撰人員是瞭解並熟悉這些改曆意圖的。

九月，曆局正式成立，並邀請龍華民、鄧玉函兩位耶穌會士協助徐光啟，開始了參用西法修曆的工作。徐光啟在制曆疏中明確提出：「欲求超勝，必先會通，會通之前，必須翻譯」。可見，在翻譯西書中，要首先會通中西，其大要就是「修改必須參西法而用之，以彼條款，就我名義」；體現在對天文學概念、理論的融會貫通，以西法的理論解釋和傳播天文學的概念。在會通之後，必然達到超勝西方天文學的目的，這在《測天約説》的編撰及主要內容中反映出來。

二、作者簡介

鄧玉函，字涵璞，一五七六年生於德國錫格馬林根西北部的賓根。鄧玉函在來華之前即以醫學家、哲學家、數學家的身份聞名於德國，他在植物學、礦物學、機械學諸科也無不精通。他熟悉近代早期歐洲的大部分學科的知識，並因此成爲向中國知識精英傳播西方科學的一位重要人物。鄧玉函極具語言天才，除了能熟練使用法語、英語、葡萄牙語外，還通曉希伯來語、迦勒底語、希臘語和拉丁語。一六一一年，羅馬成立教廷科學院之前，鄧玉函和伽利略同爲其前身即猞猁學院院士。同年秋季，鄧玉函加入了耶穌會，伽利略爲之惋惜。一六一四年中國傳教團的代表金尼閣（一五七七—一六二八）從中國返回羅馬，招募新的傳教士，募集資金和圖書，鄧玉函在這年末見到了金尼閣，並決定加入中國傳教團。

爲了準備中國之行，鄧玉函在一六一五年至一六一七年遊歷了歐洲主要學術中心。他還協助金尼閣在歐洲募集圖書，設法把哥白尼的《天體運行論》、開普勒的《哥白尼天文學概要》以及伽利略的著作帶到中國來。他深知日月食預報在中國的重要性，進一步謀劃在觀測日月食方面得到伽利略的幫助，因爲他認爲伽利略的方法比第谷的更精確。

鄧玉函勤於科學實踐。在其旅行日記中記載了他長期考察的科學內容。他於一六一九年到達澳門，停留兩年期間他投入到中文緊張學習中，後在嘉定也學習了中文，一六二一年他到達廣東，不久到達杭州，在杭州完成了《泰西人身説概》（一六二三年），首次將西方解剖學知識介紹到中國，此後聲名遠播，爲明朝廷所知。一六二三年底，鄧玉函終於奉命進入北京。他在北京期間，熱衷於機械製造的中國學者王徵（一五七一—一六四四年）也來到北京等待候選。二人從一六二六年末到一六二七年初，合譯了《遠西奇器圖説》，將西方的理論與實踐力學傳入我國，一六二八年該書在揚州刊刻。從一六二九年起，鄧玉函開始服務於新成立的曆局，制訂新的曆法即編著關於天文測量的著作。

鄧玉函是崇禎改曆活動早期的一位關鍵人物，遺憾的是改曆開始不久他於一六三〇年五月三一日有病去世了。他爲了觀測日月食，先後設計了新的天文測量儀器，包括一個渾天儀和一個四分儀。他在實踐中實施曆法改革，並借此機會啟動一個完整的科學工作計畫。它的中心任務是編撰一部百科全書式的天文著作《崇禎曆書》，其中包括了鄧玉函、羅雅谷和湯若望的著述。鄧玉函主要負責完成了《測天約説》《大測》《黄赤道距度表》《正球升度表》

和《八綫表》等。

鄧玉函一方面掌握近代早期歐洲科學知識體系，一方面又面對中國明末的國家學術體系，在這兩種不同知識體系的不同社會文化環境下，鄧玉函和他的耶穌會士夥伴們又嘗試對中西天文學、力學和物理知識領域中的哲學傳統進行會通——即把一些西方知識元素同化於中國知識體系中。他們在崇禎改曆期間的大部分著作都具有這樣的特點。

徐光啟，生於一五六二年，卒於一六三三年，字子先，號玄扈，上海人。一五八二年，徐光啟二〇歲，通過了府試。至此，直到一六〇二年的二〇年間，他一直都在忙於各種考試。他孜孜不倦地學習中國經典書籍，撰寫了數十篇關於四書五經注疏的手稿。一五九二年，徐光啟途徑韶州，造訪了利瑪竇在那裏修建的一座天主教禮拜堂，並和傳教士郭居静進行了交談，看到了一幅耶穌的畫像。一五九七年，徐光啟通過了鄉試，成爲一名舉人。一六〇〇年，他在南京結識了利瑪竇。在這之前，徐光啟就已經聽説過利瑪竇和他的世界地圖。一六〇三年，徐光啟再次來到南京，拜訪了傳教士羅加望，接受了洗禮，教名爲保禄。一六〇四年，徐前往北京，找到了利瑪竇，並領受了聖餐禮①。同年，他通過了會試，成爲一名進士，從此步入仕途。徐光啟先後擔任過翰林院檢討、詹事府少詹事、兼河南道監察禦史、禮部尚書、兼翰林院學士、文淵閣大學士等職。在京任職期間，他與利瑪竇充分接觸，一起積極探究天文、地理、

① 崔瑞德，牟複禮編：《劍橋中國明代史（一三六八—一六四四年下卷）》，中國社會科學出版社二〇〇七年版，七八〇頁。

水利之學，翻譯了《幾何原本》前六卷，共同完成了有關測繪問題的《測量法義》。一六〇七年，徐光啟的父親去世，他辭去職務，回到上海守喪，與利瑪竇的合作被迫中斷。待一六一〇年徐回到北京，利瑪竇卻已經去世了。之後，徐光啟與龐迪我、熊三拔等傳教士繼續合作，撰寫翻譯了不少西方科學技術著作。

三、《測天約説》的宇宙論觀點

中世紀以後人們普遍認爲七政之外依次爲恒星天、宗動天和常静天。亞里士多德認爲天球的每個天層都有宗動和自動兩種運動，必須要用多個天球來描述其中每一個天體的複雜運動。爲了使同心球體系在物理上顯得更加可信，他還特地在各天球之間插入了一些附加天球，使不同天層的天球之間自動而不至相互牽連。天球本身也都被他想像成是由以太構成的實在物體，而且具有很强的剛性。托勒密則改變了亞里士多德的天體運行機制，他把每個天層都想像成一個有著偏心圓夾層的空心球殼，正好可以容納代表偏心圓、對點圓的天球帶著本輪在其中運動。不過，托勒密也提出不必要把每個天層都看成完整的中空球殼，只要保留日月五星範圍内的部分即可。另外，他還認爲天體的運動動力均來自其自身，無需外力推動①。根據部分學者的研究認爲，托勒密把本輪、偏心圓等視爲幾何表示，並不是實體天

① 杜昇雲，崔振華，苗永寬等主編：《中國古代天文學的轉軌與近代天文學》，中國科學技術出版社二〇一三年版，三九—四〇頁。

球，只是一些假想的空中軌跡①。第谷也明確反對實體球層的説法，他在一五八八年發表的《論天界新現象》中指出：「與迄今爲止大多數人的看法相反，天界並非由堅硬而不可穿透的球體所充滿。可以證明，天界充滿了一種最具有流動性且最簡單的物質，它不會像以前所認爲的那樣形成任何的阻礙。行星在其中的運動是完全自由的，無需任何實體天球的操勞與帶動。這種運動是由一條既定的神聖定律支配著的」②。

《測天約説》對天層的表述與亞里士多德、托勒密、第谷的觀點都不同，作者没有拘泥於任何一個觀點，而是將這些觀點糅合到了一起，反映出自己對這一問題的態度和選擇。

作者關於天層問題的表述集中在「名義篇第一、常静篇第二、宗動篇第三和恒星篇第七」中，在這些篇章中，既能看到他對亞里士多德的繼承，也能看到他對托勒密、第谷等觀點的認同，還有對伽利略新發現的積極引用。根據對文本的整體解讀，筆者認爲作者對天層的觀點是：關於七政採用了第谷的宇宙體系，但是七政之外的天層還是繼承了亞里士多德的觀點。回避了天層是否是實體天層的問題，重點强調的則是三個天層的功能和存在的必要性。三個天層對天體測量學來説，都具有實際意義：恒星天趨向於客觀實在，是物理意義上的天層；宗

① 江曉原：《天文學史上的水晶球體系》，江曉原，鈕衛星：《天文西學東漸集》，上海書店出版社二〇〇一年版，三四六—三四七頁。

② 杜昇雲，崔振華，苗永寬等主編：《中國古代天文學的轉軌與近代天文學》，中國科學技術出版社二〇一三年版，五〇—五一頁。

動天是爲了解答動力原因而推理出來的天層；常静天則是爲了測量立算需要而人爲假設出來的天層。其選擇的理論是出於測量立算這些實用的考慮，並没有執念於某一種學説。例如，作者在《測量全義》「名義篇第一」中寫道：「天實渾圓，其中毫無空隙，譬如葱，本重重包裹，其分數幾何，則自下數之，第一爲地，水補其闕，共爲一球。地外爲氣，氣之外爲七政之天，七政之外爲恒星之天，恒星之外爲宗動之天，宗動之外爲常静之天」。可以看出，作者保留了亞里士多德的天層爲「葱」的比喻，放棄了「水晶球」這個堅硬的殼體實體的説法。筆者認爲作者保留了七政之外的天層來解答實際問題，而回避了天層是否是實體的問題，重點是在用「葱」來比喻天層之間的關係。除此之外，就天體運動的動力來源來看，作者仍然堅持了亞里士多德的觀點，即用宗動天的帶動來解釋天體的運動，這點與托勒密和第谷相比，又是有差異的。

《測天約説》對宇宙層次的判斷遵照以下幾個原則，通過天體之間的互掩現象，即「掩之者在下，所掩者在上也」；通過行星運行速度來判斷遠近；通過望遠鏡觀測出的「金星附日」運動來判斷金星位相等等。

對於在歐洲受到争議和被教會禁止傳播的的日心理論，鄧玉函等人應該是比較瞭解的。在《測天約説》中，作者對這一理論表達了反對的態度，這從作者支持亞里士多德在反證地動説時提出的兩個著名的悖論[①]可以看出。這兩個悖論是：

① 杜昇雲，崔振華，苗永寬等主編：《中國古代天文學的轉軌與近代天文學》，中國科學技術出版社二〇一三年版，三九頁。

（一）「視差悖論」——認爲地球公轉必然造成明顯的恒星視位置的改變，但在實際中卻看不到這種變化。作者支持這個悖論，在書中寫道：「又恒星皆無視差，七政皆有之，以此明其遠近，又最確之證，無可疑者」。作者明確指出恒星没有視差，這是對哥白尼「日心說」的質疑。

（二）「落體悖論」——認爲地球自轉必然使落體無法垂直下落，但實際中的落體並非如此。作者也支持這個悖論，在「測地學四題」的第三題中寫道：「人或從地擲物空中，復歸於地，不宜在其初所，今皆不然，足明地之不轉」。

通過對上述内容的解讀，基本上可以做出判斷，該書的宇宙模型既不支持「地心說」，也不支持「日心說」，而是基本上接近第谷的「地心——日心說」體系。根據橋本敬造研究，這一時期耶穌會士傳講的宇宙論多從第谷學說[①]。據鄧可卉在《比較視野下的中國天文學史》中的研究，耶穌會士在來中國之前就已經清楚地將自己定位於文藝復興復古神學（ancient theology）的傳統裏，他們毫無疑問是站在反哥白尼的陣營中，而選擇接受了温和折中的第谷宇宙模型，但是没有第谷體系的詳盡細節，就是説關於太陽系理論的重要性没有被公開涉及[②]。

① Hashimoto K. Hsü Ksang-Ch'I and Astronomical Reform — The Process of the Chinese Acceptance of Western Astronomy 1629—1635. Osaka: Kansai University, Press, 1988.

② 鄧可卉：《比較視野下的中國天文學史》，上海人民出版社二〇一一年版，一五七頁。

四、《測天約説》中的中西會通知識

《測天約説》（一六三一年）是崇禎改曆期間第一批進呈的關於天體測量學的簡説。該書首先建立基本概念和原理，是後面理論介紹的基礎，其編寫體例和以前中國學者考慮問題的方法和著書的形式明顯不同。

在「敍目」中認爲，測天雖爲首務，但是不可幾及之事，所以做此「約説」之義，從根源起義，總曆家之大指，隨著後來進一步發展可以逐漸加詳。而立篇的依據是「因象立法，因法論義，務期人人可明，人人可能，人人可改而止……舍此，則推步之法無從可用。」《測天約説》「首篇」道：「故兹所陳，特舉其四。曰數，曰測量，曰視，曰測地。四學之中，又每舉其一二，爲卷中所必需，其餘未及縷悉者，俟他日纘成之也。」《測天約説》把數學、測量學、視學、測地學四學列爲「須知篇」。由此來看，這是爲了修曆而節取西方學科體系之部分並集中了與測天有關的内容而譯撰的。

和《測量全義》的内容進行比較後發現，《測天約説》是關於球面天文學的預備知識，按照《幾何原本》公理化體系的敍述方式，對於以上四學的每一種都從最基本的定義開始，如分别給出了比例、等比例、半比例；綫、獨綫、長圓（橢圓）；從二綫的位置關係角度定義了至綫、割綫（交綫）、切綫、距等綫（平行綫、倨綫）、角（包括平面角和球面上的角）；定義了球心、徑、半徑；軸（以及軸的性質）、大圈、小圈（它們都可分爲三六〇度）、大圈之軸與兩極、經度、緯度、距等小圈、經圈、緯圈等等。視學一題給出了一個命題：「凡物必有影，影有等、大、小；有盡、不盡」。測地學闡述了四個命題：地爲圓體；地在大圓天之最中；地之體恒不動；地在天中，止於一點，每一個命題又以「何以證之」開頭，對古希臘以來的地心學說進行簡單的邏輯證明。

在「測天本義」中闡述了第六種度數之學，即所謂日、月、星三曜形象大小之比例，及其去離地心、地面各幾何，其運動自相去離幾何，其躔離逆順晦明朓朒，及其會聚等相互位置關係的理論，實際上是關於中古時期宇宙論建立的一些依據。涉及到由五星行速以別其遠近，由視差大小判斷七政遠近的道理。比較科學地給出了視差的概念：「問何爲視差？曰：如一人在極西，一人在極東，同一時仰觀七政，則其躔度各不同也。七政愈近人者，差愈大；愈遠者，差愈小。月最大，日次之，……」。然後給出視差定義的圖示，如圖一。

在「常静篇第二（筆者按：原文「第三」有誤）」中結合天體運動之時度定義了赤道圈、經圈、緯圈、經度、緯度；地平圈、地平經度、地平緯度、頂極、底極；又明確了「地爲圓體，故球上之每一點各有一地平圈，從人所居，目所四望者即是，其多無數。」接著給出了正球、欹球、平球的圖示和定義。分別是：「正球者，天元赤道之二極在地平，則天元赤道與地平爲直角，而左右各緯圈各半在地平上，半在地平下。」「欹球者，天元赤道之二極一在地平上，一在地平下。赤道與地平爲斜角，而赤道與地平之各經緯圈，伏見多寡各不等。其極出地之度，爲用甚大。測候者所必須也。」「平球者，一極在頂，天元赤道與地平爲一綫，各距等圈皆與地平平行也。」

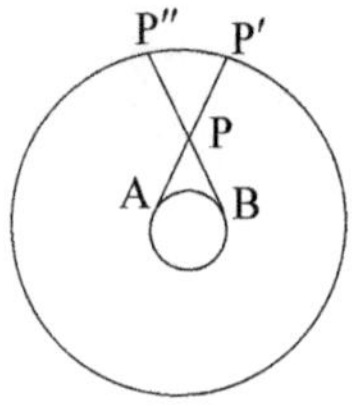

圖一　視差圖

在「論地平南北圈一條」中定義了東西南北四點，並且説明在一個地方此圈只有一；但在不同處，與地平俱無數。地平南北圈交於赤道即爲赤道之極高，從赤道至頂極之度即北極出地之度。這是球面天文學中一個非常重要的定理。最後給出了測量天球上兩點之間的距離，須以去離圈（筆者注：大圈）爲准的方法。這裏有一段話講得很清楚：「或問，二點或俱在緯圈，則即以緯圈爲去離圈，不可乎。曰：凡測量必用准分之尺度，准度者只有一，不得有二。静天之上之大圈分，則准度也。各緯圈之大小，與其度分之廣狹，一一不等，若多寡不齊之尺度，豈能得物之准分乎？故測去離必用大圈，不得用緯圈也。」

在卷下「宗動天第三」中首先指出天體運動皆有兩種，一爲恒星七政皆一日一周，自東而西，以赤道爲其尺度；一爲各自的遲速本行，自西而東，以黄道爲其尺度。在「論本天之點與綫」中依次介紹了赤道概念（與前面的赤道圈有所不同，這裏是一個天空中真實的圈）、黄道概念以及其上的十二宫和中國特有的二十四節氣，定義了冬、夏至和春、秋分四點、月和五星出入之道以及黄道帶、黄道經度（長度）、黄道緯度（廣度），特别指出測黄赤道相距是用赤道緯度進行度量的，這應該和古代希臘没有黄道極，所以一直以赤道緯度測量的傳統有關①。測黄道弧之經度也用赤道經度，又舉例説，降婁宫本三十度，以赤道測之得二十七度，這一項應該和中國傳統有關，涉及到兩基本坐標系之間座標量的轉换。接下來是關於天球運動

① 鄧可卉：《東漢空間天球概念及其晷漏表等的天文學意義》，《中國科技史雜誌》，二〇一〇，三一（二）。

的一些實際問題，給出了距度（天球上兩點之間的距離）、升度（在赤道上度量的黃道的上升度）、日距圈（周日平行圈）、地平上點的出和入的定義，又分别結合定義和平面圖示舉例説明了正球、欹球上不同的運動情況。

《測天約説》中首次引進了「正球」、「欹球」、「升度差」等概念，在羅雅谷、徐光啓等人完成的《測量全義》中也有類似的內容，這是繼承了古希臘天文學的內容。托勒密在他的《至大論》中，爲了討論方便，首先把天球分爲天極在地平圈上（正球）和天極不在地平圈上（欹球）兩種情形①。關於球面天文的一些測算表格，托勒密在其《至大論》中最經常用到的就是「赤緯表」、「升度表」和「晝夜長短表」。

《測天約説》給出地平坐標系（《測天約説》稱爲天元地平圈）、赤道坐標系（《測天約説》稱爲天元赤道圈）和它們之間的變換關係（「比論」），以及黃道座標與赤道座標及它們同時上升時量的關係。關於天文學基礎理論，分别在「太陽篇第四」（八章）、「太陰篇第五」、「時篇第六」、「恒星篇第七」中進行介紹。主要介紹了太陽、月球的物理特性和運動規律，以及各種年長、中、西曆時制及各種置閏方法等等。關於恒星的四個內容：幾何、貌狀、能力、變遷，集中反映了中世紀以來的自然哲學觀點和內容，有濃厚的宗教神學色彩。

① G.J. Toomer, Ptolemy’s Almagest, London: Gerald Duckworth & Co.Ltd, 1984.

作者在介紹地平經度的定義時，使用了中國的方位標誌來解釋：「地平圈分四象限，定天下之東、西、南、北，故可曰方道，亦可名風道。所謂不周廣莫，八風所來也。四象限分爲三百六十，是地平之經度」。在中國傳統天文學中，早期雖然没有建立起完整的地平天文坐標系，但已經使用相應於這一座標中的座標來表示天體的位置了①。爲了獲得方位座標，人們在地平圈上確立了東西南北四個方位，之後在四個方向的中間又各確定一個方向，産生了東南、西南、西北、東北四個方向，與東西南北一起，形成了八方的概念。書中的「不周」代表西北方向，「廣莫」代表北方的意思，「八風所來」就是八個方向的風道，也就是四面八方的意思。後來，又出現將天空的一周劃分爲一二等份，用十二辰來表示地平方位。在漢代之後，也有出現二十四個方位或更多方位的情況。

《測天約説》對於中西傳統知識的會通比較多，例如：「每度又析爲百分，每分爲百秒，遞析爲百，至纖而止。西曆則每度析爲六十分，每分爲六十秒，遞析爲六十，至十位而止，此細分也。」「日有大小分，大者爲晝夜，小者爲時辰，時辰者，十二分日之一也。」下麵緊接著注釋説「西曆爲二十四分之一」。還有，「時又有刻，每時八刻，一日則九十六刻，東西所同用，星官家用百刻，取整數易算也。刻又析爲百分，分析爲百秒，遞爲百以至微，西法每刻爲十五分，分析爲六十秒，遞分之皆以六十也」（「時篇」第六）。在這一篇中還介紹了格里高利曆，

① 吴守賢，全和鈞：《中國古代天體測量學及天文儀器》，中國科學技術出版社二〇一三年版六六頁。

曰:「四年而閏一日爲四分之一也,四百年而減一閏爲弱也。」

自古希臘以來,歐洲天文學建立在黄道坐標系上,恒星理論、日月五星理論等都是以黄道坐標系爲基準。衆所周知,中國古代天文學以二十八宿爲基本測量系統的赤道坐標系大約源於戰國時期,不僅歷史悠久,而且根深蒂固,歷代天文測量都遵循這一傳統。《測天約説》會通中西而舉之,不無緣由。另外,一些文獻表明,此時的歐洲已經在赤道坐標系上有了較大的發展①。《測天約説》雖然對三大天文坐標系均有介紹,但是重點强調了赤道坐標系,並清晰表達了赤道坐標系的座標概念及用赤道坐標系測量天體更爲準確的態度。這有别於《崇禎曆書》其他卷册中採用黄道坐標系的做法,表現出作者對這一問題的個人觀點。

五、幾個重要概念的來源分析

(一)「距等綫」

在「測量學十八題」之「第四題」中,作者介紹了「距等綫」。其定義是:「兩綫不相遇而相離之度恒等,名曰距等綫」。此處的注中寫道:「或稱平行綫、侶綫,俱通用」。筆者根據上下文的理解和其他卷册的比對,認爲「距等綫」並不是和平行綫完全等價的,不能互换通用,而是作者獨創的概念。原因如下:

① 李約瑟原著,柯林·羅南改編,江曉原主持,上海交通大學科學史系譯:《中華科學文明史》,上海人民出版社二〇一四年版。

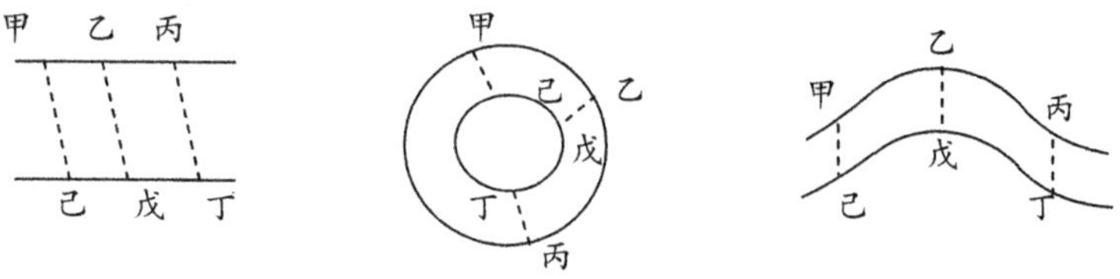

圖二 「距等綫」

1. 作者在定義中所指的「兩綫」既包括兩條直綫，也包括兩條曲綫，而且無論是從文字表達還是從圖示上看，都不排除球面或其他非平面的情況。

如圖二所示，「如上三圖，甲至己，乙至戊，丙至丁，其相離之度俱等」。而《幾何原本》中的平行綫定義就是著名的「平行公設」：「一條直綫與兩條直綫相交，如果此直綫一側的兩内角之和小於兩直角，那麽，這另外二條直綫延長至足夠長之後在兩内角所在的這一側相交」。可以等價的陳述爲「過直綫外一點有且只有一條直綫與已知直綫平行」公設，它被稱爲「普萊菲爾」公設。可以看出，平行綫討論的是兩條直綫的情況，與書中所指的「兩綫」不同。反映出「距等綫」與歐幾里得的「平行公設」在内容上是完全不同的兩個概念。

2. 如果説作者對歐幾里得的「平行公設」不夠瞭解，這是説不過去的。因爲「平行公設」是歐氏幾何中的非常重要的概念，但是由於其敘述複雜、冗長，無法證明其正確性，二千年來一直被人詬病，成爲《幾何原本》這本巨著的白璧微瑕。許多數學家爲此投入了很多精力，做出了很多有價值的努力，但都以失敗告終。在《測天約説》寫作的年代，這個困惑也依然没有得到解決。到一八〇〇年時，「平行公設」已成幾何學瑕玷的標誌①。直到一九世紀，在證明這個難題的過程中誕生了非歐幾何。

① M·克萊因：《西方文化中的數學》，復旦大學出版社二〇一三年版，四一二頁。

作者徐光啟是《幾何原本》的譯者，鄧玉函又是歐洲造詣很深的著名科學家，兩人不可能對《幾何原本》中的平行綫不了解，而給出另外一個新定義。尤其是鄧玉函，對這個著名的千年難題應該是很熟悉的，更遑論這個令歐幾里得本人和兩千年以來數學家們苦思冥想的難題本身就是平行綫的定義！所以，筆者認爲作者所指的「距等綫」不會是平行綫。

3. 在《測天約説》成書之時，《幾何原本》前六卷已經被徐光啟翻譯出來。雖然在國內鮮少有人能通讀：「多未見爲習」，但至少在徐光啟、鄧玉函和其他傳教士那樣一個小規模的學術共同體裏，平行綫顯然已經是一個成熟、通用的概念了。作者不需要、也没必要再造一個「距等綫」的新概念來代替平行綫。因爲在《崇禎曆書》的其他卷册中，平行綫的概念使用的非常正確。例如，《測量全義》介紹了球面三角和球面天文的實際應用，在「五卷測面下」中，提到「若命截綫與底平行，則用三率法……」、「凡梯田在平行綫內，但底等，即其積等，不論角大小」等。這些平行概念都完全符合《幾何原本》，討論的是平面上兩條直綫間的平行關係。

4.《測天約説》的主要內容是球面天文學，涉及到的測量方法主要是球面幾何學，其內容已超出了《幾何原本》的研究範圍。把「平行公設」的內容和概念拿來在球面上直接使用是不對的，但是各緯圈在球面上看上去確實是既不相交也不重合的，這個又該用什麼概念來表示呢？

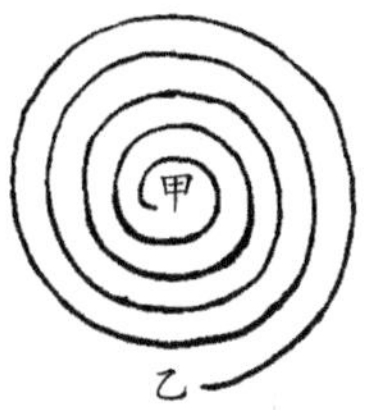

圖三 「蛇蟠綫」

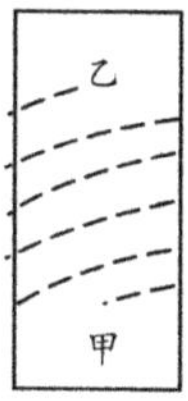

圖四 「旋風綫」

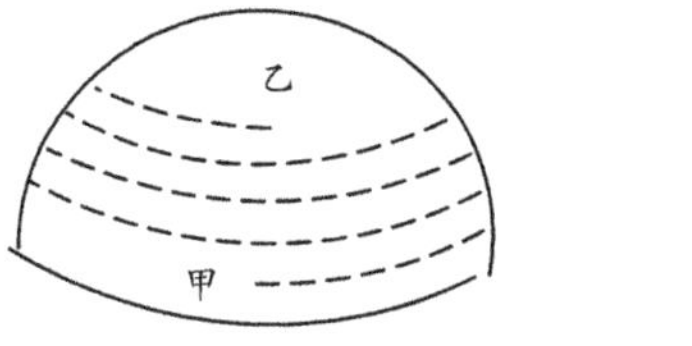

圖五 「螺旋綫」

球面上没有平行綫，這是球面幾何學的平行公理。該書介紹的天體測量的方法是建立在球面幾何學的基礎之上的。球面幾何學發端於古希臘天文學，它以球面上三角形邊與角的關係爲基本研究對象，到了一一五世紀，從天文學中獨立出來，成爲一門獨立的學科。《測天約説》成書於一一六世紀上半葉，這時歐洲的球面幾何學已經是基本成熟的學科了，但還是與現代幾何學有一定的距離。關於球面上没有平行綫的公理是否在此刻已經確定，不得其詳。由於筆者的能力不足，也没有查找到相關的文獻資料，無法做出回答。

筆者綜合了上述內容，認爲作者出於某種考慮，不願意使用平行綫這個平面上的概念來表達球面上各緯圈間的關係，但當時也没有一個成熟的辭彙來使用，所以獨創了「距等綫」的概念。這個概念雖然不嚴密，但簡單易懂。這樣既可以回避兩千年來找不到證明的「平行公設」，避免了冗長、複雜的平行綫定義帶給讀者的困惑，又可以在平面上、非平面上、直綫間、曲綫間通用「距等」的兩綫關係，以達到「測天」、「測地」的目的。

（二）「蛇蟠綫」、「旋風綫」、「螺旋綫」

《測天約説》卷上測量學第二題「獨綫三」中，介紹了三種螺綫：

「蛇蟠綫」：「蛇蟠綫者，於平面上作一綫，自內至外恒平行，恒爲圈綫，而不過不盡。」如圖三所示。

「旋風綫」：「於平圓柱上作一綫，亦如蛇蟠，但蜿蜒騰淩而上，如旋風也。」如圖四所示。

「螺旋綫」：「於球上從腰至頂作一綫如蛇蟠，而漸高，如旋風而漸小。」如圖五所示。

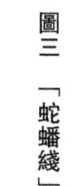

這三種螺線依次對應於現代數學中的平面螺線、柱面螺線和球面螺線。①作者介紹了得到這三種螺線的方法，還強調「此書獨用螺旋線，欲解其形勢，故備言之。」看來，作者認為把太陽在天球面上的盤升和盤降比作球面螺線是自己的獨創。

在之後的「太陽篇第四」之「從運動論凡五章」中，作者給出了反映二十四節氣的周年太陽螺旋運動軌跡圖，如圖六所示。這類在天球投影圓上標出節氣的圖形在明末西方天文學的早期譯作中是比較常見的。例如，利瑪竇於一六〇二年繪製了《坤輿萬國全圖》，其中的《範天圖》（局榜馬圖），如圖七所示，就能看到這種在天球投影圓上畫節氣線的方法，在能

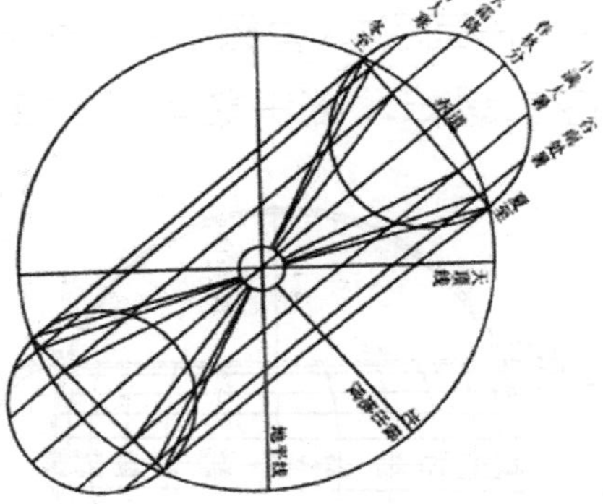

圖六　《測天約說》中的「螺旋線」

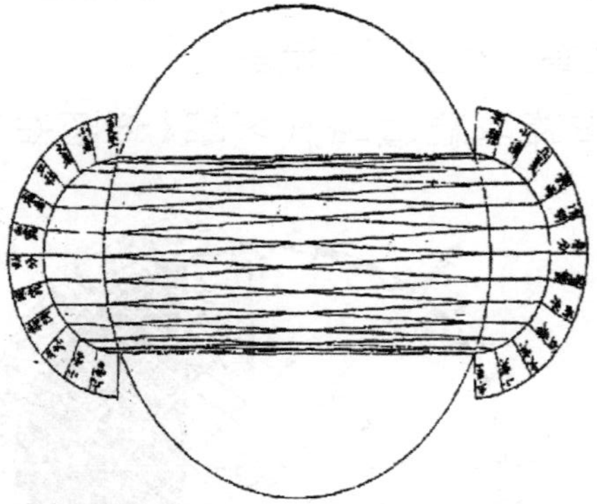

圖七　《範天圖》（局榜馬圖）

① 鄧可卉、楊坤：《數學匯編中的數學問題在中國——兼與古希臘數學思想比較》，《自然辯證法通訊》，二〇一二（四）。

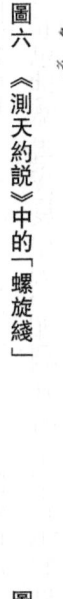

三拔於一六一一年出版的《簡平儀説》中，如圖八所示，儀器圖下盤就是與此圖很相似的節氣圖①；在陽瑪諾於一六一五年完成的《天文略》中的第三章《晝夜時刻隨北極出地各有長短》中，附有北京地區晝夜長短圖，如圖九所示，表示的是北京地區的天球投影圓上的二四個節氣的圖形。不同的是，唯獨《測天約説》用螺旋綫解釋太陽周年運動。

鄧玉函曾經在其與王徵共同完成的《遠西奇器圖説録最》(又稱《遠西奇器圖説》，

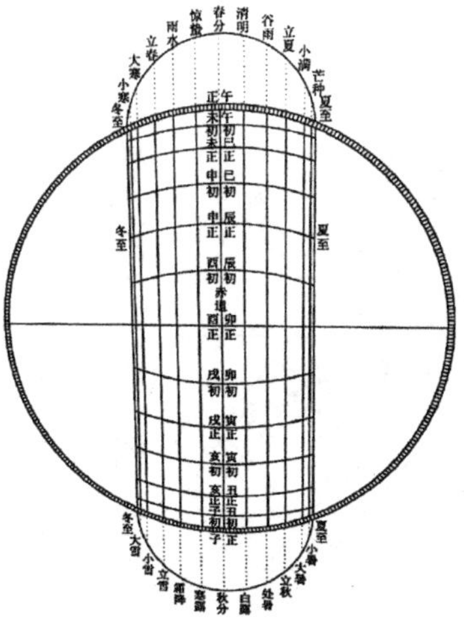

圖八　簡平儀的下盤(天盤)

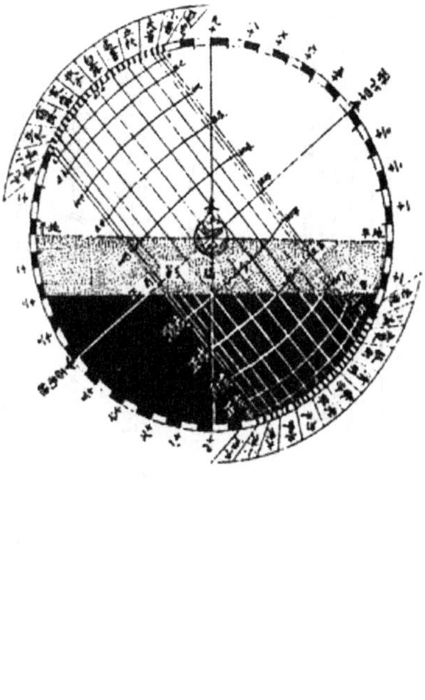

圖九　北京地區晝夜長短圖

① 杜昇雲，崔振華，苗永寬等主編：《中國古代天文學的轉軌與近代天文學》，中國科學技術出版社二〇一三年版，一一五—一三〇頁。

一一六二七年）中有利用螺旋綫解釋力學應用的圖示。在這部書中，作者把螺綫分爲三類：「柱螺絲轉」（如圖一〇所示）、「球螺絲轉」（如圖一一所示）、「尖螺絲鑽」（如圖一二所示）。他把這類應用工具總稱爲藤綫器，並認爲：「其作用最廣，其能力又最大」。鄧玉函在此書中也用球面螺綫來比喻太陽的周年運動。鄧玉函在「藤綫解七十五款」中說道：「試觀天象如日，一年一周，從冬至到夏至，也只是一個球螺絲轉①。」這裏所說的「球螺絲轉」就是《測天約說》中的螺旋綫，即球面螺綫。

《九章算術》「勾股」章第五題：「今有木長二丈，圍之三尺。葛生其下，纏木七周，上與木齊。問葛長幾何？答曰：二丈九尺。」描繪的葛「纏木七周」就是柱面螺綫，題中「葛長」

圖一〇　柱螺絲轉

圖一一　球螺絲轉

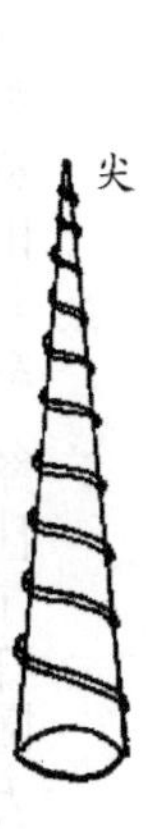

圖一二　尖螺絲鑽

① 鄧玉函，王徵著：《遠西奇器圖說錄最》，日本東京大學圖書館藏（本衙藏版近衛本）。

就是指螺綫的長度。在劉徽的注文中，還進一步提出了「螺距」問題①。

古希臘很早就開始研究螺綫了。西元前兩世紀，阿基米德就發明了用於灌溉的螺旋揚水器和工具螺絲轉，並在其著作《論螺綫》中給出了螺綫的定義：如果一條直綫在平面內繞著一個固定的端點勻速旋轉，並又回到出發的位置，而同時有一個點從固定的端點出發，沿著直綫勻速運動，那麽該動點在平面上講描出一條螺綫②。後來，這種螺綫被稱爲「阿基米德螺綫」，亦稱「等速螺綫」，如圖一三所示。阿基米德還研究了螺綫的切綫，給出了作圖方法及其性質，包括對螺綫面積的計算方法等。

鄧玉函在《遠西奇器圖説録最》中，著重介紹了藤綫器的藤長、藤高、藤圈的密度、柱的大小等因素和力、功之間的關係。他介紹説：「亞希默得（筆者注：阿基米德）常常多用此器。」並在卷一中明確寫道：「大名人亞希默得，新造龍尾車、小螺絲轉等器，又能記萬器之所以然。今時巧人之最能明萬器之理者，一名未多，一名西門，又有繪圖刻傳者，一名耕田，一名刺墨里。此皆力藝學中傳授之人也。」鄧玉函有選擇性的選取了相對實用的內容，符合當時中國注重實用的治學態度。在李約瑟的《中華科學文明史》中，也提到了在基督教傳教

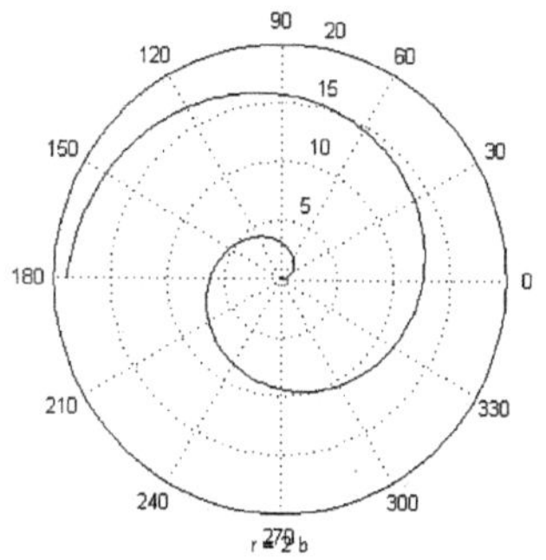

圖一三　阿基米德螺綫

① 鄧可卉，楊坤：《〈數學彙編〉中的數學問題在中國——兼與古希臘數學思想比較》，《自然辯證法通訊》，二〇一二（二）。

② 阿基米德著，朱恩寬，李文銘譯：《阿基米德全集》，陝西科學技術出版社一九九八年版，一五一——一五七頁。

士入華時期輸入的新事物中，有諸如螺旋千分尺這樣的新技術[①]。《測天約説》把太陽的周年運動比作螺旋圈的做法也影響到其他學者，鄧玉函去世後，由羅雅谷編撰的《日躔曆指》——專門介紹太陽運行的卷册中，也把太陽的運動比作螺旋圈運動：「……爲太陽本行，去離赤道以前以後、終歲終古，皆不作周圈，而作螺旋圈也……[②]」筆者認爲此處應該是羅雅谷對該書視太陽運動爲「螺旋綫」觀點的認同和追隨。

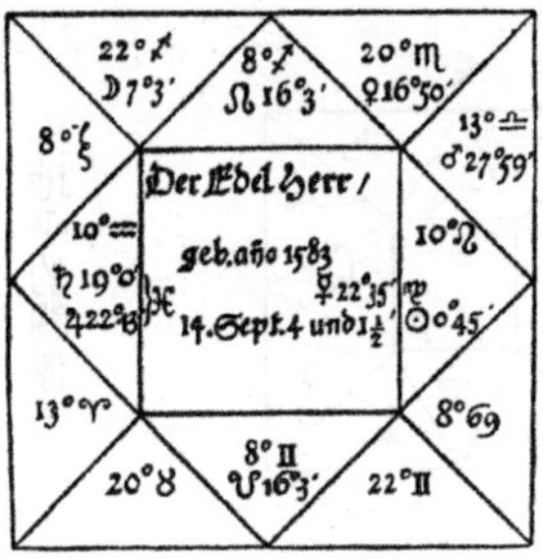

圖一四　開普勒一六〇八年給瓦倫斯滕的十二宫圖

（三）「十二舍」

在《測天約説》「論三圈共七章」之「論地平東西圈二條」中，作者介紹了「十二舍」，並强調其「爲用甚大」。「十二舍」是歐洲中世紀占星術理論中的重要内容，開普勒曾經長期從事占星術的副業，並且用到了十二宫圖[③]，如圖一四。清初薛鳳祚的《天步真原》也有大量類似的占星圖。

《測天約説》首次在中國介紹「十二舍」（12 *astrological houses*）：「東西，亦地平之佀圈也，其兩極在地平與南北佀圈之交，過此兩極者有六大圈，亦分天元球爲十二舍。地平以上

① 李約瑟原著，柯林·羅南改編，江曉原主持，上海交通大學科學史系譯：《中華科學文明史》，上海人民出版社二〇一四年版，三九三頁。

② 徐光啓著，潘鼐匯編：《崇禎曆書·附西洋新法曆書增刊十種》，上海古籍出版社二〇〇九年版，四一頁。

③ James R. Voelkel, Johannes Kepler *and the New Astronomy*, Oxford University Press, 1999.

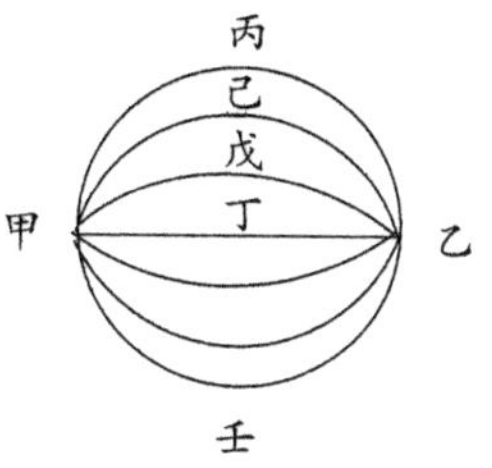

圖一五 「十二舍」與地平的關係

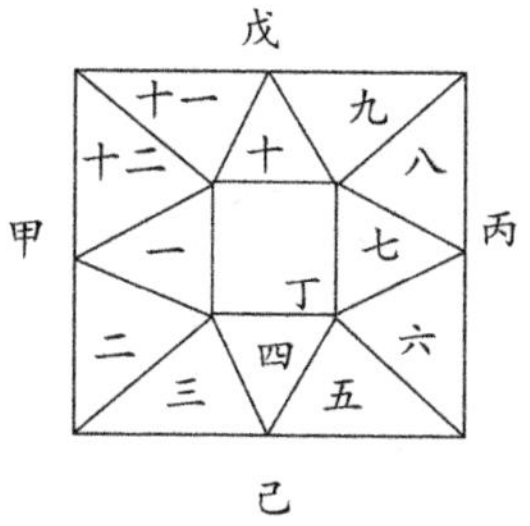

圖一六 「十二舍」

常見者六舍，最尊者，地平與南北圈也。其次序從東地平起算爲初舍，入東一舍爲第一，入東二舍爲第二，至南北圈之底起第四，西地平上起第七，南北之頂起第十」。如圖一五所示，「丙丁壬爲東西侶圈，甲、乙爲兩極，甲丁乙爲地平圈，甲戊乙、甲庚乙等皆過極大圈也」。這就是説過地平的南點、北點，有六個大圈分天球爲十二份。這均等的十二份是有排序的，根據文意和圖示，應該是自東向西逆時針方向排列的，起算點是地平圈與地平東西圈之交的東地平點。這些均等份的十二舍没有具體名稱，只規定了固定的序號。如圖一六所示，「其用之，則以此圖甲乙丙丁爲地平，甲爲東地平，起一舍，己爲底極，起四，丙爲西地平，起七，戊爲頂級，起十也」。

根據文意判斷，「十二舍」是沿地平東西綫也就是卯酉綫劃分十二等份，從東地平點（筆者注：卯點）起算爲第一舍，從東向西逆時針方向排序，到達地平南北圈之底（筆者注：午點）爲第四舍，到達西地平點（筆者注：酉點）爲第七舍，到達南北之頂（筆者注：子點）爲第十舍。

這裏介紹的「十二舍」以東地平點爲起算點、自東向西逆時針方向排列。現將其與歐洲天文學中的黄道十二宫，中國傳統天文學中的十二辰、十二次、具有迷信曆注中的十二直（建）①、十二生肖、十二支等内容做以下簡單比較：

① 陳遵嬀：《中國天文學史》，上海人民出版社二〇〇六年版，一一九二—一一九三頁。

表一 「十二舍」、十二辰、十二次、十二宫、十二直、十二生肖、十二支對照表

	十二舍	十二辰	十二次①
起算點	地平與地平東西圈之交的東地平點	子（地平與地平南北圈之交的北點、冬至所在的天區）	星紀，冬至點在其中央
方向順序	沿地平東西圈自東向西、逆時針方向	沿地平圈或天赤道（隨用途不同而有變化）從東向西、順時針方向	沿天赤道或黄道（隨時代不同而有變化）從西向東、逆時針方向
名稱	第一舍、第二舍、第三舍、第四舍、第五舍、第六舍、第七舍、第八舍、第九舍、第十舍、第十一舍、第十二舍	子、亥、戌、酉、申、未、午、巳、辰、卯、寅、丑	星紀、玄枵、娵訾、降婁、大樑、實沈、鶉首、鶉火、鶉尾、壽星、大火、析木
應用	醫家、農家及行海者所必須也	沿地平圈劃分來表示方位、沿天赤道劃分來表示時辰、季節等。在中醫、農業、曆法、航海等領域被廣泛使用	觀測日、月、五星的運行和節氣的早晚、占星、紀年

① 陳遵嬀：《中國天文學史》，上海人民出版社二〇〇六年版，二七七—二八二頁。

（续表）

	十二宮	十二直（建）	十二生肖	十二支
起算點	春分點（赤道與黄道的交點之一）	建（二月卯日的十二直）	鼠	子
方向順序	沿黄道順時針方向		與十二辰相關聯	表方位時沿地平圈、順時針方向
名稱	白羊宫、金牛宫、雙子宫、巨蟹宫、獅子宫、室女宫、天秤宫、天蠍宫、人馬宫、摩羯宫、寶瓶宫、雙魚宫	建、除、滿、平、定、執、破、危、成、收、開、閉	鼠、牛、虎、兔、龍、蛇、馬、羊、猴、雞、狗、豬	同十二辰
應用	表示太陽位置	占卜、紀日（十二直日：分配在日序下紀日）〔一三〕九七〇	用來紀年	表方位、次序、或曆法紀年、月、日、時

將天際劃分爲十二等份的方法，在西方傳統天文學中主要是黃道十二宫；在中國傳統天文學中主要是十二辰和十二次。而這裏引入「十二舍」是在十七、八世紀典型的中西知識會通的表現形式。爲了介紹歐洲傳入的知識，傳教士們選擇、創造了不少新的名詞術語來表達在中文語境下的概念。作者之所以選擇用「舍」，筆者推測可能參照了中國古代二十八宿中的「宿」和歐洲黃道十二宫中的「宫」的含義，「宿」既有星宿，又有住宿、停留的地方，夜晚之意；「宫」有房屋、住宅的含義；「舍」也有住宿、房舍之意，三者都可以表達出星宿停留、駐紮之意。

該書稱「十二舍」爲：「此法爲用甚大，醫家、農家及行海者所必須也」，説明它的用途中國人也是非常熟悉的，據此推測「十二舍」不僅用於占星術，而且在民生中也被廣泛應用。我們認爲前者是純粹的僞科學内容，但後者的應用實際上强調了它的科學性的一面。例如，中醫認爲人體中十二條經脈對應着每日的十二個時辰，由於時辰在變，不同的經脈中的氣血在不同的時辰也有盛有衰。子午流注學就是研究人體經絡運行的時刻表，認爲自然界與人是統一的整體，自然界的年、季、日、時週期變化，影響着人們的生理、病理相應的週期變化。古代流傳下來的十二經絡氣血流注的歌訣就能充分的體現出醫學與十二時辰的關係：「寅時氣血注於肺，卯時大腸辰時胃，巳脾午心未小腸，申屬膀胱酉腎位，戌時心包亥三焦，子膽丑肝各定位。」我們大膽猜測，認爲「十二舍」與某種西式地平式日晷的製作有關。明末出現了一些中西式結合的日晷，除了可以紀日之外，還可以紀年，晷面上一般常刻有二十四節氣，這對於指導農業來説也是必需的。在航海方面，日晷帶有羅盤的功能，可以用來判斷方位。

以上三個概念的提出，是《測天約説》作者綜合並會通中西傳統，以西方的學科系統和方法，説明和解釋中國傳統天文學中尚待完善的概念，從而達到了概念創新，理論進步的目的。

六、《測天約説》的歷史意義

（一）已初具現代球面天文學教科書的雛形

《測天約説》與現代球面天文學相比，雖然還有一些距離，但其涉及到的理論已基本貼合現代球面天文學的研究内容。《測天約説》中的球面三角學和其他數學的預備知識、天球坐標系、時間計量系統、天體的周日視運動現象、蒙氣差（即大氣折射）、視差，這些研究課題幾乎佔據了現代球面天文學的大部分。上述内容與光行差、歲差、章動理論等一起，共同構成了現代球面天文學這門學科的核心課題。這是筆者對比了前蘇聯、美國、中國三部版本不同的《球面天文學》之後得出的結論。這三部《球面天文學》分别是：一九五八年由高等教育出版社出版的、M.K.文采爾著的《球面天文學》；一九八四年由測繪出版社出版的，E.W.伍拉德、G.M.克萊門斯著的《球面天文學》；一九八三年由科學出版社出版，苗永寬著的《球面天文學》。在這三種不同的版本中，上述内容皆是被研究的課題。除此之外，各自也會補充一些不同的理論，例如前蘇聯的版本還有星表和歸化計算，但中國的版本則補充了恒星位置的計算。

因此，筆者認爲《測天約説》已初具現代球面天文學教科書的雛形。雖然受到時代的限制，有的理論存有瑕疵、尚處於初級發展階段，但是作者較準確地對幾千年來中西方「曲繁密隱」的天文學理論做出篩選，使之呈現出了與現代球面天文學内容基本貼合的面貌。「教科書的目的是以最簡捷、最易於消化的形式，向讀者講述當代科學共同體認爲他們知道的知識，以及這些知識可能會有的主要用處」①。對於科學史家庫恩對教科書所下的這個定義，無需贅言，《測天約説》顯然符合這個標準。

（二）體現出「會通以求超勝」的特點

《測天約説》成書之時，正是西方天文學界「『二説』並馳，『五天』沸騰」②之時，原有的權威受到觀測結果的挑戰，新的權威還没完全確立起來。但是譯撰者在這本書中表現出基本的原則，就是「會通以求超勝」。例如，中國改曆之事緊迫，西方各個天文學理論又都不是很完善，作者只能從這些理論中進行選擇。該書的宇宙模型整合了三家之言，没有固守任何一個權威的理論。例如，由於缺乏觀測結果和更多的理論支撑，作者通過亞里士多德的兩個悖論——視差悖論和落體悖論，表示出對日心説理論的質疑；作者回避了是否存在實體天層

① 托馬斯·庫恩：《測量在現代物理科學中的作用》，範岱年，紀樹立等譯：《必要的張力——科學的傳統和變革論文選》，北京大學出版社二〇〇四年版，一八三頁。

② 杜昇雲，崔振華，苗永寬等主編：《中國古代天文學的轉軌與近代天文學》，中國科學技術出版社二〇一三年版，四七頁。

的問題，從測量和理解便利的目的出發，保留了亞里士多德關於天層的説法；爲了測量的準確性和考慮到中國古代傳統，於歐洲成熟的黄道坐標系之不顧，反而重點推引了歐洲赤道坐標系的最新成果等等。

雖然對宇宙模型的争議採取了擱置的態度，但作者尊重事實，積極推廣最新的觀測結果。雖然介紹的伽利略最新發現的金星位相、太陽黑子、太陰黑象，但是没有提伽利略的名字。這反映了作者作爲耶穌會士的價值取向，以及耶穌會士傳播西學過程中積極但又保守的矛盾心理。

通過對知識的選擇和轉譯，力求達到會通和超勝，擱置了天文學權威的争執，適當地引進和採納最新天文觀測的發現，將歐洲古代和中世紀的數學天文學理論和科學系統地介紹給中國，而《測天約説》恰好記録了這些過程。但是不可避免地，《測天約説》的有些内容仍然具有深刻的宗教神學的烙印。

（三）遵從亞里士多德古典學説以及天主教義

在《測天約説》文末關於天體或者日月性質的描述又回到亞里士多德自然哲學的範疇，如：

「天體最爲精純無雜，最爲單獨無二。圓之爲象，亦無雜，亦無二，體性如此，故其形象亦當如此。」

「天之下濟其於下土，有大能力，何以征之？運行一周，成爲四季，涼燠寒暑，萬物藉爲生長收藏，一也。世間微物無不各有能力，稍大，則能力稱之天，如彼其大也。知其能力與之等大，二也。天之能力下及，每用二器，其一，光也，其一，施也。光不獨能照天下，亦能作熱，如用窪鏡，對日而成返照，則能生火；又用玻璃圓球，對日而成折照，亦能出火，其故爲何？光於天下爲最尊，熱於四大物情中。四大情者，一熱，二冷，三燥，四濕。亦爲最尊，以尊生尊，是其理也。其次，亦能生冷，亦能生燥，亦能生濕，爲光本非熱、非冷、非燥、非濕，而其中有精，足當四情，故能生熱、生冷、生燥、生濕也。如仁中無芽葉花實，而其精足當四物，故能生四物也。夫光之爲體，若其發而及物，何爲施之不盡？若其不發，則一切所受爲從何來，故其體其用，總非人間意量所及。

「光之外別有施者，不屬光也，此有二證，其一，海潮大小不因於光，亦不因於冷熱燥濕，譬如磁石吸鐵，別有相攝相受者，則受者爲所施，攝者爲能施也。又如懷胎生子，七月生則長，八月生則夭，無不驗者。此亦非因於光，亦非因於四情，亦如磁鐵有別相攝受者故也。

「從上三能，知天於下土，蓋有四德，一曰覆冒，一曰包函，一曰生育，一曰保存也。假令不動，亦有此德，而又加之運動。於此若此，於彼若彼，變化無端，真非思議所及矣。」

在《寰有詮》中多有論及亞里士多德的自然哲學觀點，與此內容類似。這難免使人想到，一七世紀初傳入的西方科學是西方中古時期的學問，或多或少帶有亞里士多德古典學說甚至天主教義的色彩。絕不能與近代科學劃等號。

《測天約説》

鄧玉函　撰

《測天約説》叙目

測天者，修曆之首務；約説者，議曆之初言也。不從測候，無緣推算，故測量亟矣。即測候推算，亦非甚難不可幾及之事，所難者，其數曲而繁，其情密而隱耳。欲御其繁曲，宜自簡者始，欲窮其密隱，宜自顯者始。約説之義，則總曆家之大指，先爲簡顯之説。大指既明，即後來所作易言易知，漸次加詳，如車向康莊，此爲發軔已。又古之造曆者，不欲求明，抑將晦之，諸凡名義，故爲隱語，諸凡作法，多未及究論其所從來與其所以然之故。墻宇既峻，經途斯狹，後來學者多不得其門而入矣。此篇雖云率略，皆從根源起義，向後因象立法，因法論義，亦復稱之。務期人人可明，人人可能，人人可改而止，是其與古昔異也。或云諸天之説無從考證，以爲疑義，不知曆家立此諸名，皆爲度數言之也。一切遠近、内外、遲速、合離，皆測候所得，舍此即推步之法無從可用，非能妄作，安所置其疑信乎？若夫位置形模，實然實不然，則天載幽玄，人靈淺鮮，誰能定之，姑論而不議可矣。都爲二卷共八篇如左。

《測天約說》卷上

首篇

度數之學凡有七種，共相連綴，初爲二本，曰數，曰度。數者，論物幾何衆，其用之，則算法也。度者，論物幾何大，其用之，則測法、量法也。測法與量法不異，但近小之物尋尺可度者，謂之量法；遠而山岳，又遠而天象，非尋尺可度，以儀象測知之，謂之測法。其量法，如算家之專術，其測法，如算家之綴術也。既有二本，因生三幹：一曰視，人目所見；一曰聽，人耳所聞；一曰輕重，人手所揣耳。所聞者，因生樂器、樂音；手所揣者，因生舉運之器、舉運之法；惟目視一幹，又生二枝。一曰測天，一曰測地。七者在西土庠士俱有專書。今翻譯未廣，僅有《幾何原本》一種，或多未見未習，然欲略舉測天之理與法，而不言此理此法，即說者無所措其辭，聽者無所施其悟矣。七者之中，音樂與輕重別爲二家，故茲所陳，特舉其四，曰數、曰測量、曰視、曰測地。四學之中又每舉其一二，爲卷中所必需，其餘未及縷悉者，俟他日續成之也。爲他篇所共賴，故列於篇次之外，曰首篇；欲知他篇，須知此篇，故又名須知篇。

數學一題

比例者，以兩數相比，論其幾何。

比例有二，一曰相等之比例，一曰不等之比例。若二數相等，以此較彼無餘分，名曰等比例也；若二數不等，又有二，一曰以大不等，一曰以小不等。如以四與二相比，四之中凡爲二者二，是爲以大，即命曰二倍大之比例也；如以二與四相比，倍其身乃得爲四，是爲以小，即命曰二分之一之比例，或命曰半比例也。

測量學十八題

第一題至十四題論測量之理。

第十五題至第十八題論測量之法。

《幾何原本》書中論綫、論面、論體，今第一至第五論綫也。第六至十四論體也，此書中不及面，故不論面。《幾何原本》中多言直綫、圜綫，其理易明，今不及論。論其稍異者五題，前二題言獨綫，後三題言兩綫。

第一題 獨綫一。

長圓形者，一綫作圈，而首至尾之徑，大於腰間徑，亦名曰瘦圈界，亦名撱圈。

如甲乙丙丁圈形，甲丙與乙丁兩徑等，即成圈。今甲首至丙尾之徑，大於己至庚之腰間徑，是名長圓。

或問此形何從生，答曰，如一長圓柱，横斷之，其斷處爲兩面，皆圓形；若斷處稍斜，其兩面必稍長，愈斜愈長，或稱卵形，亦近似。然卵兩端大小不等，非其類也。指其面，曰平長圓，若成體，曰立長圓。

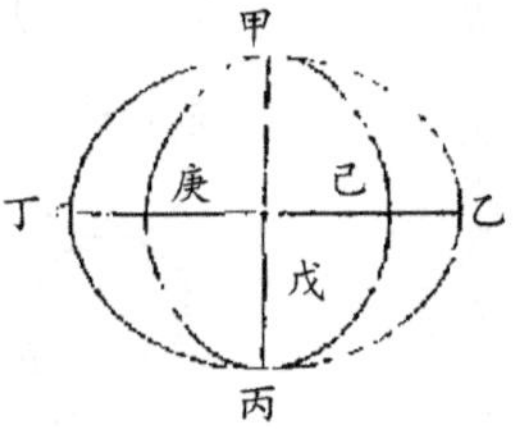

第二題 獨綫三。

蛇蟠綫者，於平面上作一綫，自内至外恒平行，恒爲圈綫，而不遇不盡。如上圖，自甲至乙者是旋風綫者，於平圓柱上作一綫，亦如蛇蟠，但蜿蜒騰凌而上，如旋風也。如上圖，自甲至乙者是螺旋綫者，於球上從腰至頂作一綫如蛇蟠，而漸高，如旋風而漸小。

如上圖，自甲至乙者是。

此書獨用螺旋綫，欲解其形勢，故備言之。

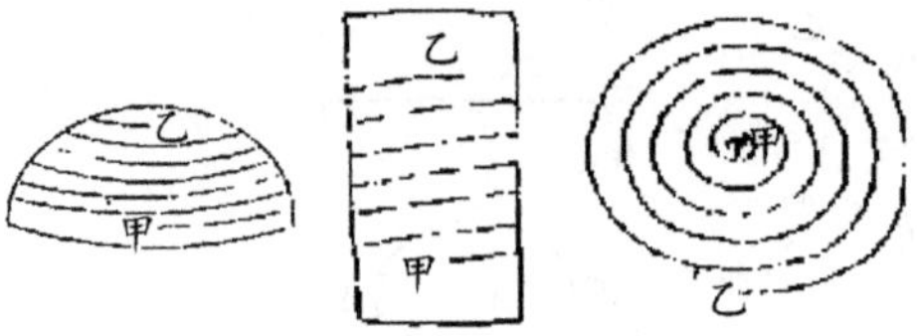

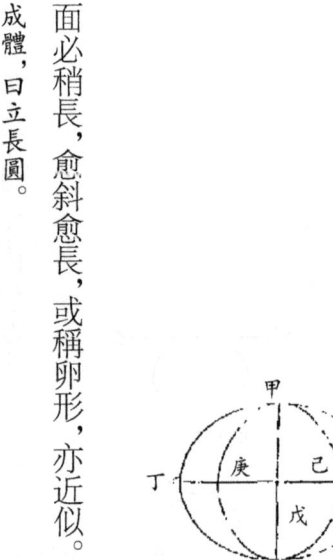

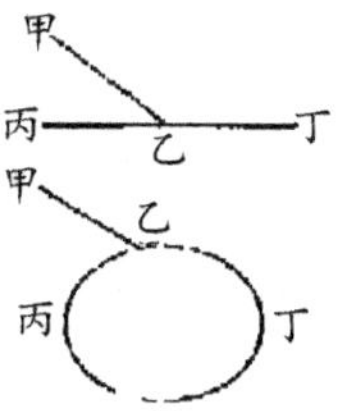

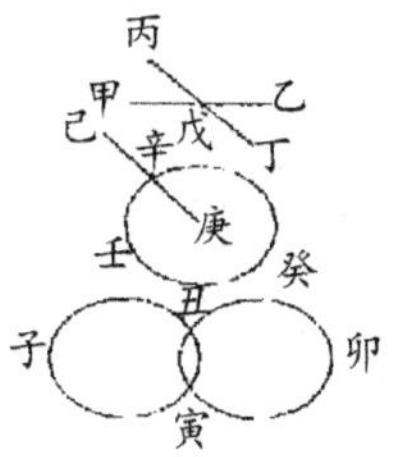

第三題 下三題言二綫者，或直或不直，或相遇或相離。

二綫相遇者有三，但相遇而止，名曰至綫。因至綫在所至綫之上，故又曰在上。其割截而過者名曰交綫，亦曰割綫，亦曰截綫①。其至而不過又不止者，名曰切綫。其至綫而有所分截者，亦稱割綫，或曰截綫，或曰分綫。

如上右圖，甲乙綫與丙乙丁綫、丙乙丁圈相遇，至乙而止，則甲乙爲至綫，又曰丙乙丁上綫。

如上左圖，甲乙綫截丙丁於戊，己庚綫截辛壬癸圈於辛，子丑寅圈截丑卯寅圈於丑、於寅，皆名交綫。

又如左上圖，甲乙綫遇丙丁圈於丙，戊己庚圈遇戊辛壬圈於戊，皆名切綫。

如左下圖，甲丙綫分甲乙丙圈者，曰分圈綫，亦曰割圈綫，亦曰截圈。

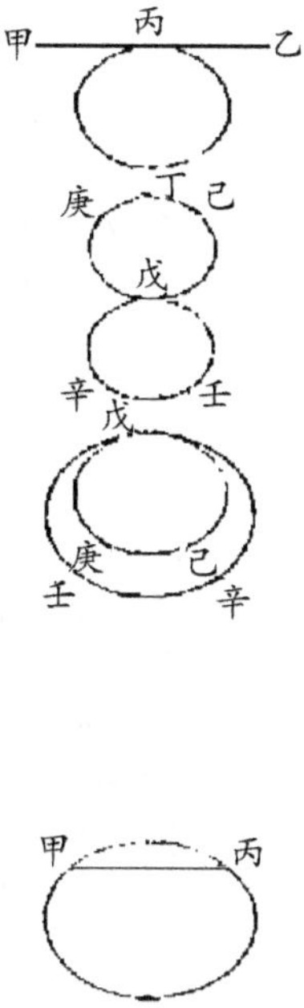

① 此處交綫稱作割綫或截綫，與下面的割綫没有區分開，概念含糊。

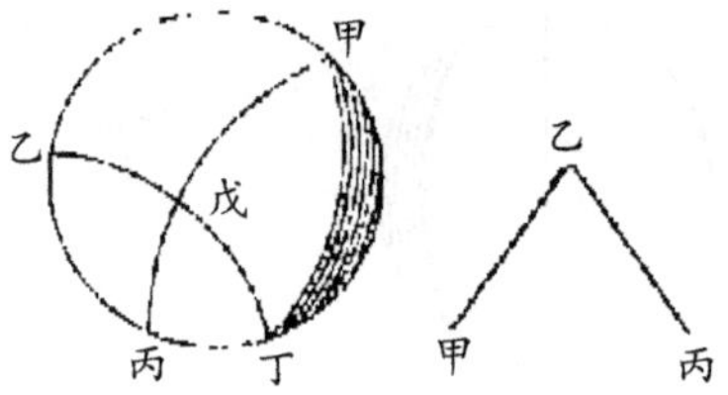

第四題

兩綫不相遇而相離之度恒等，名曰距等綫，或稱平行綫、侶綫。俱通用。

如左三圖，甲至己，乙至戊，丙至丁，其相離之度俱等。

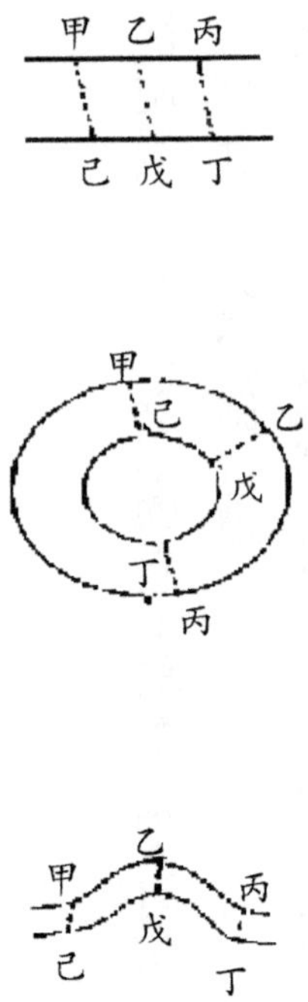

第五題

兩綫相遇即作角。

本是一面，爲兩綫所限，限以内即成角也。

如上圖，甲乙與乙丙兩綫相遇於乙，即包一甲乙丙角，第二字即所指角。

其球上兩圈綫相交亦作角，如上圖，甲丙、乙丁兩綫交而相分於戊，即成甲戊丁、丁戊丙、丙戊乙、乙戊甲四球上角也。

第六題

自此至第十四題皆論體。諸體中球爲第一，此書所用獨有球體，故未他及。凡物之圓者，

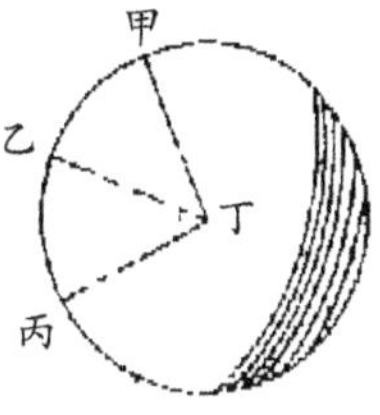

皆名球。諸題中名義凡立圓物，皆有之，非獨天也。

第六至第八言球内之理，第九至十四言球外之理。

球之内有心，心者從此引出綫至球面俱相等。

如上圖，甲乙丙球，丁爲心，從丁引出綫至甲、至乙、至丙各等，即作百千萬綫皆等。

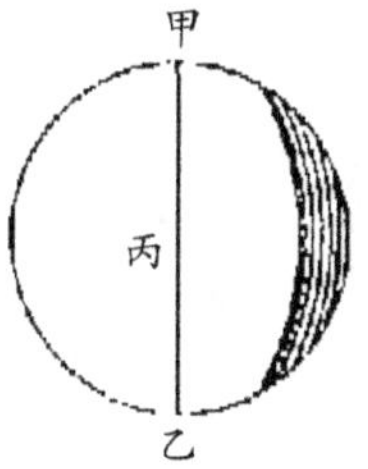

第七題 球内。

徑者一直綫，過球心，兩端各至面；半徑者，從心至面。

如上圖，甲乙球，丙爲心，一直綫過丙兩端，至甲、至乙，即甲乙爲徑綫，其丙乙、丙甲皆爲半徑綫。

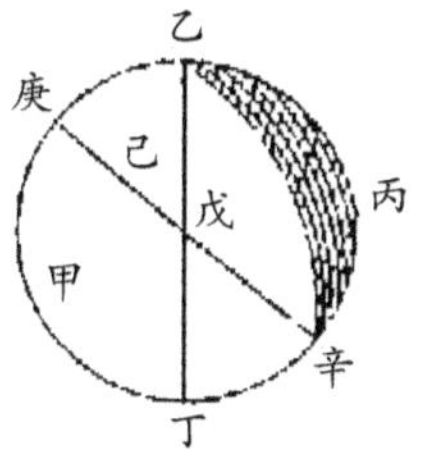

第八題 球内。

球不離於本所，而能旋轉，則其一徑之不動者，名爲軸，軸之兩端名爲兩極也。凡一球止有一心，凡球之轉止有一軸，其徑甚多，無數可盡。

如上圖，甲乙丙丁球，戊爲心，乙丁過心，此球從甲向丙，丙又向甲旋轉而不離其處，則乙戊丁直綫爲不動之處，是名軸也。乙與丁則爲兩極。球心若離於戊點如己，則從心所出兩半徑綫如庚己、己辛必不等，故曰止有此心。凡軸，皆利轉，若有二軸，二俱轉，即相礙，一不轉，即非軸，故曰止有一軸。從心出直綫苟至面，皆徑也，故曰無數。

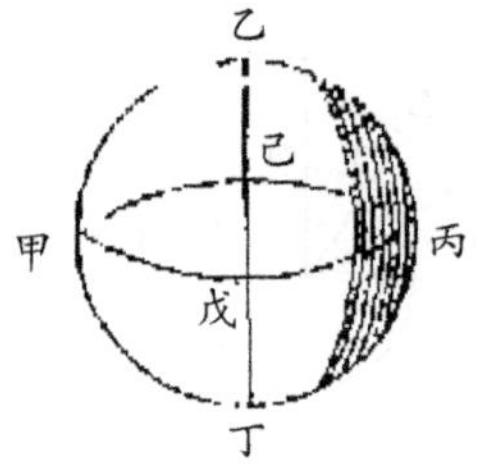

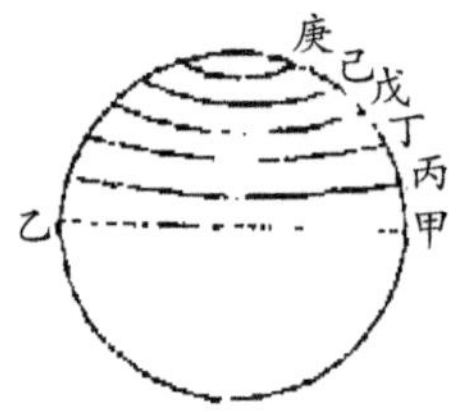

第九題 球外。

球之面可作多圈，圈有大有小，大圈者，其心即球心。若從圈剖球爲二，則其圈之徑過球心也。各大圈從圈面作垂綫，各有其本圈之軸與其兩極。

如圖，甲乙丙丁球上作甲戊丙己大圈，其垂綫乙丁，即乙丁爲本圈之軸，乙丁兩點即其兩極，故大圈在兩極間，離兩極俱等。

第十題 球外。

小圈者，不分球爲兩平分，不與球同心，其去兩極一近一遠，愈近所向極，愈小；愈近心，愈大。

如上圖，甲乙爲大圈，丙丁戊己庚皆小圈也。故一大圈之上之下，可作無數小圈，衆小圈之間止可作一大圈。

第十一題 球外。

圈不論大小，其分之有三等。

三等者，一曰大分，一曰小分，一曰細分。如兩平分之，爲半圈，四平分之，爲象限，此大分也。每象限分爲九十度，此小分也。每度又析爲百分，每分爲百秒，遞析爲百，至纖而止。西曆則每度析爲六十分，每分爲六十秒，遞析爲六十，至十位而止，此細分也。

第十二題 球外。

兩大圈交而相分爲角，欲測其角之大，從交數兩弧各九十度，而遇過極之圈，兩弧所容過極圈之弧度分，即命爲本角之度分。

如上圖，戊丁乙爲過極圈，有甲乙丙、甲丁丙兩大圈交而相分於甲於丙，問丁甲乙角爲幾何度分之角。法從甲交數各九十度，而遇過極之戊丁乙圈，爲甲丁、甲乙，此兩弧間所容過極圈之分爲丁乙弧，如丁乙六十度，即命丁甲乙角爲六十度角。

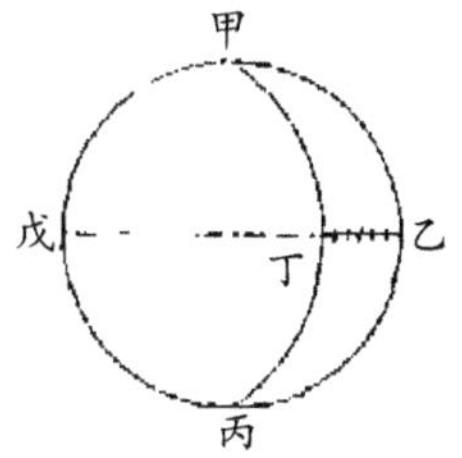

第十三題 球外。

凡大圈俱相等。兩大圈交而相分，其所分之圈分，兩俱相等。凡大圈，必於本球之腰者，最大之綫也。凡最大之綫，止有一，不得有二，故辰轉作無數大圈，俱相等圈。既相等，則以大圈分大圈，其兩交綫必在球之腰，此交至彼交，必居球之半，故無數大圈，各相分所分之兩圈，分各相等。有不等者，即小圈也。

第十四題 球外。

大圈俱相等，故所分之度分秒、各所容皆相等；小圈各不相等。故度分秒之名數等，其所容各不等。

如上圖，甲乙己爲大圈，丙丁戊爲小圈，大圈既相等，即多作大圈，皆與甲乙己圈等，而各

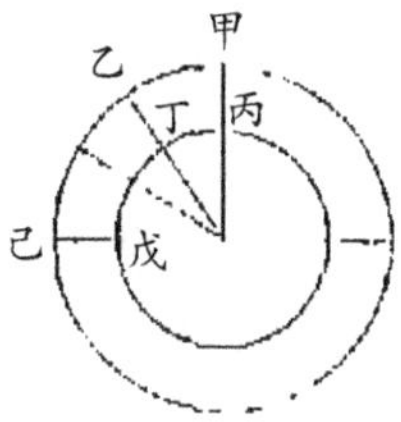

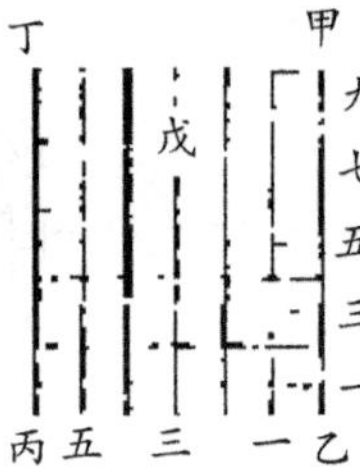

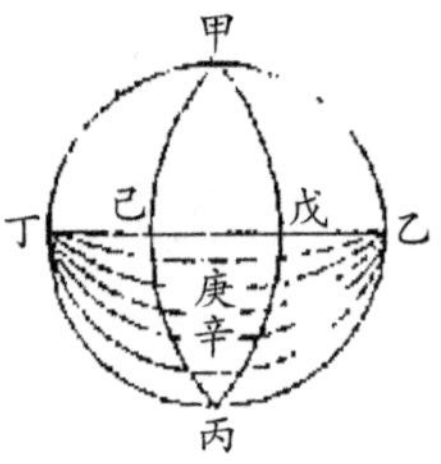

圈之甲至乙，其度皆等。若丙丁戊小圈，既與甲乙己大圈不等，則甲至乙與丙至丁，同名爲若干度，而所容之廣狹不等。

第十五題 以下四題言測量之法。

長方面，其中任設一點，欲定其所在爲何度分，作經緯度求之。法曰，先平分其長爲若干度分，名經綫，次平分其廣爲若干度分，名緯綫，經與緯每度分之小大俱等。次視經緯之綫，其過點各若干度分，即命爲點所在之度分。

如上圖，甲乙丙丁長方形，欲知戊點所在，先從乙向丙作距等經綫，次從乙向甲作距等緯綫，次視戊點在經緯綫之交，爲是何度，即命曰在經度之四，緯度之八也。乙至丙，丙點得命爲第六，乙點不得命爲第一，而命爲初，曆家言算外者俱准此。

第十六題

其在球也，亦如之。球之中任設一點，欲定其所在爲何度分，亦先作球之經度。

法曰：先於兩極之間作一大圈，爲腰圈，平分腰圈爲三百六十度，從各度各作一過極大圈，即半圈，平分爲一百八十度，是爲腰圈上之經度。

如上圖，甲乙丙丁球，乙丁爲兩極，於其間作甲戊丙己腰圈，從戊向丙、丙向己各作過極大圈，即乙庚丁、乙辛丁等綫，皆腰圈上之經度。

第十七題

次作球之緯度，即定所設點在何度分。

腰圈之兩旁有兩極，從腰圈向極分爲九十度，每度各作一距等小圈，漸遠腰，漸小，至極而爲一點，即第九十小圈也。次視經緯兩綫之交，命所設點在何度分。

如圖，甲乙丙丁球上，依前題，既作甲庚丙、甲辛丙各經綫，次於乙戊丁腰圈上向甲極分爲九十度，每度各作一距等小圈，如壬子、癸丑之類，皆緯圈也。次視經緯各遇點之交，從腰圈綫考其經度，從過極綫考其緯度，即命所設己點在從戊向丁之第四經圈，從戊向甲之第三緯圈。

凡言度者，各有二義。其一，一度之廣能包一度之地，是其容也；其一，自此度至彼度，各以一點爲界，是其限也。腰圈度之容，以各過極度之綫限之，過極度之容，以各距等綫限之。

凡圈互相爲經，亦互相爲緯。如以過極爲經，則距等爲緯；若以距等爲經，則過極爲緯。如《幾何原本》之論綫互相爲直綫，互相爲垂綫也①。

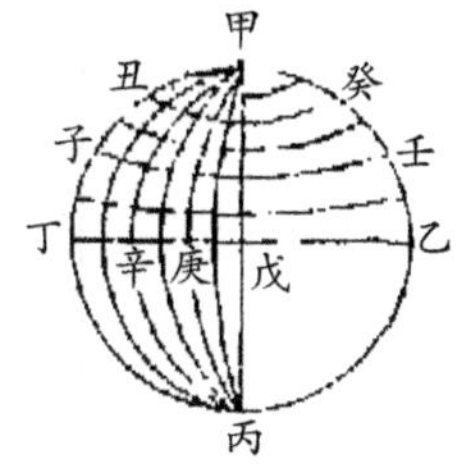

① 這一條不嚴密，平面上可以互換，但是球面上不可以。

第十八題

論緯圈，以大圈爲宗。

過極經圈皆大圈也。皆等距、等綫限之，諸度分之容亦等。距等緯圈皆小圈也，各不等，過極圈限之，諸度分之容愈近極，愈狹，至極而盡矣。故緯度之容等於經度者，獨有腰圈一綫，獨有初度初分初秒之一率，過此以上無不狹也。故當以大圈爲宗，大圈左右諸緯圈之上，凡言經度之容者，皆從此。推減之，圈愈小，度愈狹，即差愈多也。

視學一題

凡物必有影，影有等，大小，有盡不盡。

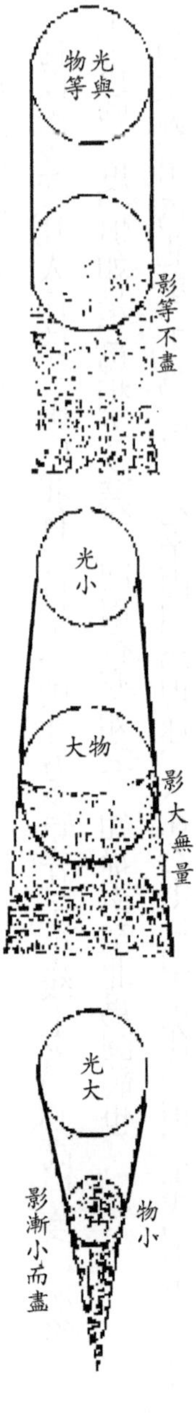

不透光之物體前對光體，後必有影焉。若光體大於物體，其影漸遠漸殺，鋭極而盡；若光體小於物體，其影漸遠漸大，以至無窮；若光物相等，其影亦相等，亦無窮。

測地學四題

第一題

地爲圓體，與海合爲一球。

何以徵之？凡人任於一處向北行二日半，則北方之星在子午綫上者，必高一度；次後二日半，復高一度，恒如是，爲相等之差。向南行亦如之。知從南至北爲圓體也。

如左圖，甲爲北星，丁爲南星，乙辛丙圈爲地球，人在乙則見甲正在其頂，至戊，則少一度矣；從戊至己，與乙至戊道里等，又少一度矣；迨至辛，則不見甲，至壬則反見丁，安得非圓體乎？若云地爲平體，則見星當如癸，從丑向寅至辰宜常見不隱，又丑至寅、寅至卯若見子之高下所差等，則道里宜不等，别有算數，安得有時不見，又恒爲相等之差也。

若人東行漸遠，則諸星出地者漸先見，西行漸遠，漸後見。故東西人見日月食，遲速先後各異，是知東西必圓體也。

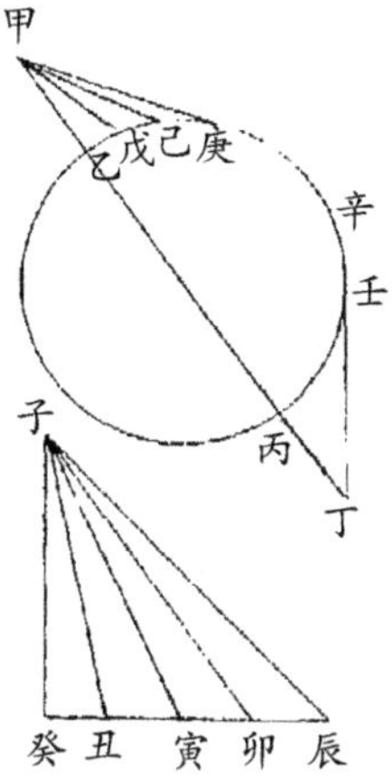

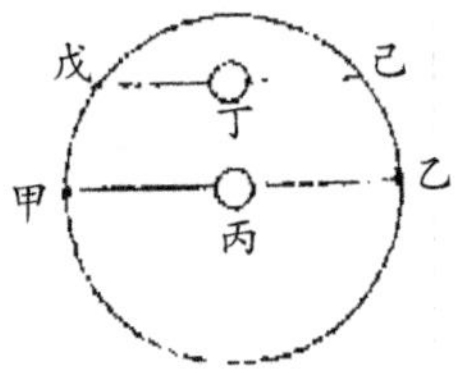

第二題

地在大圜天之最中。

何以徵之？人任於所在，見天星半恒在上，半恒在下，故知地在最中也。

如上圖，丙爲地，東見甲，西見乙，甲乙以上恒爲天星之半，知丙在中也；若云非中，當在丁，則東望戊，西望己，當見天之小半，而不見者大半。

第三題

地之體恒不動。

一不去本所，二亦不旋轉。云不去本所者，去即不在天之最中也；云在本所，又不旋轉者，若旋轉，人當覺之，且不轉，則已轉須一日一周，其行至速。一切雲行鳥飛，順行則遲，逆行則速。人或從地擲物空中，復歸於地，不宜在其初所。今皆不然，足明地之不轉。

第四題

地球在天中止於一點。

何以徵之？人在地面，不論所在，仰視填星、歲星、熒惑，彼此所見恒是同度，故知地體較於天體則爲極小；若地大者，兩人相去絶遠，其視三星，彼此所見不宜同躔。

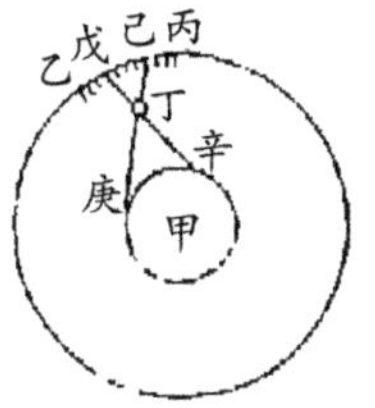

如上圖，丙己戊乙爲天，甲爲地，丁爲星，地體若大，能爲天分數者，則人在庚，宜見丁在己度，人在辛，宜見丁在戊度，今不然者。是地與天，其小大無分數可論也。

《名義篇》第一

「測天本義」一條

問，測天者何事，所論者何義也？曰，此度數之學。度數學有七支，此爲第六也，所論者，一言三曜日月星形象大小之比例，一言其各去離地心、地面各幾何，一言其運動自相去離幾何，一言其躔離逆順晦明朓朒，一言其五相視。五相視者，一曰會聚，會聚，或同一宿，或同一宮，或相掩，或凌犯，二曰六合照，每隔一宮，三曰隅照，三方相望，四曰方照，四方相望，五曰對照，即衝衡，一因其行度次舍，以定歲月日時，此爲大端也。

大圜名數　十條

大圜者，上天下地之總名也。亦稱宇宙，亦稱天下，亦稱六合之内，下文通用。天實渾圓，其中毫無空隙，譬如葱，本重重包裹，其分數幾何，則自下數之，地居天中，爲最下，亦曰最内，第一爲地，水補其闕，地有卑窪，水則就之，若據地面，則水土相半，蹠實論之，水之視地僅當千分之一，共爲一球。地外爲氣，氣之外爲七政之天，七政之外爲恒星亦曰經星，下文通用之天，恒星之外爲宗動之天，宗動之外爲常静之天。

問，地水與氣相次之序，其理易明，今何以知七政在下，恒星在上？曰，有二驗焉。其一，六曜有時能掩恒星，六曜者，月①、五星也；不言日者，日大光，星不可見也。唐肅宗上元元年五月癸丑月掩昴，代宗大曆三年正月壬子月掩畢，八月己未月復掩畢，是月掩恒星也。唐高宗永徽三年正月丁亥，歲星掩太微上將，五月戊子，熒惑掩右執法，元武宗至大元年十二月戊寅，太白掩建星，是五緯掩恒星也。掩之者在下，所掩者在上也。其二，七政循黃道行皆速，恒星最遲也。

問，七政中復有上下、遠近否？曰，有之，月最近也。何以知之？亦有二驗。其一，能掩日、五星也。月掩日而日爲食，不待論也。唐文宗泰和五年二月甲申月掩熒惑，六年四月辛未月掩填星於端門，九年六月庚寅月掩歲星於太微，武宗會昌二年正月壬戌月掩太白於羽林，是月掩五星也。其二，循黃道行二十七日有奇而周天，餘皆一年以上，是七政中爲最速也②。

問，行度遲速以別遠近，是則然矣，太白、辰星與日同一歲而周，爲無遠近乎？曰，舊說或云，日內月外，相去遼③絶，不應空然無物，則當在日天之下，或云在日天之上，二說皆疑，了無確據。若以相掩正之，則大光中無復可見，論其行度，則三曜運旋，終古

① 原爲「日」，據《崇禎曆書》本改。
② 驗法全部舉中國古代觀測，其用意難掩會通。
③ 原文缺此字，據《崇禎曆書》本增補。

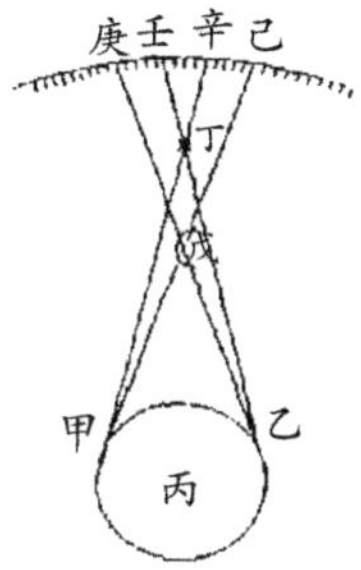

若一。兩説①既窮，故知從前所論皆爲臆説也。獨西方之國近歲有度數名家，造爲望遠之鏡以測太白，則有時晦，有時光滿，有時爲上、下弦，計太白附日而行，遠時僅得象限之半，與月異理。因悟時在日上，故光滿而體微，若地、日、星參直則不可見，稍遠而猶在上，則若幾望之月也。時在日下，則晦。三參直，故晦稍遠而猶在下，若復蘇之月，體微而光耀煜然，在旁，故爲上下弦也。辰星體小，去日更近，難見其晦明，因其運行不異太白，度亦與之同理。

問，熒惑、歲星、填星，孰遠近乎？曰，熒惑在歲、填星之内，在日之外，何者？一爲其行黄道，速於二星，遲於日也。歲星在其次外，其行黄道，速於填星，遲於熒惑也。填星在於最外，其行黄道，最遲也。又恒星皆無視差，七政皆有之，以此明其遠近，又最確之證，無可疑者。

問，何爲視差？曰，如一人在極西，一人在極東，同一時仰觀七政，則其躔度各不同也。七政愈近人者，差愈大；愈遠者，差愈小。月最大，日次之，熒惑次之，歲星又次之，填星最小，幾於無有。故知月最近，填星最遠也。

如上圖，丙爲地，甲爲東目，乙爲西目，甲望戊月在己度，乙則在庚度；甲望丁星在辛度，乙則在壬度。己庚差大，則月去人近，辛壬差小，則星去人遠也。

問，東西相去，既是極遠，何以得同在一時仰觀七政？曰，此在一時一地，亦可測之，特緣

① 《崇禎曆書》本此處爲「術」。

算數所得難可遽明，故以東西權説。若月食則亦東西同時，兩地并測，亦足諗知也。

問，何以知七政之上復有恒星之天？曰，恒星佈列終古常然，而一體東行，行度最遲，殆如不動，既與七政異行，知其不得共居一天也。故當別有一恒星之天，衆星皆麗其上矣。

問，恒星天之上，何以知有宗動無星之天？曰，七政、恒星，其運行皆有兩種，其一，自西而東，各有本行，如月二十七日而周，日則一歲，此類是也。其一，自東而西一日一周者是也。非有二天，何能作此二動，故知七政恒星之上，復有宗動一天，牽掣諸天，一日一周，而諸天更在其中，各行其本行也。又七政、恒星既隨宗動西行一日而周，其爲疾速，殆非思議所及，而諸天又欲各遂其本行，一東一西勢相違悖，故近於宗動東行極難，遠於宗動東行最易。此又七政、恒星，遲速所因矣。

問，宗動天之上又有常静大天，何以知之？曰。今所論者，度數也。姑以度數之理明之。凡測量動物，皆以一不動之物爲准，譬如舟行水中，遲速遠近若干道里，何從知之？以離地知之，地本不動故也。若以此舟度彼舟，何從可得？諸天自宗動以下隨時展轉，八極不同，二行各異。若以動論動，雜糅無紀，將何憑藉用資考算？故當有不動之天，其上有不動之道，不動之極，然後諸天運行依此立算，凡所云某曜若干時行天若干度分，若干時一周天之類，所言天者，皆此天也。曆家謂之天元道、天元極、天元分，至此皆繫於静天，終古不動矣①。

① 這裏對於天層的解釋與利瑪竇時期的著作明顯不同，這裏更傾向於闡明客觀道理。

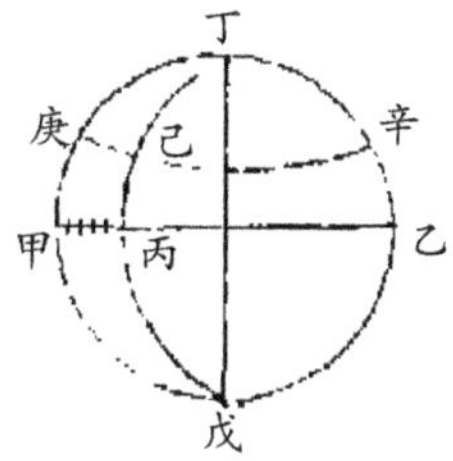

《常静篇》第二

總論一條

常静天者，有三理。一爲此下各動天之一切諸點，七政、恒星、彗孛及諸道諸圈之交之分，但須測算者，總名爲點，不言星者，交與分，非星也。日月大矣，亦言點，凡測，皆測其心，心則點也。藉此天以測知其所在也。二爲測各動天運行之時之度，與夫各點之出入隱見，以定歲、月、日、時也。三爲測諸動天之各點相去離幾何也。凡常静天上，諸名皆繫之天元，因其不動，以驗他動也。其最尊者有三圈，一曰天元赤道圈，或稱中圈，或稱腰圈，下文通用，以定諸點。二曰天元地平圈，或稱四方圈，或稱八風圈，或稱分光圈，下文通用，以驗運行。三曰天元距圈，或稱去離圈，下文通用，以辨去離。

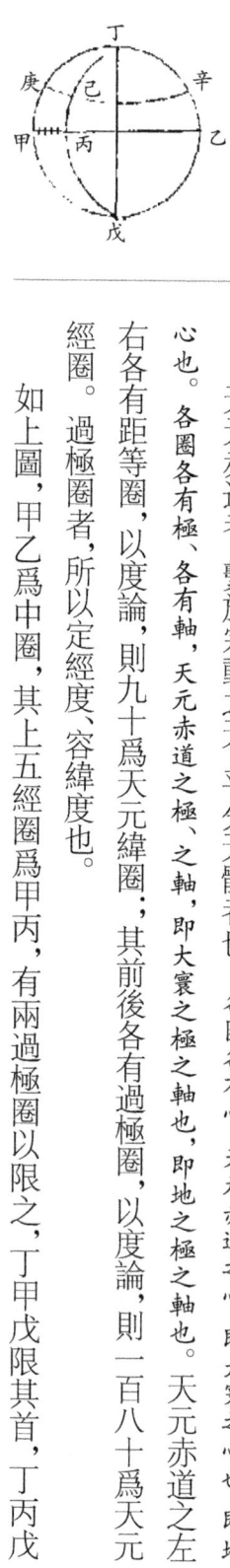

論三圈共七章

論「天元赤道圈」一條

天元赤道者，繫於宗動之天，平分天體者也。各圈各有心，天元赤道之心，即大寰之心也，即地心也。各圈各有極、各有軸，天元赤道之極、之軸，即大寰之極之軸也，即地之極之軸也。天元赤道之左右各有距等圈，以度論，則九十爲天元緯圈；其前後各有過極圈，以度論，則一百八十爲天元經圈。過極圈者，所以定經度、容緯度也。

如上圖，甲乙爲中圈，其上五經圈爲甲丙，有兩過極圈以限之，丁甲戊限其首，丁丙戊

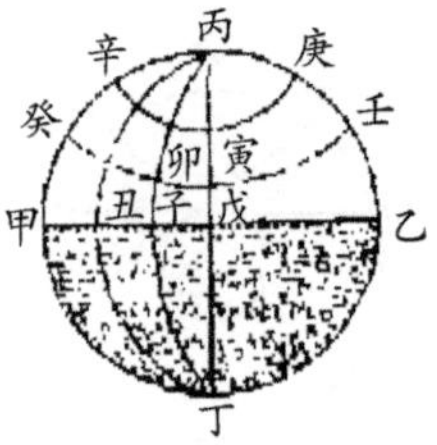

限其尾，甲丙在其中，是大圈上所容之六經度也。又如丙己爲過極圈上四緯圈，則首尾兩點有兩距等圈以限之，甲丙乙限其首，庚己辛限其尾，丙己在其中，是過極圈上所容之五緯度也。

論「天元地平圈」三條

常静天下諸所測候，欲知各點所在，與各點之道、各道之交之分，則一中圈足矣。爲地在中心，不能透明，明爲地隔，人在各所，所見止有半天，其分明分暗處有一大圈，即地平圈也。地球之大，人居各所明暗所分，處處各異，故隨在有一地平圈。

地平圈分四象限，定天下之東、西、南、北，故可曰方道，亦可名風道。所謂不周廣莫，八風所來也。四象限分爲三百六十，是地平之經度。地平之兩端，一在人頂，爲頂極，一在人對足之下，爲底極。地平之左右各有距等小圈，從大圈至極各九十爲地平之緯度，亦名高度，亦名上度，下文通用。其算以大圈爲初度，次小圈爲一度，其最高爲九十度，即頂極下亦如之，亦名低度，亦名下度，下文通用。其最下爲九十度，即底極也。從地平經度每度出一過頂大圈，凡一百八十以定方維之分數。其最尊而用大者有二，一曰地平東西圈，一曰地平南北圈，如天元赤道上之有極至、極分二圈也。極至、極分見後篇。

如上圖，甲乙爲地平，丙爲頂極，丁爲底極，丙戊丁南北圈也，甲丙乙丁東西圈也。丙子丁、丙丑丁皆經圈，庚寅辛、壬卯癸皆緯圈，算地平之經度，或從東西圈起，或從南北圈起，其

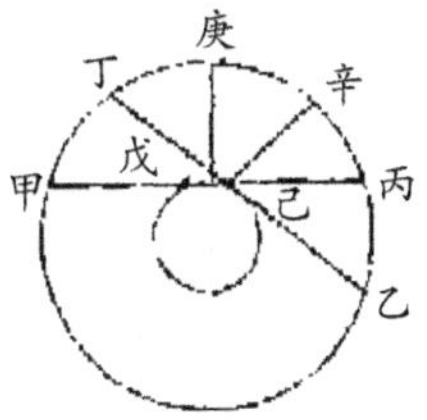

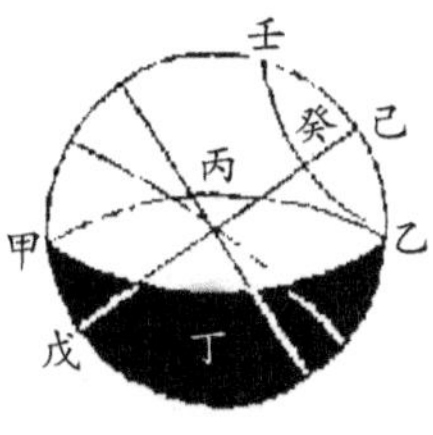

緯度，或從地平起，或從頂極起，各任用。

地爲圓體，故球之上每一點各有一地平圈，從人所居，目所四望者即是，其多無數。

如上圖，戊己爲地，甲乙丙丁爲天，人在戊，即甲丙是其地平，而庚爲頂極；人在己，即乙丁是其地平，而辛爲頂極。

「赤道」、「地平」二圈比論四條

常靜天上有天元赤道、天元南北極恒定不動，就人目所視又有天元地平圈。今以二圈合論，則六合之内共有三球，一爲正球，二爲攲球，三爲平球。正有一平、有一離，此即攲，攲者無數。正球者，天元赤道之二極在地平，則天元赤道與地平爲直角，而其左右緯圈各半在地平上，半在地平下。

如上圖，甲戊丙己爲天，甲乙丙丁爲地平，甲丙即天元赤道之兩極，戊乙丁己爲地平之東西圈，亦即天元赤道，庚辛壬癸等則地平之經圈，是正球也。

攲球者，天元赤道之二極一在地平上，一在地平下。赤道與地平爲斜角，斜角者，一鋭、一鈍之總名。而天元赤道與地平之各經緯圈，伏見多寡各不等，其極出地之度，爲用甚大，測候者所必須也。赤道緯圈之中隨地各有一緯圈，爲用甚大，名爲常見緯圈，凡極出地若干度，即有一去極若干度之緯圈，其底點常切地平者是也。

如上圖，甲丙乙丁爲地平，戊己爲赤道極，若己乙爲極出地四十度，則壬癸乙常見緯圈，

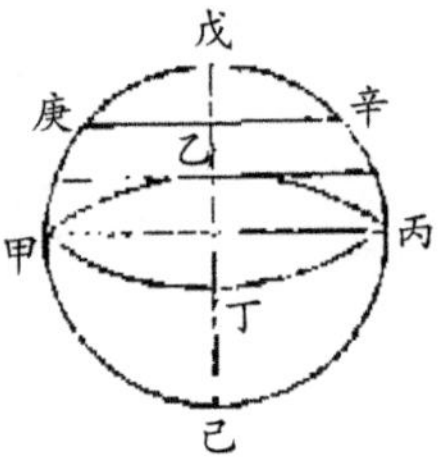

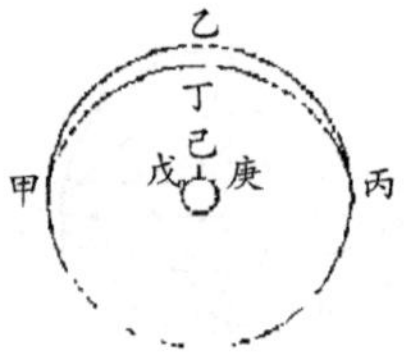

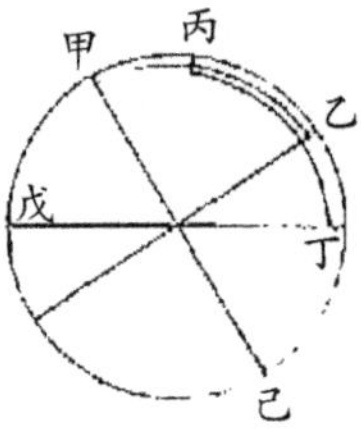

亦去極四十度，而緯圈之乙點，即地平之乙點。

平球者，一極在頂，天元赤道與地平爲一綫，各距等圈皆與地平平行也。

如圖，甲乙丙丁爲地平，即爲天元赤道，而戊極在頂，庚辛等緯圈皆與地平平行。

論「地平南北圈」一條

地平大圈上之過頂圈一百八十，名頂圈，皆地平圈之伴侶，故又名侶圈，其中大者二，曰東西、曰南北，其又最尊者南北也。其兩極在地平與東西侶圈之交，此圈平分球爲東西二方，不但過頂極，亦過天元赤道，極與天元赤道相交爲直角，亦不動，與地平圈等，但其游移也。人於地面上南北遷此圈，止有一，不得有二；東西遷則隨在不同，與地平俱無數。

如上圖，甲乙丙爲南北圈，人在戊在己在庚，俱南北一綫，則恒以甲乙丙圈爲頂，移極不移圈，故云有一無二也。若從己東西遷丁，爲其頂，即以甲丁丙爲南北圈矣。

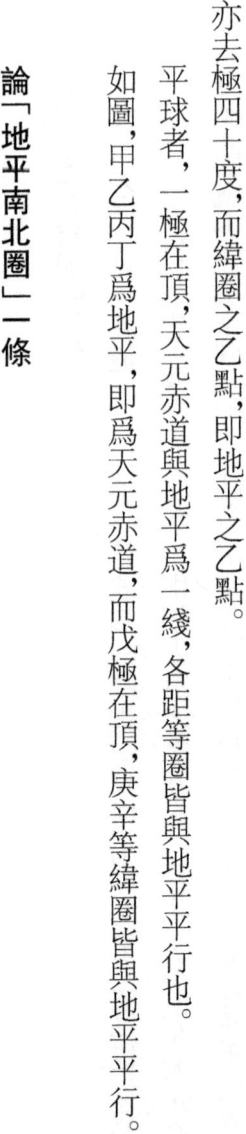

「地平南北圈」與「天元赤道」比論一條：

此圈交於天元赤道，即爲天元赤道之極高，從天元赤道至頂極之度，即北極出地之度。

如圖，甲己爲赤道，丙爲頂極，乙爲赤道極，戊丁爲地平。今言甲丙與乙丁等者，甲乙弧、丙丁弧各相去九十度，各減一丙乙弧，則甲丙與乙丁等。若赤道極高之甲戊弧，亦與丙乙弧

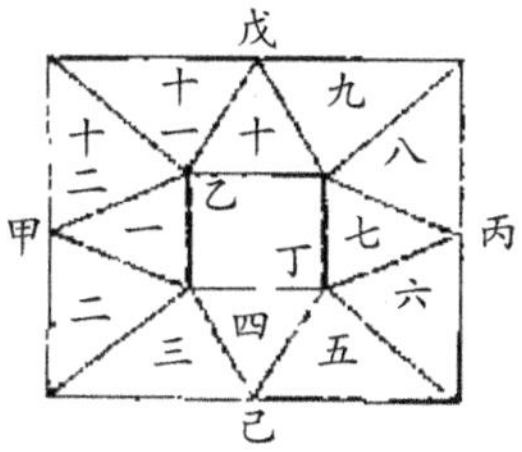

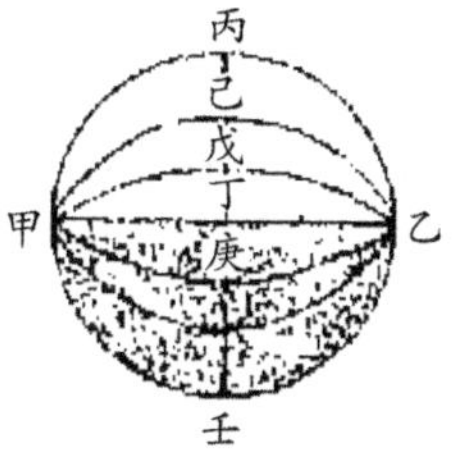

等，其理同也。

論「地平東西圈」二條

東西，亦地平之佀圈也，其兩極在地平與南北佀圈之交，過此兩極者有六大圈，亦分天元球爲十二舍。地平以上常見者六舍，最尊者，地平與南北圈也，其次序從東地平起算爲初舍，入東一舍爲第一，入東二舍爲第二，至南北圈之底起第四，西地平上起第七，南北之頂起第十。此法爲用甚大，醫家、農家及行海者所必須也。

如上圖，丙丁壬爲東西佀圈，甲、乙爲兩極，甲丁乙爲地平圈，甲戊乙、甲庚乙等皆過極大圈也。

其用之，則以此圖甲乙丙丁爲地平，甲爲東地平，起一舍，己爲底極，起四，丙爲西地平，起七，戊爲頂極，起十也。

東西圈平分球爲南北二方，造日晷必用之。

論「天元去離圈」二條

天元三大圈，其一赤道，其二地平，若欲知兩點相距幾何，則二圈爲未足也。故有去離大圈，過所設二點，自此點至彼點其間之容，則相去離之度分也。若此二點俱在天元赤道，或俱在其過極圈，或俱在地平圈，即所在圈爲去離圈，不用百游去離圈。游者，游移不一，百言其多。

如上圖，甲乙丙丁爲地平，戊己爲南北極，庚辛爲黄道，設壬癸點，則子癸壬丑大圈上之癸壬，是其度分。

或問，二點或俱在緯圈，則即以緯圈爲去離圈不可乎？曰，凡測量必用准分之尺度。准度者，止有一，不得有二。静天上之大圈分，則准度也。各緯圈之小大與其度分之廣狹，一一不等，若多寡不齊之尺度，豈能得物之准分乎？故測去離必用大圈，不得用緯圈也。

《測天約説》卷下

《宗動篇》第三

總論二條

論宗動有二端，一言本天之點與綫，二言本天之運動。

三曜皆有兩種運動，宜以兩物測之，猶布帛之用尺度也。七政、恒星皆一日一周，自東而西，則以赤道爲其尺度，又各有遲速本行，自西而東，則以黄道爲其尺度。凡動天皆宗於宗動天，故黄赤二道皆繫焉。三曜者，日、月、星也。

論本天之點與綫凡三章。

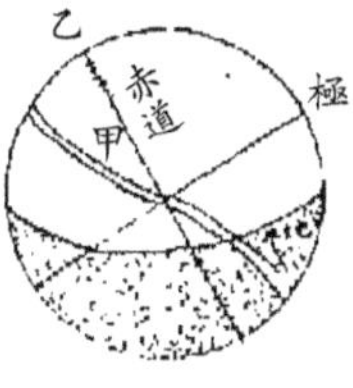

論「赤道」七條

赤道於諸大圈爲最尊，其義有三，不知赤道，則諸大圈無從可解，一也；赤道之理特爲易明，二也；一日一周，乃七政恒星之公運動，赤道主之，三也。

其兩極即大圜之兩極，何者？爲本道與天元赤道相合爲一綫，動静雖異，終古不離也。大圜之心，中圈之心，赤道之心，地之心，同是一點，爲赤道與大圈、中圈同爲大圈故也。

赤道既爲大圈，其分數亦有半圈，有象限，有三百六十度及分秒，其算數則從一至三百六十，與黄道、地平異。黄道分十二宫，各以三十爲限，地平分四象，各以九十爲限，故赤道亦有過極經圈一百八十，爲用甚大。其左右旁各有距等侣圈，即緯圈，每至極各九十，不甚爲用，爲與天元緯度一一同綫。故其用，則以赤道之經緯度，測各點之所在，命爲各點赤道經緯度。

如上圖，赤道上任設甲點，從赤道初點乙數至甲爲幾度分，即甲點之赤道經度分也。爲在赤道上，故無緯度。若所設甲點在赤道外，則於過極大圈數甲點至赤道交，即定赤道初點至設點之經度爲六，甲點至赤道，即所容之緯度爲五。

凡分南北大分獨六合之内，即大圜也。及日，以赤道分之，他則否。

論「黄道」十條

黄道亦大圈也，兩交於赤道兩交之間，最遠於赤道者，二十三度有奇。黄道之兩極，去赤

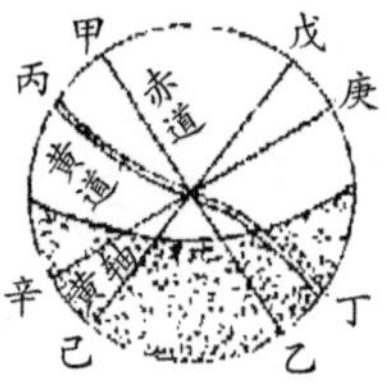

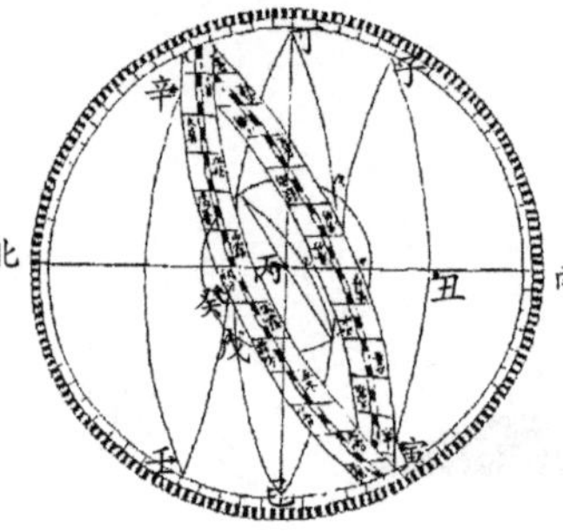

道兩極，亦二十三度有奇，與二道相離最遠之數同也。

如上圖，甲至丙爲黄赤二道相離最遠之二十三度有奇，則庚至戊亦黄赤二極相離之二十三度有奇。

黄道分數，其四象限三百六十度，與赤道同。又十二分之爲宫，二十四分之爲節氣，七十二分之爲候，與赤道異。十二宫曰玄枵、娵訾、降婁、大梁、實沈、鶉首、鶉火、鶉尾、壽星、大火、析木、星紀，後曆家從，便命之曰子、亥、戌、酉、申、未、午、巳、辰、卯、寅、丑。節氣，曰冬至、小寒、大寒、立春、雨水、驚蟄、春分、清明、穀雨、立夏、小滿、芒種、夏至、小暑、大暑、立秋、處暑、白露、秋分、寒露、霜降、立冬、小雪、大雪。每一節分爲三候，節氣中二至二分爲主。

黄赤道交處爲春秋分，相離最遠爲冬夏至。

黄道左右各八度，以定月、五星出入之道，名爲月五星道，又名六曜道，下文通用。諸曜出入於黄道度多寡不同，最遠者八度也。又總名爲黄道帶，古法左右各六度。

如上圖，平分二十四氣者爲黄道帶，甲至乙廣八度，丁戊己庚爲赤道圈，辛壬癸爲夏至圈，子丑寅爲冬至圈，丙則地心也。周天分十二宫，非獨宗動天之面也，凡六合之内即大圜一切所有，從宗動之面下至地心，皆以十二分之。

故凡言宫者有四義，其一，黄道帶上有一長方面，爲甲乙丙丁，甲乙長三十度，乙丙廣十六度，凡七政彗孛等從地心作直綫過本點，至此面之某度分，即命爲本點在本宫之某度分也。

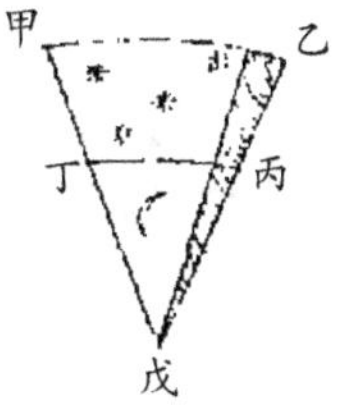

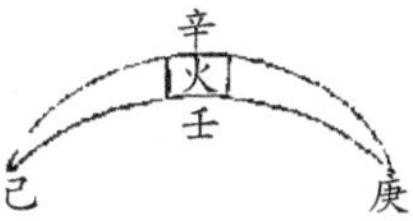

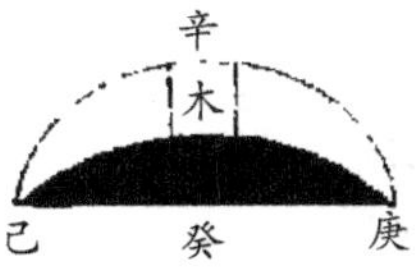

其二，以甲乙丙丁爲面，從地心戊出四綫上至方面之甲乙丙丁，各角成鋭角體，凡六合之内一切所有，但入此鋭體中，即命爲在本宫之某度分。

其三，爲宗動天之内規面十二分之一，以黄道兩大經圈各至極之己庚爲首尾，中相去三十度之辛壬爲腰，其中容即此分面也。則凡諸點之在其面，或在其下者，皆命爲在本宫之某度分。

其四，己辛庚壬爲面，從面分至地心癸爲橘房體，則入此體中者，皆命爲本宫之某度分。

黄道有經度，一名長度，有緯度，一名廣度，從黄道作過極圈以定其經度，法與赤道同。但本道本極異耳。若起算從春分始，其義有二，一爲是黄赤道二大圈之交也，二爲其爲大圜之中，中者，二極之間也。黄道之過極圈容其各緯度限，各經度其左右侣圈限，其各緯度容各經度。

黄道比論八條

比論者，一與赤道比，一與地平圈比，一與地平南北圈比。

與赤道比論

黄赤道之交爲春秋分，從此作過極大圈，名爲極分交圈。從二道最遠處作過極大圈，爲極至交圈，此二大圈分黄、赤道各爲四分，每分各爲九十度。

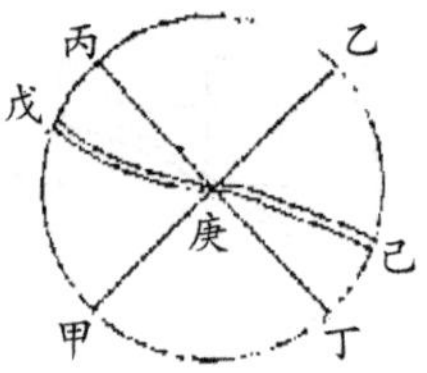

如上圖，甲乙爲赤道極，丙丁爲赤道，戊己爲黄道，庚爲二道之交，則甲庚乙爲極分交圈，甲丙己丁爲極至交圈。

黄赤道相距不用黄道之緯度，而用赤道之緯度。從黄道出綫與黄道爲斜角，至赤道作直角，名偏度。如降婁宫三十度，經緯綫交爲直角，一名廣度，若用廣度則相距十三度，今用偏度則十二度半。所以然者，爲黄道斜迤。若用廣度，則分及一象限，無法可分矣。不若用赤道之平直四象皆通也。本以黄道之三十度立算，而用赤道之侶圈，且與赤道爲直角，與黄道爲斜角，故名爲赤道上之黄道偏度，非從赤道目爲偏度也。其在赤道，自名旁度、侶度。黄道一象限九十度，各有其偏度，最遠者二十三度有奇，不言三百六十者，餘三象限與一同理故也。

如上圖，甲丙爲黄道弧，若廣度則值丙乙，偏度則值丙丁，即作庚丙丁辛去離圈，丙丁在其上，爲距度。

測黄道弧之經度，亦不用黄道之經度，而用赤道之經度。如降婁宫本三十度，以赤道測之則二十七度，爲此宫之黄道斜而長，赤道直而狹，故不命降婁一次黄道上之長度曰三十，而命赤道上之黄道升度，曰二十七也。本以黄道之三十度立算，而用赤道之經度二十七，其去離圈亦與赤道爲直角，名爲赤道上之黄道升度，非從赤道目爲升度也，在赤道自名上度。

如上圖，甲乙爲黄道弧，若長度則值甲丁，升度則值甲丙，於赤道上命甲丙，曰黄道之升度。

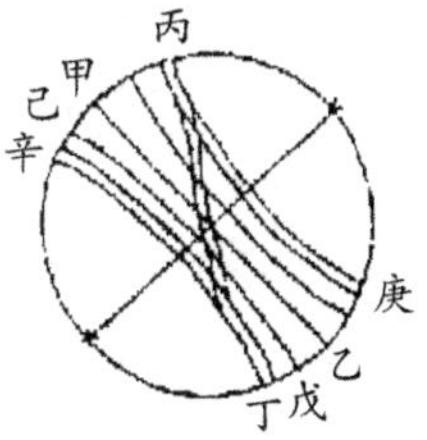

從黃赤交至北最遠黃道圈上有九十度，每度作一圈，與赤道之距等圈平行，其初圈則赤道也，其第九十即爲夏至圈。南迄冬至亦然。是名日軌圈，亦曰日距圈。

如上圖，甲乙爲赤道，丙丁爲黃道，辛丁爲冬至圈，丙庚爲夏至圈，己戊等皆其日距圈也。

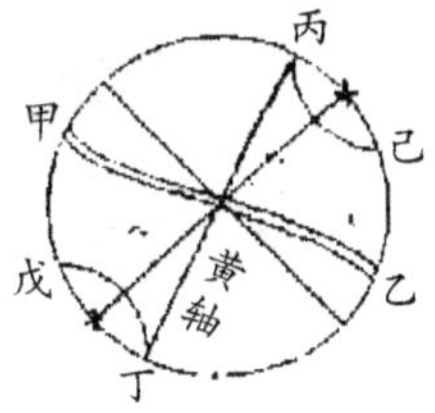

赤道緯圈去極二十三度有奇者，過黃道極名爲極圈，南北同。

如上圖，甲乙爲黃道，丙丁爲黃道極，過此二極之赤道緯圈爲丙己、爲戊丁，名南北極圈。

與地平圈比論：

黃道與地平相遇作角，其角隨時隨地大小不同，正、偏球皆然，平球則否。

與地平南北圈比論：

兩圈交而作角，自六十六度有奇而至九十，九十爲二至則直角，六十六爲二分則鋭角。

論本天之運動　凡四章

總論一條

宗動天常平行，終古無遲疾，赤道繫焉，故其行亦終古無遲疾。

諸點與地平比論十八條：

凡先在地平下不見，後見，在地平上爲出，反是爲入。

凡平球各點見地平上者，皆與地平平行，無出入，七政則否。

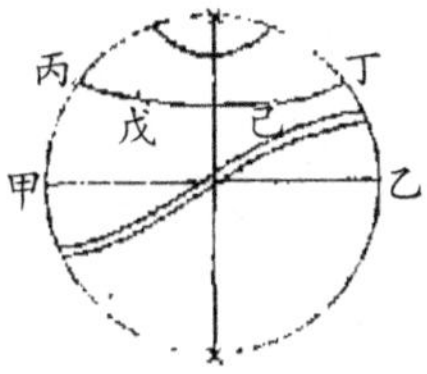

如上圖，甲乙爲地平與赤道同綫，丙丁等爲距等圈，凡戊己等點皆與地平平行，獨七政循

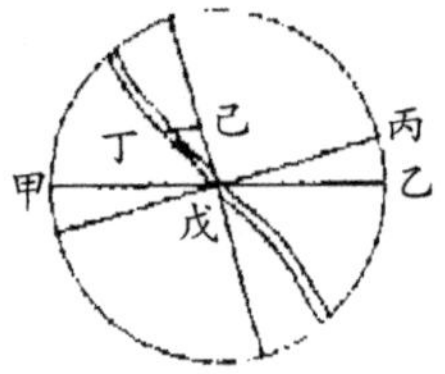

黃道行則否。

若黃道極在天頂，則黃道每日一次與地平爲一綫一瞬，則六宮在地平上，六宮在地平下矣。此非圖像可明，視渾球則得之。離黃道極圈而外，則出入皆有法，一宮先出，一宮繼之，入亦然。若黃道極圈之內，赤道極之外，則反是。

欲測各點運行，視其出入於地平，測法必以赤道之升度爲其尺度也，何者？赤道恒平行，是名有法，是爲有准分之尺度故。

平球而外，凡各宮出地平上，在黃道俱三十度。赤道則有長短，測法俱不用黃道之長度，而用赤道上之黃道升度。

如北極出地十度爲丙乙，其黃道初宮出地爲丁戊三十度，則截取赤道，先與黃道初度同出。今與黃道第三十度同在地平綫上者爲己戊，得二十四度弱，是爲黃道初宮之地升度。凡論時刻及各點出入，皆用之，不用丁戊也。

凡測升度有二，或連或斷，連者，俱初宮初度起至本點。依前法，視赤道同出度，即得。若有別設二點在黃道上，欲測二點之升度，是爲斷也。法以前點視初宮相距之升度幾何，是爲前升度，以後點距初宮之升度幾何，是爲總升度。於總升度中減去前升度，即得後升度。

如上圖，乙甲爲別設點，求其升度，則丙乙爲戊丁之升度。是前升度戊甲爲丙甲之升度，是總升度。次於戊甲減戊丁，所存丁甲，是乙甲之後升度。

問，黃道弧而用赤道之升度，爲其不等故也，亦有等者乎？曰，有之，論正球，則黃赤道從二分二至起算，各出地九十度，其黄道弧與升度等，周天之中，其相等者四而已。

問，正球黄赤道之四象限，其升度與弧俱等者，何故？曰，黄赤道俱爲二大圈，相等則所分之相似圈分俱等，一也。又，極至極分二大圈，定黄赤道爲四象限，此二大圈出入地時，即地平與四象限之交，相合爲一綫，故黄道之象限交必與赤道之象限交，偕出偕入，二也。

若欹球，則黄道之半圈從分起，從分止，與赤道升降度等，而周天之中其相等者二，何者？黄赤道二分之交同時至地平，即二大半圈必相等故。

欹球二相等之外，其他升度與黄道弧皆不等。

問，一象限同升常自不等，何以至九十度則等？曰，黄道弧與升度從初宫初度始，每度之升度各有差，初差漸多，後差漸少，漸近漸少，至極遠而平故也。過二至則反是。

若正球，則四象限之黄道弧與升度常相似，其差甚少，不過三度。欹球則所差絶多。

如上正球，甲乙赤道軸即地平，故丁丙弧與丁戊升度相似，欹球，北極面則辛壬弧與辛癸升度所差多。

升降有二，有正升降，有斜升降，各弧與升度同出入，若赤道上升度大於黄道弧，謂之正升降；小者，謂之斜升降。愈大愈正，爲黄道與地平爲角近於直角；愈小愈斜，爲遠於直角。

正球，但有四宫爲正升，冬夏至前後各二宫是也。冬至先後者，析木、星紀，夏至前後者，實沈、鶉首。餘八宫，有斜者，有半斜者。

若欹球，則恒有六宫爲正升，正升謂之遲升，斜升謂之疾升。欹球有六宫焉，正球有八

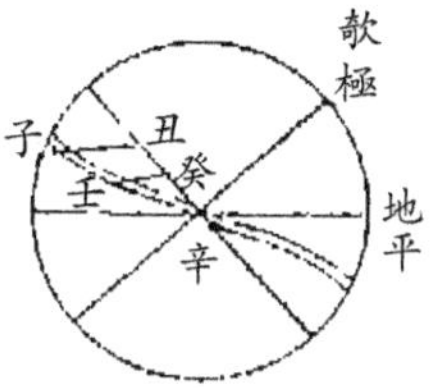

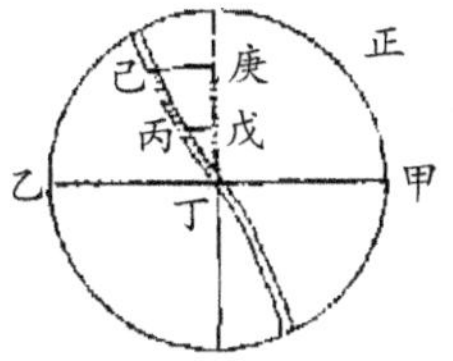

宫焉。

問，欹球之正升者六，爲何宫？曰，若北極出地一度至六十六度，則鶉首、鶉火、鶉尾、壽星、大火、析木是也，此六宫則正升，正升則斜降。南極出地者反是。

球愈欹，則黄道與地平爲角亦愈斜。

以升降比論四條：

論正球，黄道上兩點去離二至二分亦名爲四大點各等，則其升度亦等，其相對之宫升度亦等。如降婁、壽星各二十七之類是也。

若欹球，則相對宫之升度各不等。有兩點，去春秋分大點等，則其升度亦等。

以正、欹球比論二條：

從降婁至鶉尾六宫，欹球之升度小，而正球大，從壽星至娵訾六宫反是。有兩弧在黄道上相對相等，其正球之兩升度并爲一率，欹球之兩升度并爲一率，此兩率等。

以黄道之出入比論，即升降度之合也五條：

各宫各弧各點之出度必等於入度，不論正偏球。

各宫之出入度并與相對宫之出入度并等①。

欹球，各宫之出入度雖等，而正斜不等，此正升則彼斜降，此斜升則彼正降。

① 以上爲相關推論，須證明，但此處忽略。

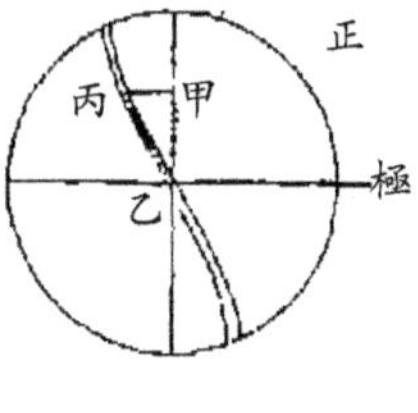

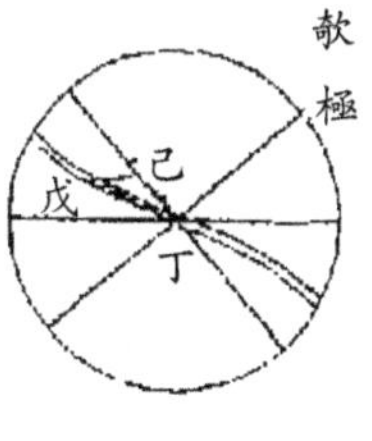

一宫一弧，在正球有升度，在攲球有升度，此兩升度相減之較，名升差。

如上圖，降婁一宫在正球之地升度二十六，爲甲乙。北極出地四十度之攲球，地升度十六，爲丁己。以二率相減得十度，是爲兩球升度之差，省曰升差。

正球之升降度從地平起算可，從地平南北圈起算亦可，爲赤道與地平圈、與南北圈相遇，俱爲直角，故等。攲球則否，必用地平也。

《太陽篇》第四 不稱日者篇中有時日之日，故别言之，月稱太陰同①。

總論

宗動天之下則有列宿，又下則填星，則歲星，則熒惑，何以序先太陽？其義有三，一列宿與六曜之理皆繫太陽，不先論此，不得論彼，二理較易明，先明其易，難者并易，三萬光之原，諸曜皆從受光焉，月若其配，星其從也。

從本體論 凡三章

論太陽之形象本是圓體。圓，有面有體，太陽之爲圓面，舉目即是，不待言矣。其爲圓體，何從知之？曰，凡物未有有面無體者，太陽之爲物，大矣，知其必有體也。凡自然生者，初

---

① 上文小字均爲依照潘鼎輯《崇禎曆書》本改正，原文一律爲大字。

生者無物不圓，太陽之生亦本自然，曾無雕琢，初生則然，曾無遷變。又諸體中圓爲最尊，以太陽較天下有形之物，亦是最尊，知其必爲圓體也。

論太陽之大。欲知物大，先知其徑，徑有二，一爲視徑，視徑者，人目所視也，舊云太陽之徑一度，近來測驗，實止半度。

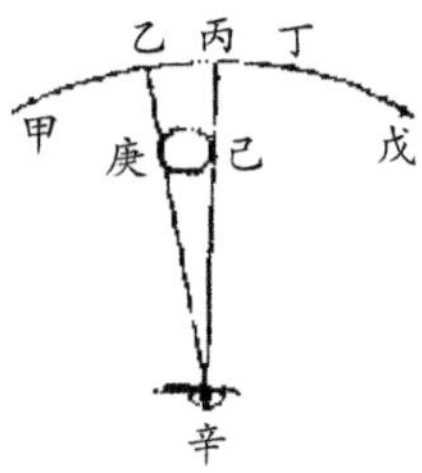

如上圖，甲乙、乙丁、丁戊爲宗動天内規面之三度，人從辛視太陽之己庚徑，於天度僅得乙丙，不滿乙丁之一度，約如乙丙者七百二十，則滿黄道周，故知視徑爲半度也。

一爲本徑，欲知本徑，先論其去地之遠。太陽去地有時近，有時遠，折取中數，則以地全徑爲度，里數太多難計，故以地徑之里數爲其尺度也。地之周約九萬里，其全徑約三萬里，二十四其地徑，自之得五百七十六，是太陽去地之中數也。其比例云，地之徑與太陽去地之半徑，若一與五百七十六也。既知其視徑，又得其去地之遠，因以割圓術求其本徑，得太陽之容大於地之容一百餘倍也。割圓術有專書，二徑相比見《幾何原本》第十二卷第十八題，容者體之容，算術謂之立圓積。非徑綫，亦非面也。其算法後篇詳之。

論太陽之光

日爲大光，六合之内，無微不照，有不透明之物隔之，則生影。地在天中，體小於日，故影漸遠漸殺，以至於盡，其影之長，不至太陽之衝。

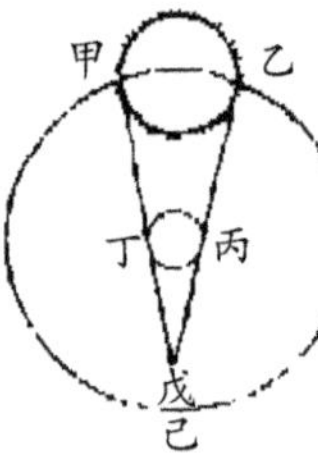

如上圖，甲乙爲日，丙丁爲地，其影至戊而止，不至己。

太陽面上有黑子，或一、或二、或三四而止，或大或小，恒於太陽東西徑上行，其道止一綫，行十四日而盡。前者盡則後者繼之，其大者，能減太陽之光。先時或疑爲金水二星，考其躔度，則又不合。近有望遠鏡，乃知其體不與日體爲一，又不若雲霞之去日極遠，特在其面，而不諳爲何物。

從運動論　凡五章

太陽之動有二，其一與黃道、赤道比論，其一與地平比論。與黃赤道比論，如從冬至一點起算，行天一日一周，明日不在冬至，即此一圈作螺旋一周，次日復然，迄夏至點，行一百八十餘周，而通作一螺旋綫也。第冬至綫與次日一周綫相離甚近，以次漸遠，迄春分而甚遠，過此漸近，迄夏至而甚近，過此又漸遠，如是循環無窮耳。詳見後篇。

又冬至初日之綫，其螺圈甚小，次日漸大，至春分甚大，過此漸小，迄夏至而甚小，如是小大循環者，何也？爲緯圈中冬夏至皆小圈，赤道爲大圈故也。從冬至迄夏至，此爲成歲之半矣。若從夏至迄冬至，亦作螺旋行，每日一周，百八十餘日通作一螺旋綫，但此綫非復前綫，而別作一綫，每日與前綫作一交耳。此爲成歲之全也。

如圖，作螺旋圈不能爲三百六十，作二十四以明其意。

已上所說螺旋綫，是太陽之體理，實作如是運動，無可疑者。但螺旋則無法之綫也，以此測候亦復無法可立，故天官家別用他術，如下文。

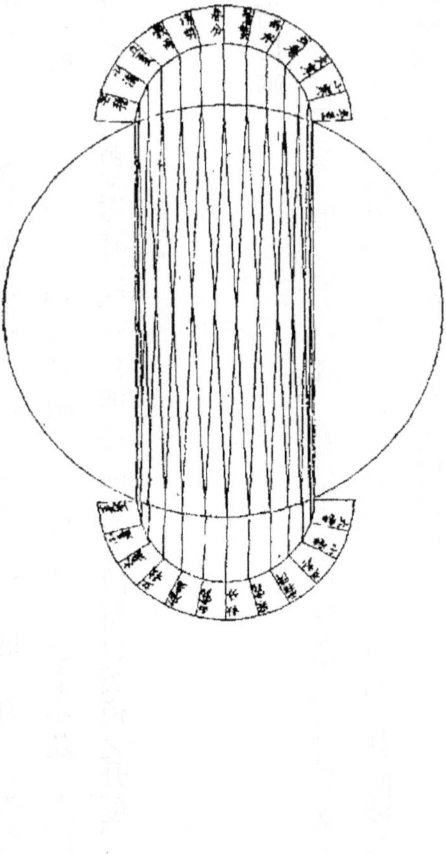

測候之術：

如用春分起算，初日從初點，循赤道行迄一周，是爲一日，明日即不在赤道，而在其第二圈，又不直距於初點，而東西相去爲黄道之一長度，其南北距度即不及一度也。此一周即爲赤道之一距等圈矣。太陽恒在黄道下行，故無黄道之廣度。至第三日，復作第三距等圈，與次日同，凡九十日行黄道九十度，即於赤道旁作九十距等圈，其第九十則夏至圈，夏至圈去春分圈止二十三度半，故太陽之行亦如是而止。此九十距等綫，以當全螺綫之半也。用此術，則從夏至迄秋分亦有九十距等綫，其綫即春夏距等之原綫矣。

至秋分即復行赤道一日，無距度距圈，與前春分日所行同綫，相對其兩對處，則有極分交圈，以爲之限也。自春迄秋二分之間，行一百八十度，黄道長度與赤道之距度，其數皆等；從秋分而後每日作一距等圈，其第九十則冬至圈也。凡諸距度圈，皆交於黄道，獨二至之兩圈切於黄道，爲其行至是盡矣。其兩盡處，則極至交圈爲之限也。秋分迄冬至亦二十三度半，與其迄夏至等，故其間距等圈與其迄夏至之距等圈亦等；從冬至以後，亦依前所行距等原綫，以迄春分而歲成矣。

太陽之行恒在黄道下，無廣度，亦恒在兩至之内，故兩至之内皆爲太陽所行之道，而太陽每日行一度弱，故兩至間之距等圈凡一百八十二有奇，每一圈，歲兩經焉。如此術，即分太陽所行爲二路，其一，分計每日所行，各行於赤道佀圈，皆在兩赤道極之間；其二，總計每歲所行，皆行於黄道，在兩黄道極之間，其一日一周於黄道爲一長度，於赤道上不及一上度，此一上度弱者，名爲黄道一日之升度，黄道之升度，每宫與赤道不等，故每日黄道之升度，一一不等。見本設表。

螺旋合術與黄赤分術比論

論合術，則自東而西，每日不及一度，故云日遲；論分術，則自西而東，每日循黄道行一度，故云日疾，其實一也。但螺旋於理甚合。而無法可推分術，則分數易明，其間即有參差，不能及一微一纖，非儀象可測，故曆家專用分術，加減法也，以便推步。

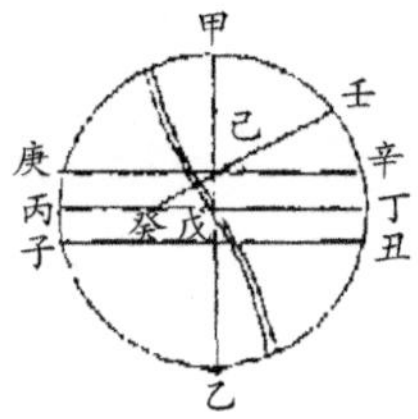

與地平比論

太陽至地平上，爲出，爲明；從東而西没於地平下，爲入，爲晦。

論正球，春分日太陽出於東方，行赤道，赤道即東西圈，漸升至頂極，即至南北圈，爲極高之弧，此地平以上之半晝分也，亦謂之東半晝弧，午正後漸降至地平，謂之西半晝弧，東西合則爲全弧，行盡全弧爲一晝。

其一日之中，地平上凡有表，即得影。日出，則爲無窮之西影，漸短至頂，僅得一點。或云是爲無影，安得一點，不知無表即無影。若令表離於地平，即有與表等大之影。午正後，影漸長至地平，復爲無窮之東影，日既入地平下，則有朦朧分，一名昏度，一名黄昏，行地平之低度十八，低度者，非黄道赤道之度，乃地平之緯度也。在下，故名低度；在上，名高度，後此爲夜。

如上圖，甲乙爲赤道，即東西圈，丙甲丁爲南北圈，甲高九十度，滿一象限，己戊爲表，日出辛，表端影在庚，至壬，影在癸，至庚，則在辛也。至甲止一點，丙丁即地平低度十八，至子丑而止。

日至於南北圈下爲半夜，迫近地平下十八低度，復爲朦朧分，一名晨度，一名昧旦，一名黎明，一名昧爽。凡黎明將盡，日將出，地平上有雲，則爲朝霞；黄昏之始，日初入，地平上有雲，則爲晚霞。所以赤色者，爲日光返照，如火出烟，本是黑色，與火并見，即黑，見烟不見火，即爲紅烟矣。

問，日出入則大，日中則小，何故？曰，地居天中，日周其外。因於太陽，如受燔炙，恒出熱

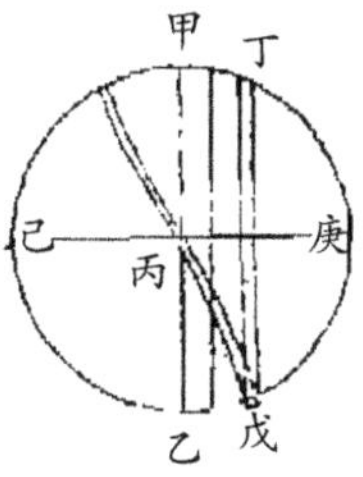

氣，是名清蒙之氣。此氣之厚，去地不能甚遠，日出入時，人目衡視，積氣甚多，如物在水中，其體大於本體。故出入時，日形似大，非果大也。至日中時，以垂綫照地，人直視之，積氣甚少，日不受蒙，則似小矣。若出入時，或深紫或微紅，或似長圓，亦皆是氣之厚薄疏密所爲也。

其春分次日，太陽離赤道即不出於東西圈之初度，而在其稍北之闊度，即地平之經度，不言廣者，以別於黄道緯度也。其相去也，與其日之距度等。爲正球，則赤道與地平爲直角故也。欹球則否。太陽既稍北，則其表影亦稍南，其晝分與初日等，其南北圈下之極高弧，則稍減於九十度。又次日，則闊度愈大，極高弧愈小，以迄夏至，其闊爲二十三度有奇，其高弧爲六十三度有奇。從赤道南迄冬至，亦如之，其方之晝與夜恒等，何者？赤道與地平爲直角，即一切經緯圈，其隱見恒相半故。

如上圖，甲乙爲赤道，即東西圈，春分日日從此道行，次日以後漸向丁戊行，甲至丁、乙至戊各二十三度有奇，庚至丁其高弧六十三度有奇。

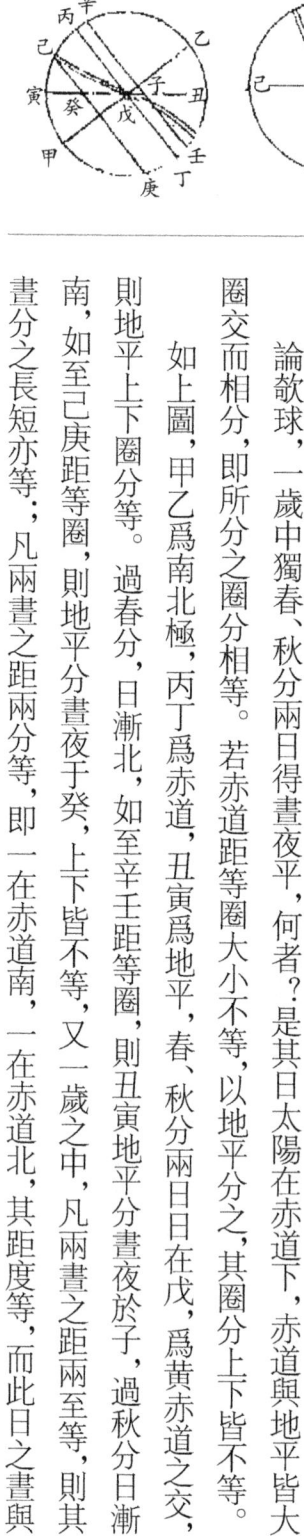

論欹球，一歲中獨春、秋分兩日得晝夜平，何者？是其日太陽在赤道下，赤道與地平皆大圈交而相分，即所分之圈分相等。若赤道距等圈大小不等，以地平分之，其圈分上下皆不等。

如上圖，甲乙爲南北極，丙丁爲赤道，丑寅爲地平，春、秋分兩日日在戊，爲黄赤道之交，則地平上下圈分等。過春分，日漸北，如至辛壬距等圈，則丑寅地平分晝夜於子，過秋分日漸南，如至己庚距等圈，則地平分晝夜于癸，上下皆不等，又一歲之中，凡兩晝之距兩至等，則其晝分之長短亦等；凡兩晝之距兩分等，即一在赤道南，一在赤道北，其距度等，而此日之晝與彼日之夜等。

凡球愈欹，極愈高，即高至不曰冬夏至，而曰高至，通南北言之。之日愈長。凡正球之南北闊度等，欹球則否。

凡正球之二至，日中時，其高下恒相等，欹球則否，日中時，其二至，一甚高，一甚低。

論平球，則以半年爲一晝，以半年爲一夜，何者？北極與頂極合，即赤道與地平亦合，故九十距等圈，從赤道迄一至，皆在地平上，其在下亦如之也。其表恒作無窮，及最長影，不作短影，每日爲一周，亦作十二時，或二十四，但百八十周，恒在晝耳。

論朦朧早爲晨分，暮爲昏分，或并曰晨昏，或省曰朦，曰朦影朦度。

太陽在二點，二點之距一至等，其朦亦等，何者？去至等，則同在一距等圈上故。

若二點之距一分等，其朦不等，孰大孰小，近於上極者則大，遠則小。

北極出地處，則北六宫之朦大於南六宫，南極出地處反是。

北極出地處，太陽在北六宫，愈近夏至，朦愈大，迄夏至極大；過夏至漸小。南方近冬至愈大，迄冬至則極大，過冬至漸小。北極出地處，迄冬至不極小，極小者在赤道冬至之間，南方，迄夏至不極小，極小者在赤道夏至之間。

太陽在北六宫，愈北朦愈大。

平球之處，其太陽入地，低度不過二十三，去朦度之十八未遠也，故其晨昏最長，一年之中明多於晦，幾乎不夜。

正球上兩點，在赤道南北，其距赤道等，其騰亦等；其距赤道不等，其騰亦不等。孰大？愈遠赤道者愈大，故二至之騰甚大，二分之騰甚小。問，設球北極出地處之騰，夏至極大而冬至不極小，極小者在赤道冬至之間，然則安在？曰，此在秋分之後，特隨地不同，皆在分後至前，不在其日也。如北極出地四十度，春分則六刻三十三分，夏至八刻六十分，秋分六刻三十三分，冬至則七刻，最小者，六刻二十六分有奇，在寒露之中候五日也。有本表。

《太陰篇》第五

五緯在一曜之上，今先太陰者，何故？一、凡論年月日時，皆以一曜定之；二、其理較五緯特爲易明；三、太陰體大，晝時亦見；四、太陰之能力亞於太陽，五緯無能及之。

從本體論

論太陰之形象

本是圓體，與太陽同，雖有晦朔弦望，不害爲圓，詳見後論。

論太陰之大

太陰去人時近時遠，折取中數，八其地半徑，自之得六十四半徑，爲三十二全徑。是太陰

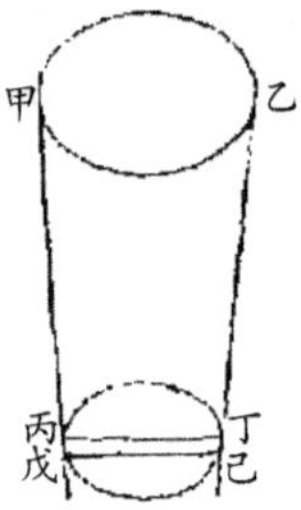

去地之中數也。

其視徑，去人愈近愈大，愈遠愈小，折取中數，亦得半度，與太陽等。

其本徑，則小於地球，地之容大於月約三十倍也。

論太陰之光：

本自無光，受光於太陽，故本球之光恒得半以上，因太陽之體大於其體故。

如上圖，甲乙爲日，丙丁爲月徑，因日大，故受光至於戊己。

太陰面上黑象有二種，其一，今人人所見黑白異色者是，其二，小者則日日不同，非遠鏡不能見也，詳見後論。

從運動論

太陰之運動有二，其一，一日一周隨宗動天行，與六曜同，公動也；其二，循白道，白道，月之本道，一名月道，下文通用。日行十三度有奇，迄二十七日有奇而一周，本動也。因太陽同行二十七日有奇，則過周二十七度有奇，故又二日有奇，乃及於日而與之會。

白道不與黃道同綫，而兩交於黃道，兩交名正交、中交，亦名天首、天尾，亦名龍頭、龍尾，亦名羅、計。兩半交去黃道五度有奇，故每行一周，在黃道下者二交，初交中是也。他詳後論。

《時篇》第六 十三條

既明二曜之體，又明二曜之運次，因其運動以得時，時者何物，凡諸有形之物，必有變革，變革多端，中有遷運一端，因其遷運先後，從而測量，剖分之則爲時也。

問，草木鳥獸人事，皆有變革遷運，亦可用以爲時，何必二曜？曰，凡立術有三法，一須公共，一須分明，一須永久，惟二曜則然，他無有足比者故也。

時之准分尺度，一日是也。一日者何，太陽行一周，而過赤道上之一升度弱，當黄道一度者是也。日之起算有四法，或以早、或以晚、或以晝之中、或以夜之中。

日有大小分，大者爲晝夜，小者爲時辰，時辰者，十二分日之一也，西曆爲二十四分之一。

常静天之上有二大圈，皆過兩極，而分赤道爲四平分。其一過頂，即子午圈，其一過東西點，東西點者，赤道交於地平，是東西之中，即卯酉圈。從卯至午其間又有二圈，爲辰爲巳；從午至酉其間又有二圈，爲未爲申，此六圈者，終古不動，凡三曜至某圈上，即爲某時也。十二時辰不止日也，月所至即爲月之十二時，星所至即爲星之十二時，其起算亦有四法，或用子，或用午，或用卯，或用酉。

時又有刻，每時八刻，一日則九十六刻，東西所同用，星官家用百刻，取整數易算也。

刻又析爲百分，分析爲百秒，遞爲百以至微，西法每刻爲十五分，分析爲六十秒，遞分之皆以六十也。

其積日者，以日加之，初加爲一旬，一旬者，甲至癸十日；再加爲一月，一月者，太陰行一周而與日會也。稱一月者有二義，一爲二十七日有奇而周於天，一爲二十九日有奇而及於日，因交會之理分明，故不用月周，而用朔實也。月之分也，兩分之爲朔望，四分之爲晦朔弦望。

太陽行一周三百六十五日四分日之一弱，爲一歲，謂之太陽年。其起算亦有四法，一從冬至，一從春分，測天用之，一從秋分，論二十八宿起於角亢，在秋分後，一從夏至，古時或用之。用太陽年者，四年而閏一日爲四分之一也，四百年而減一閏爲弱也。

凡論歲，以太陽爲法，太陰行十二周爲一歲者，爲其近於太陽年也，是謂之太陰年，用太陰年者，歲積氣盈朔虚十日有奇，三年一閏爲十日，故五年再閏，十九年七閏，爲有奇故。

太陽年之分也，二分之爲半歲周，四分之爲四季，八分之爲分至啓閉，立春立夏爲啓，立秋立冬爲閉，十二分之爲節，二十四分之爲節氣、中氣，七十二分之爲候。

其積年者，以年加之，十二年爲一紀，三十年爲一世，六十年亦爲一紀。

《恒星篇》第七

向已説常静、宗動二天，二天之下則恒星天也，略論其凡有四，其一爲幾何，其二爲貌狀，其三爲能力，其四爲遷變。

幾何六條

萬物中形天爲最大，大有二義，一、在上所最遠故最大，二、能力最大，故其體亦大。

其形象爲圓球，何以知之？天體最爲精純無雜，最爲單獨無二。圓之爲象，亦無雜，亦無二，體性如此，故其形象亦當如此。又運行最疾者，莫如圓體。他體則滯礙也。

其去地最遠，遠之數以地之半徑爲度，最近處得一萬四千度，自此以上非人思力所及知也。此端似爲難信，證見後篇。

其所在萬物之最上。

其質最細，何以徵之？常在上，不賨墜，知爲輕虚細密也。其質又極精純，爲無他夾雜故。

貌狀一條

天下之物皆以顏色爲其美飾，顏色之外别有二美飾，一爲透徹，一爲光耀也。顏色之美，美之下分；明光之美，美之上分，何者？其形妙好，異於他色，一也。人之見之無不喜悦，二也。他物不能自見其美，惟光能自見，三也。他物有色，惟光能發揚其美妙，四也。有此四者，故爲天下真寶，天最尊於萬物，故一切顏色不足爲其文飾，惟光爲其飾矣。或云，天望之蒼蒼然，蒼非色耶，何謂無色，曰，蒼蒼非色也，太空之中，氣盈其處，氣亦無色，氣積極厚，則成蒼蒼之色，譬之玻璃，本自透明，略無他色，積之數重，則成蒼色，太空中色亦猶此耳。

能力四條

天之下濟其於下土，有大能力，何以徵之？運行一周，成爲四季，凉燠寒暑，萬物藉爲生長收藏，一也。世間微物無不各有能力，稍大，則能力稱之，天如彼其大也。知其能力與之等大，二也。

天之能力下及，每用二器，其一，光也，其一，施也。光不獨能照天下，亦能作熱，如用窪鏡，對日而成返照，則能生火；又用玻璃圓球，對日而成折照，亦能出火，其故爲何？光於天下爲最尊，熱於四大物情中。四大情者，一熱，二冷，三燥，四濕。亦爲最尊，以尊生尊，是其理也。其次，亦能生冷，亦能生燥，亦能生濕，爲光本非熱、非冷、非燥、非濕，而其中有精，足當四情，故能生熱、生冷、生燥、生濕也。如仁中無芽葉花實，而其精足當四物，故能生四物也。夫光之爲體，若其發而及物，何爲施之不盡？若其不發，則一切所受爲從何來，故其體其用，總非人間意量所及。

光之外別有施者，不屬光也，此有二證，其一，海潮大小不因於光，亦不因於冷熱燥濕，譬如磁石吸鐵，別有相攝相受者，則受者爲所施，攝者爲能施也。又如懷胎生子，七月生則長，八月生則天，無不驗者。此亦非因於光，亦非因於四情，亦如磁鐵有別相攝受者故也。

從上二能，知天於下土，蓋有四德，一曰覆冒，一曰包函，一曰生育，一曰保存也。假令不動，亦有此德，而又加之運動。於此若此，於彼若彼，變化無端，真非思議所及矣。

遷變四條

凡物遷變，首運動。

天之運動皆環行，何者？天體單獨無二，故共運動，亦應單獨無二。環行者，單獨無二之行也。何謂單行，曰，凡動如人、如鳥獸、如風，皆雜亂無法之行也。單行有二，一曰垂綫，一曰圓綫，石在空中下墜於地，此爲垂綫，一切循環無端者皆爲圓綫。垂綫之動，勢盡而止，惟圓綫獨爲無窮，天以覆函生存下土者也，故不能不爲無窮，不能不爲環行矣。

天之運動，恒不去其本所，論其各分，無一不動，而其全體，無一分動。

天之運動有四異，其一，甚疾。一刻分中，行幾萬里，如鳥如矢、如炮、如霹靂，皆非所及；其二，恒平行。其中遲速別有故，實無一不平行者，詳見後論。若非一一平行，即測候之術，無從可用。其三，恒久不已。其四，萬物之動。此爲首何者天下之動？於此焉，繫故也。若無此動，即無四季，即無生物。

問，運動而外更有遷變乎？曰，論其體則無變，何者？爲在最上，物無及其際者，故不能受變於物；論其情，則有變，如月星無光，因於日光，變而有光，一也。又如日月有光，因於交食而若無光，二也。

《比例規解》提要

鄧可卉　張愛英

一、歷史背景

中國的明代是傳統科學中衰的時代，其原因是多方面的。晚明時期，明中葉所興起的王陽明心學開始分化。在人們對王學末流的批判過程中，興起了一股經世致用，以求實、務實爲中心的實學思潮。與此同時，實用的商業數學發展了。另外，明朝初年朱元璋曾經不准民間私習天文和曆法。爲了維護統治地位，中國歷代都必須頒佈精準的曆法以警示後人。洪武十五年（一三八二）明太祖召集翰林而諭旨的一段話意味深長：「天道幽微，垂象以示人。人君替天行道，乃成治功。古之帝王，仰觀天文，俯察地理，以修人事，育萬物。由是，文籍以興，彝倫攸敘。邇來西域陰陽家推測天象至爲精密，有驗其緯度之法，又中國書之所未備，此其有關於天人甚大，宜譯其書，以時披閱，庶幾觀象可以省躬修的思患預防，順天心立民命焉。」①由此可見，明太祖就有了翻譯西書的打算。

與明代中國傳統數學發展處於倒退的局面相反，此時的西方數學卻是得到了長足的發展。西元五—十一世紀，是歐洲歷史上的黑暗時期，整個歐洲文明的發展處於停滯狀態。直

① （清）阮元：《疇人傳》，一八四六，二九二a—b。

到十二世紀，由於受翻譯、傳播阿拉伯著作和希臘著作的刺激，歐洲數學和天文學在人們對自然界的認識和各種需要中開始活躍起來。十五世紀末、十六世紀初，爲了傳播耶穌教義，歐洲的耶穌會開始有組織地向中國派遣傳教士。與此同時，自然科學知識及相關著作成爲他們進入東方各國的禮物之一。意大利傳教士利瑪竇（Matteo Ricci，一五五二—一六一〇）正是體悟到了中國對數學、天文曆法與地理等的迫切需要。他認爲：「漸以學術收攬人心，人心既附，信仰必定隨之。」利瑪竇已經深刻認識到在中國進行「學術傳教」的必要性。

由於實學思潮的興起，許多西方數學的邏輯性和理論性正好符合明末中國學者對學術理論化和系統化的追求，所以，西方數學天文學知識被當時追求實學救國的中國學者接受。

二、作者簡介

羅雅谷，一作羅雅各，字味韶。原名Giacomo Rho，意大利籍耶穌會士，一五九三年一月生於米蘭「舊貴族之裔，其父以考據及文學著於當時，雅谷幼年資鈍，習文法，成績不佳，研究哲學神學，亦同常人，惟於數學穎慧異常」。自修院畢業後「在故鄉教授數學，迥異餘子」。羅雅谷來華前任過三年數學教師，湯若望稱讚他「知識博洽，科學根基深厚」。其來華前即爲猞猁學會的會士。一六一四年羅雅谷入耶穌會，一六一七年經樞機員伯拉爾明（Bellarmin）授司鐸。其兄若望曾被派往中國傳教，未能與金尼閣（Nicolas Trigault，一五七七—一六二八）同行，一六一八年羅雅谷偕兄隨金尼閣來華傳教，在印度果阿的幾年中學習神學，於一六二三年到了澳門，當時適逢明政府對傳教士下了驅逐令，故在澳門先呆了兩年。羅雅谷在澳門期間，恰逢一次英荷聯軍炮轟澳門，羅雅谷和湯若望等傳教士指揮炮手利用大炮擊退了英荷聯軍。當時的明帝國正遭到滿人的襲擊，在節節敗退的情況下，孫元化建議明朝軍隊向澳門的葡萄牙人買「紅夷大炮」並請傳教士作炮手，得到明朝皇帝的同意，隨即簽署尋找傳教士、宣佈他們進京的命令，這樣傳教士在明朝纔又得到進入中國的機會。羅雅谷在一六二四年隨高一志（Alphonse Vagnoni，一五六六—一六四〇，意大利人）來華，先到了山西，在那裏跟高一志學習漢語。羅雅谷的腿有疾患，但學習漢語和傳教的意志卻是兢兢業業的，沒有懈怠，他在山西和河南傳教六年。

羅雅谷來華後，利用自身所擁有的自然科學知識編譯了大量的自然科學著作，其中主要是有關數學和天文曆法方面的書籍。他最早的譯著是在一六二八年編譯的《籌算》。

一六三〇年鄧玉函去世後，徐光啓舉薦他和湯若望入曆局工作。羅雅谷很快到達北京並投入工作，和比他晚到的湯若望一起在曆局共事，一起參加明末的曆法改革工作，是編修《崇禎曆書》的重要成員。他們兩人的分工大致是：羅雅谷負責行星、日躔、月離有關部分，湯若望負責恒星、交食，他的貢獻僅次於湯若望。羅雅谷的漢文譯著共有二十餘種，主要屬於數學和天文曆法，他的這些譯著對傳播西學做出了重大貢獻。

在曆局，教士們工作極負責且卓有成效，徐光啓於崇禎六年（一六三三）十月八日在《治曆已有成模懇祈恩敍疏》中爲他們請功時對他們大加褒獎：「遠臣羅雅谷、湯若望等譯撰書表，製造儀器，算測交食躔度，講教監局官生，數年嘔心瀝血，幾於穎秃唇焦，功應首敍。」但遠臣輩素守學道，不願官職，勞無可酬，惟有量給無礙田房，以爲安身養贍之地，不惟後學攸資，而異域歸忠，亦可假此爲勸。」次年十二月初八日，李天經亦上書對二人高度讚譽，說：「譯表撰表，殫盡鳳學，利繕儀器，捋以心法，融通度分時刻於數萬裏外，講解躔度食於四五載中，可謂勞苦功高矣。」二神甫雖經此種種困難，竟於一六三四年將所撰天文、曆法之書一百三十七捲進呈御覽。崇禎皇帝非常高興，雖然有官員進讒言，但仍然下詔，從此以後曆書改用西洋演算法。

羅雅谷在曆局期間，因勞累過度突然病倒，北京城最好的醫生都無法診斷出他的病症，於明崇禎十一年戊寅三月二十五日（一六三八年五月八日）停止了呼吸，在其四十六歲的黃金年華，停止了他的修曆工作以及傳教事業。羅雅谷去世後，明政府的多數官員提議厚葬，儘管龍華民（**Nicolas Longobardi**，一五五九—一六五四，意大利人）一再推辭，但終究還是同意。在葬禮中，長長的送葬隊伍中有曆局的成員，有代表皇帝的太監們，還有相當多的學者官員相隨，一直從教堂送到墓地，羅雅谷葬於利瑪竇墓之側。羅雅谷在中國生活了十六年。

皇帝爲了表彰他對國家的服務，在他死後，撥給耶穌會士兩千兩銀子，題了「欽褒天學」四個字給他們，並用金綫刺繡在絲綢的卷軸上。禮部尚書也題了「湯若望和羅雅谷這兩名天文學家的工作可以與羲氏、和氏相媲美」這樣的字送給他們，這些賞賜和題字讓羅雅谷和湯若望的工作遠近聞名。

羅雅谷完成了《崇禎曆書》第一批書目的翻譯，這批書目包括：《日躔曆指》一卷、《日躔表》二卷、《測量全義》十卷、《五緯曆指》九卷、《曆引》一卷、《比例規解》一卷、《五緯表》十一卷、《月離表》四卷、《黄赤正球》《日躔考晝夜刻分》《日躔增》一卷、《五緯用法》一卷、《日躔考》二卷、《夜中測時》一卷。此外，在第二批書目中他還譯著了《月離曆指》四卷、《月離曆表》六卷、《五緯總論》一卷、《火木土二百恒年表》並《周歲時刻表》共三卷。另外，《崇禎曆書》中其餘各卷有些都是在羅、湯二人的指導下由監官生推算和編著。

三、底本研究

比例規是西方製作的一種比較實用的算具。羅雅谷在其書中没有説明比例規和《比例規解》的原作者，這個問題值得進一步探討。

據考，伽利略於一五九七年發明了比例規（Proportional Compass 或 geometrical and military compass）。十年後伽利略所著的《比例規演解》（*Le Operazioni del Compasso Geometere e Militere*，一六〇六）在帕多瓦（Padua）出版[1]。第二年，米蘭人薩帕拉（Baldassare Capra）亦著書論述比例規，並在該書中將比例規的發明放在了自己的名下。經過研究發現，薩帕拉曾向伽利略學習過比例規，而且薩帕拉書中的百分之八九十的内容也是抄襲自伽利略著作的内容。在北堂圖書館存放的西方傳入華的拉丁文著作目錄中，發現編號一六五五目錄中有伽利略的 *De Proportionum Instrumento a Se invento* 一書，嚴敦傑研究後發現，這本

① 《伽利略全集》第二卷。

拉丁文的比例規著作的內容和上面所講的意大利文原本內容相同①。

由此可知，羅雅谷學習和掌握比例規的途徑有兩種可能：一是在他的家鄉米蘭學習薩帕拉的著作，還有一種可能是直接學習伽利略的著作，但不管是哪種可能性，我們都可以得出羅雅谷所掌握的比例規知識來源於伽利略所發明的比例規。

根據嚴敦傑的研究，從內容上看，《比例規解》和《比例規演解》有如下類似之處：

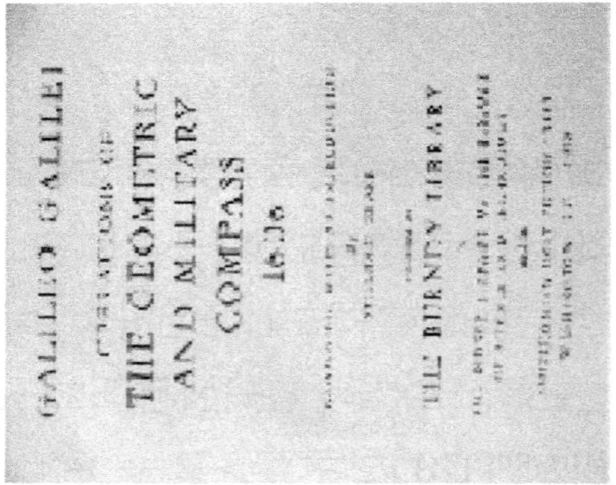

圖一　伽利略著《比例規演解》書影

第一、伽利略原書共六章：首章算術綫(Arithematic Line)，包括：（一）綫之平分，（二）求綫之分數，（三）比例圖形，（四）正三率，（五）反三率，（六）兑换，（七）複利息；第二章幾何綫(Geometric line)，第三章立體綫(Stereometric line)，第四章金屬綫(Metallic line)，第五章測量，第六章象限。羅雅谷的《比例規解》分十綫：平分綫、分面綫、變面綫、分體綫、變體綫、五金綫、分圓綫、節氣綫、時刻綫、表心綫。可見羅雅谷對伽利略原比例綫不僅改動較大，而且新增了四種，由此推斷，羅雅谷極有可能是在他的家鄉米蘭研讀了薩帕拉的

① 嚴敦傑：《比例規解藍本研究》，上智編譯館館刊（第三卷），第三、四期合刊，一三〇—一三三頁。

著作。將《比例規解》翻譯到中國之後，梅文鼎根據各綫的用途按自己的理解又將一些名稱做了新的更改，寫成《度算釋例》一書。根據張愛英的研究，對這三部書中的部分名稱列表如下：

伽利略原著	《比例規解》	《度算釋例》
算術綫	平分綫	平分綫
幾何綫	分面綫	平方綫
	變面綫	更面綫
立體綫	分體綫	立方綫
金屬綫	五金綫	五金綫

爲了便於讀者瞭解有關細節，我們進一步在此列出梅文鼎《度算釋例》對羅雅谷《比例規解》中比例十綫的更改名稱。

《比例規演解》	《比例規解》	《度算釋例》
算術綫	平分綫	平分綫
幾何綫	分面綫	平方綫
	變面綫	更面綫
立體綫	分體綫	立方綫
	變體綫	更體綫
金屬綫	五金綫	五金綫
	分圓綫	分圓綫
	節氣綫	正弦綫
	時刻綫	正切綫
	表心綫	正割綫

研究發現，羅雅谷比例十綫對伽利略書中的基本四綫進行了相應的擴充，主要體現在，把原來的幾何綫擴充爲平方綫和變面綫，把原來的立體綫擴充爲分體綫和變體綫，金屬綫改

爲五金綫，並且新增分圓綫、節氣綫、時刻綫和表心綫四種，反映了其基本用途。而《度算釋例》將羅雅谷的分面綫更名爲平方綫，分體綫更名爲立方綫，其含義似乎與伽利略的原名更接近，對新增的四種比例綫的後三種也對應地改爲正弦綫、正切綫和正割綫，反映了其數學原理。

第二，伽利略書首章（一）内有「極短綫求平分綫」，羅雅谷書中第一平分綫「用法一」内有「求極微分法」，與之相同。羅雅谷書「用法七」中有這樣的描述「此正三率法，《九章》中名異乘同除也。」此處的「三率」之名，與伽利略書的英譯本Regola del tre正好相同。伽利略書中還有Regola del tre inverse，羅雅谷書中也有「反三率」這樣的題目。

第三，伽利略書中「幾何綫」中有「求平方根」（della radice quadrata）及「兩數求其中比例」（della media proporzionali），與羅雅谷書「分面綫」中用法六、用法八全合。又伽利略書「立體綫」中有「求立方根」（della radice cuba）及「兩數求其雙中率」（della due media proporzionali），與羅雅谷書「分體綫」中用法七、用法八全合，尤其是「雙中率」的譯名取自伽書原語。

第四，伽利略書中「金屬綫」舉及金、鉛、銀、銅、鐵、錫、大理石、寶石八項，羅雅谷書中略去後兩項，而新增水銀一項，其他各種金屬輕重的先後順序兩書完全相同。並且羅雅谷書在最後有「石體輕重不等，故不記其比例。」這充分說明羅雅谷知道伽利略書中有石體項，但是對他爲什麽略去石體項的原因似乎有點含糊。

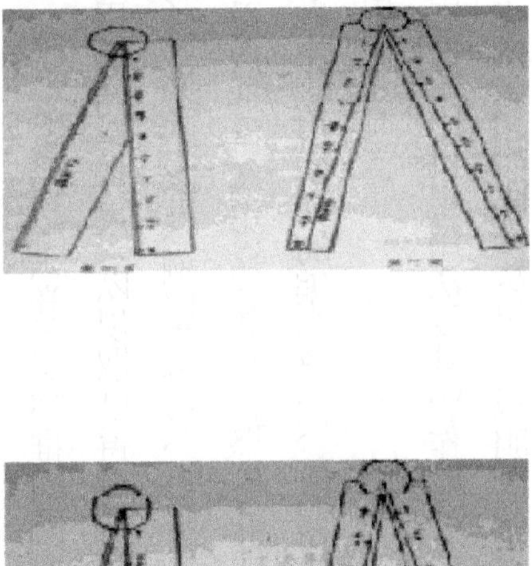

圖二　伽利略比例規圖式

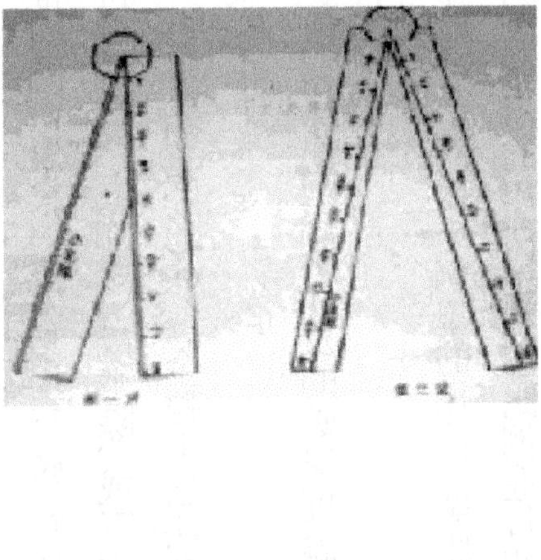

圖三　羅雅谷比例規圖式

另外，從兩書中比例規的插圖（如圖二和圖三）也可以看出來，羅雅谷書中的比例規的第二式和伽利略書中規的式樣完全相同。由以上分析可以得出結論：羅雅谷的《比例規解》的藍本就是伽利略的《比例規演解》(*Le Operazioni del Compasso Geometere e Militere*, 1606)。

四、主要內容介紹

《比例規解》是羅雅谷在崇禎三年（一六三〇）進入曆局後，爲改曆需要編譯而成的。羅雅谷認爲數學在社會生活中無處不用，而數學的計算太繁太難，使得很多人對數學的學習和研究望而卻步。在這些想法的驅使下，羅雅谷決定把西方計算數學中簡便易學的方法，通過他的翻譯介紹給中國喜好學習和研究數學的人。《比例規解》主要介紹了西方的一種算器——比例規，其使用特點是容易掌握，數學理論寓於實際應用中，不僅有益於拓展傳統的比例演算法，面積和體積等各種計算，而且可以進一步把比例和幾何相似形結合起來，另外，比例規還用於傳統的天文測算事業，如日晷製作等，另外比重計算和三角函數的計算也有大量實際應用。

羅雅谷在序言中說：「天文曆法等學，舍度與數則授受不能措其辭，故量法、演算法恒相符焉。其法種種不襲而器因之。各國之法與器大同小異，如演算法之或以書或以盤珠，吾西國猶以未盡其妙也。近世設立籌法，似更超越千古，至幾何家用法，則籌有所不盡者，而量該之，不能不藉以爲用。今系《幾何》六卷六題，推顯比例規尺一器，其用至廣，其法至妙，前諸法器不能及之。因度用數，開合其尺，以規取度，得算最捷。或加減，或乘除，或三率，或開方之面與體，此尺悉能括之。又函表度，倒影、直影，日晷，勾股弦算，五金輕重諸法及百種技藝，無不賴之，功倍用捷，爲造瑪得瑪第嘉（數學）最近之津梁也。」

上述引文說明了《比例規解》的編寫緣由，其制法原理，所涉及的數學理論及實際數學測量等，是一種有用的算器。

在《比例規解》中涉及比例規用法及其製作原理。關於比例規的用法，羅雅谷在文中明確告訴讀者「此規名比例者，用比例法也」，說明比例規的用法是利用比例進行測量，然後再計算。書中介紹了十種不同的比例綫，能解决各種不同的實際問題。比例規的製作原理是依據徐光啟翻譯的《幾何原本》六卷中的第四題和第六題。這兩題的内容分别爲：「凡等角三角形，其在等角旁之各兩腰綫相與爲比例，必等。而對等角之邊爲相似之邊。」「兩三角形之一角等，而對等角旁之各兩邊比例等，即兩形爲等角形，而對各相似邊之角各等。」十種比例綫及其演變已在上文給出。

《比例規解》傳入中國後，引起了中國學者的重視，清代學者梅文鼎在其晚年完成的《度算釋例》，是對比例規用法、制法的進一步闡發。清中期由朝廷組織編撰的《數理精蘊》更是概括簡練得當：「比例尺代算，凡點、綫、面、體、乘除、開方皆可以規度而得。然於畫圖制器尤所必須，誠算器之至善者焉。究其立法之原，總不越乎同式三角形之比例。蓋同式三角形，其各角各邊皆爲相當之率。」

《比例規解》中與天文儀器製造與測量有關的内容是分弦綫、節氣綫、時刻綫和表心綫。分弦綫亦曰分圈綫，該綫有兩種做法：其一是作一個四分之一圓，讓其半徑等於本綫長，分弧爲九十度，然後從一角向各標識處取度，將這些分度移入尺上，從尺心起度，各依所取加字標識，若尺大，加一倍長可作一百八十度，若尺小，則可到六十度或九十度就可以了；另外一種分法是利用正弦表，在表中取度數的一半，求其正弦，加倍，在本綫上從心開始數之，加數作標識。

第一種做法比較直觀，在明末陸仲玉的《日月星晷式》（一六二二）中爲製作日晷介紹了這種方法①。傳教士熊三拔等的《簡平儀說》(一六〇四)及梅文鼎等的《數理精蘊·比例規解》(一七二三)中介紹了這種方法,但是也涉及正弦綫的畫法及原理。

節氣綫,又名正弦綫。造簡平儀、平渾日晷等器用此綫非常簡單。如簡平儀的下盤周天圈,在其赤道的左右作各節氣綫,先定赤道綫爲春秋分,次於弧上於赤道左右各二十三度半之弧,兩弧相向子、作弦,以其半弦爲底,本綫百數爲腰,固定規,再以數爲節氣離春秋分兩節之數,尋本綫之相等數爲腰,所得底即爲該節氣所對應的度,移到赤道綫左右兩旁作直綫,與所對之節氣相連爲各節氣綫。

時刻綫,又名切綫綫。顧名思義,這是製作日晷時用於刻劃晷面的時刻綫。這裏講述了它的基本原理,而下面的表心綫則是其具體應用於晷面時刻綫的一個實例。

表心綫,又名割綫綫。此綫亦止於八十度。依表查得五七六,平分之,其初點與四十五度之切綫等,然後依照正割表分綫。《表度說》中以表影長短求日軌高度,用到切綫綫。基本原理是:日軌在地面上由升而到達天頂,然後又降的整個過程中,直影和倒影皆隨之變化,漸消漸長,並且日升,則直影消,倒影長;日降,則倒影消,直影長。它們互爲關係。如圖四,在地平上立一物當表,以表長爲底,本綫上四十五度爲腰,固定規,再以取影長爲底,求兩腰之等數即日軌的高度。若用横表,則法如前,但是求出的度分爲日離天頂之度分也。

① 陸仲玉:《日月星晷式》,《中國科學技術典籍通匯天文卷》,大象出版社一九九六年版。

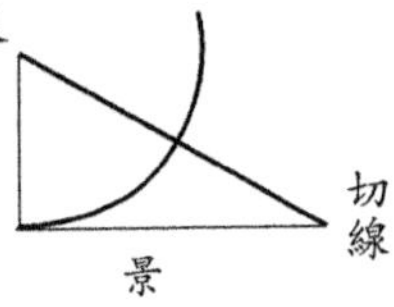

圖四　以表影長短求日軌高度

另外，在製作地平日晷、面東西日晷、面南日晷的晷面時刻綫的做法，也用到表心綫。具體做法可以參考拙作①—②。

比例規和西方的籌算作爲兩種算器，屬於十六世紀歐洲新代數學的一部分，它與當時傳入中國的對數、筆算等在明末清初的數學和天文學領域發揮了重要作用，與中國傳統數學内容交相輝映，反映了中西科學發展的同步性以及關注問題的相似性，說明至少在這個問題上，中國没有落後太多。

① 鄧可卉：《清代地平日晷的作圖方法及數學原理》，《數學史研究文集》第六輯，二〇〇一年版。

② 鄧可卉：《面東西日晷在清代的發展》，《中國科技史料》第三期，一九九九年版，七四—八〇頁。

《比例規解》

羅雅谷　撰

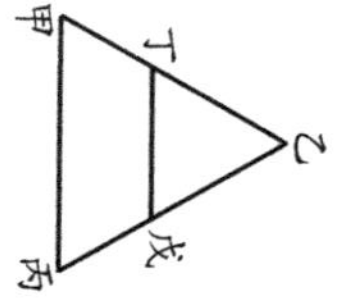

論度數者，其綱領有二：一曰量法，一曰算法。所量所算其節目有四：曰點，曰綫，曰面，曰體，總命之曰幾何之學。而其法不出於比例，比例法又不出於句股。第句股爲正方角而別有等角、斜角，句股不足盡其理，故總名之曰三角形。此規名比例者，用比例法也。器不越尺，而量法算法，若綫、若面、若體，若弧矢方圓諸法，凡度數所須，該括欲盡，斯亦奇矣。所分諸綫篇中稱引之說，特其指要，各有本法本論，未及詳焉。若所從出與其致用，則三角形之比例而已。

按《幾何原本》六卷四題云："凡等角三角形，其在等角旁之各兩腰綫，相與爲比例，必等，而對等角之邊爲相似之邊。"六題云："兩三角形之一角等，而對等角旁之各兩邊比例等，即兩形爲等角形，而對各相似邊之角各等。"作者因此二題創爲此器。今依上圖解之，如甲乙丙與丁乙戊大小兩三角形同用乙角，即爲等角，則甲乙與乙丙之比例，若丁乙與乙戊；而對等角之邊，如甲丙與丁戊爲相似之邊也。又顯兩形爲等角形，而對各相似邊之角各等也。

今此規之樞心即乙角，兩股即乙甲、乙丙兩腰，甲丙爲底，即與乙丁戊爲等角形，而各相當之各角各邊，其比例悉等矣。任張翕之，但取大小兩腰，其兩底必相似也。或取兩底，其兩腰必相似也。或取此腰此底，其與彼腰彼底必相似也。以數明之。如甲乙大腰一百，乙丁小腰六十，而設甲丙大底八十，以求小底丁戊。即定尺，用規器量取丁戊爲度，向平分綫取數必四十八，不煩乘除矣。又如平方積一萬，其根一百，求作別方，爲大方四之三，即以一百爲腰，分面綫之四點爲大底，次以三點爲小腰，取小底爲度，向平分綫得八十六半强，爲小方根，自之，約得七千五百爲小方積，不煩開平方矣。又如立方積八千，其根二十，求作大方倍元方。即以二十爲小底，分體綫之一點爲小腰，次以二點爲大腰，取大底爲度，於平分綫得二十五半，自之，再自之，約得一萬六千爲大方積，不煩開立方矣。

篇中言某爲腰，某爲底，設某數得某數，皆此類也。規凡二面，面五綫，共十綫，其目如左。目第一平分綫，第二分面綫，第三更面綫，第四分體綫，第五更體綫，第六分圈綫，第七節氣綫，第八時刻綫，第九表心綫，第十五金綫。右比例十類之外，依《幾何原本》，其法甚多，因一器難容多綫，故止設十綫。其不爲恒用者，姑置之稍廣焉。更具四法如左。一平面形之邊與其積，二有形五體之邊與其積與其面，三有法五體與球，或内或外兩相容，四隨地造日晷求其節氣。

比例規造法——一名度數尺，其式有二。

一以薄銅板或厚紙作兩長股，如圖，任長一尺，上下廣如長八之一，兩股等長等廣，股首

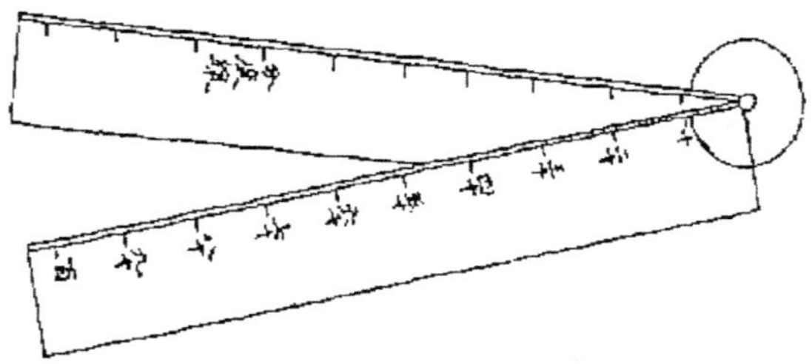

第一式

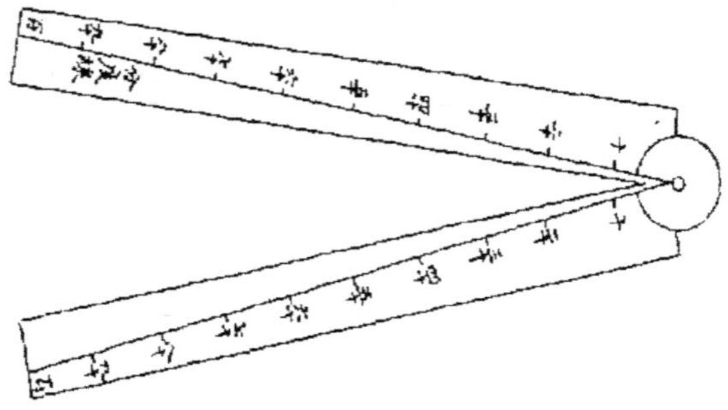

第二式

上角爲樞，以樞心爲心，從心出各直綫，以尺大小定綫數。今折中作五綫兩股之面，共十綫，

可用十種比例之法。綫行相距之地取足，書字而止，尺首半規，餘地以固樞也，用時張翕游移。

一以銅或堅木作兩股，如圖，厚一分以上，長任意，股上兩用之際以爲心規，餘地以安樞，其一規面與尺面平，而空其中。其一刻規而入於彼尺之空，令密無罅也。樞欲其無偏也，兩尺並，欲其無罅也，樞心爲心，與兩尺之合綫，欲其中繩也，用則張翕游移之，張盡，令兩首相就，成一直綫，可作長尺，或以兩半直角相就，成一直角，可作矩尺。

比例規之類別有二種，一爲四銳定心規，一爲四銳百游規，不解之，其造法頗難，爲用未廣，姑置之。

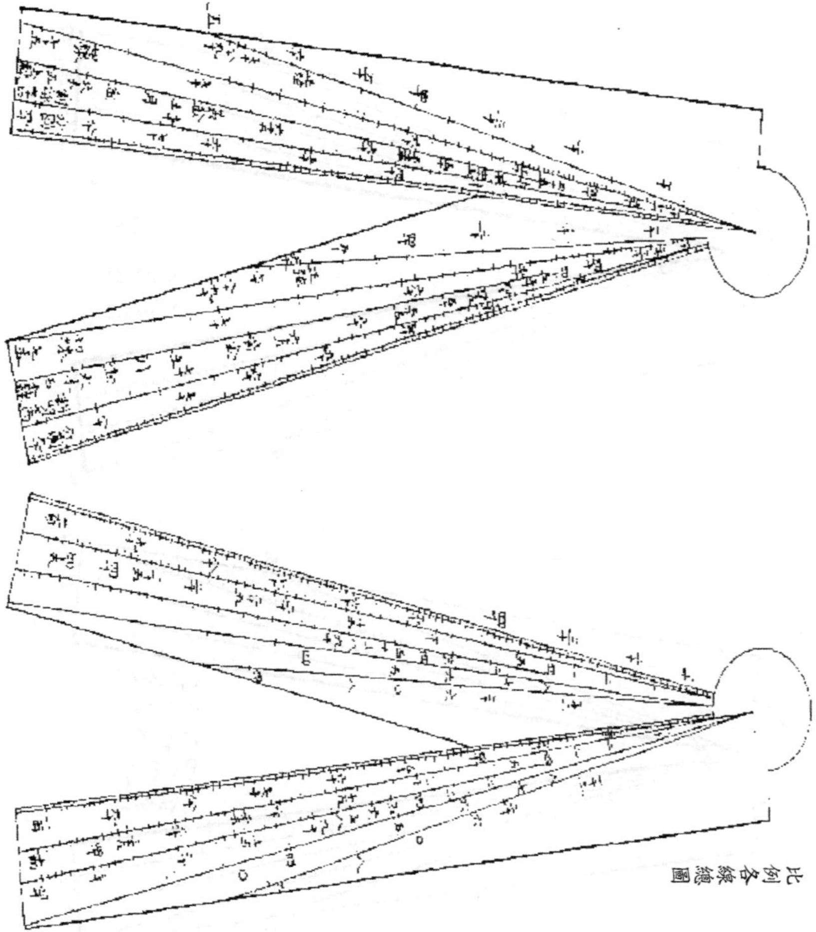

比例各綫總圖

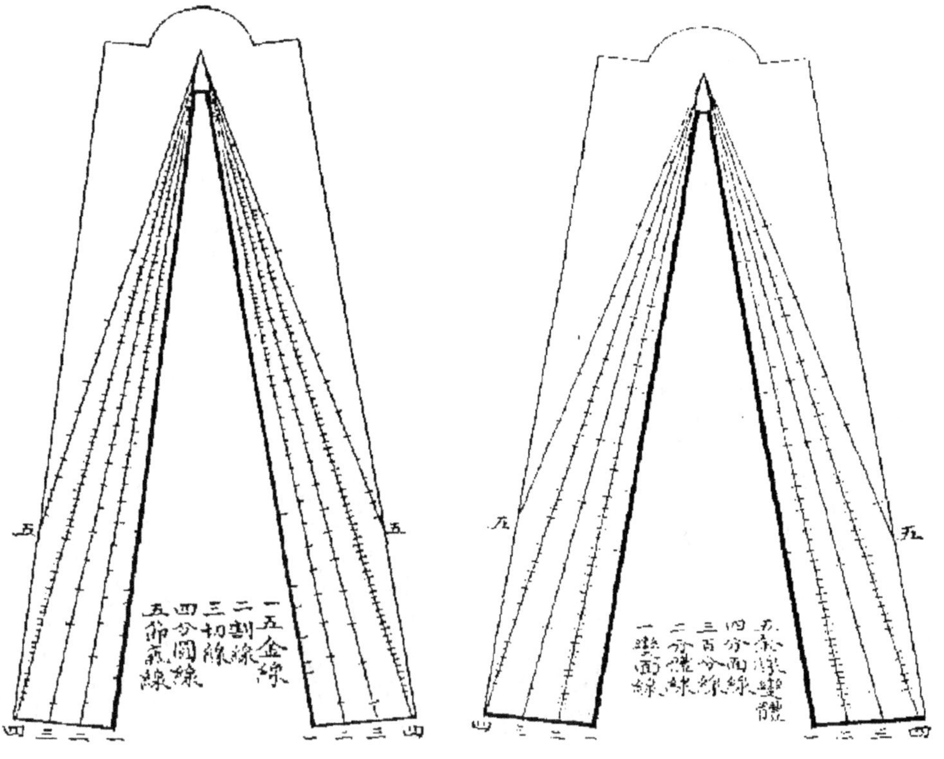
一五金線
二割線
三切線
四分圓線
五節氣線
一
二
三
四
五
五金線變體
四分面線
三百分線
二分體線
一數面線

第一　平分綫

分法：此綫平分爲一百，或二百乃至一千，量尺之大小也。分法：如取一百先平分之爲二，又平分爲四，又各五分之爲二十，自此以上，不容分矣。則用更分法，以元分四，復五分之，或以元分六，復五分之。

如上圖，甲乙綫分丙丁戊爲元分之四，今更五分之，得己庚辛壬，元分與次分之較，爲壬丙，爲戊己，皆甲乙二十分之一，爲元分五之一。每數至十，至百，各書字識之。

論曰，甲乙四與甲丙一，若甲己四與甲壬一，更之，甲乙四與甲己四，若甲丙一與甲壬一，甲己爲甲乙五之四，即甲壬爲甲丙五之四，壬丙爲甲丙五之一，又甲丁爲十，甲辛爲八，辛丁爲甲丁十之二；或丙丁五之二，戊庚爲丁戊五之三，又壬丙爲甲丙五之一，必爲甲壬四之一。《幾何》五卷。

用法一：凡設一直綫，任欲作幾分。假如四分，即以設綫爲度，數兩尺之各一百以爲腰，張尺以就度。今設綫度爲兩腰之底，置尺，數兩尺之各二十五，以爲腰，斂規，取二十五兩點間之度以爲底，向綫上簡得若干數，即所求分數。凡言綫者，皆直綫。依《幾何原本》，大小兩三角形之比例，則二十五與得綫，若一百與設綫也。更之，二十五與一百得綫，與設綫，皆若一與四也。若求極微分，如一百之一，如上，以一百爲腰，設綫爲底，置尺。次以九十九爲腰，取底，比設綫，其較爲百之一。若欲設綫内取零數，如七之三，即以七十爲腰，設綫爲底，置

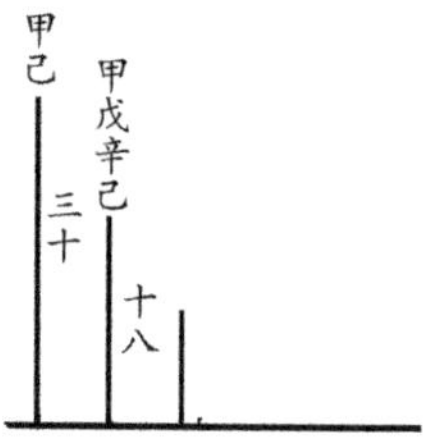

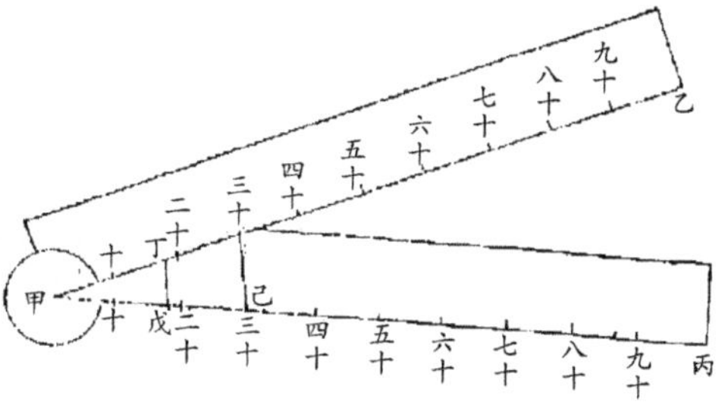

尺，次以三十爲腰，斂規取底，即設綫七之三。置尺者，置不復動，下倣此。

用法二：凡有綫，求幾倍之。以十爲腰，設綫爲底，置尺。如求七倍，以七十爲腰取底，即元綫之七倍。若求十四倍，則倍得綫，或先取十倍，更取四倍，并之。

用法三：有兩直綫，欲定其比例，以大綫爲尺末之數，尺百即百，千即千。置尺，斂規，取小綫度於尺上，進退就其等數，如大綫爲一百，小綫爲三十七，即兩綫之比例若一百與三十七，可約者約之。約法，以兩大數約爲兩小數，其比例不異，如一百與三十約爲十與三。

用法四：乘法與倍法相通。乘者，求設數之幾倍也。如以七乘十三，於腰綫取十三爲度，七倍之，即所求數也。

用法五：設兩綫或兩數，凡言數者，腰上取其分，或以數變爲綫，或以綫變爲數。

欲求一直綫而與元設兩綫爲連比例。若設大求小，則以大設爲兩腰，中設爲底，次以中設爲兩腰，得小底，即所求。如甲乙、甲丙尺之兩腰，所設兩數爲三十、爲十八，欲求其小比例。從心向兩腰取三十，如甲辛、甲己識之，斂規，取十八爲度，以爲底，如辛己。次從心取十八，如甲丁、甲戊，即丁戊爲連比例之小率，得十一有奇。若設小求大則反之。以中設爲兩腰，小設爲底，置尺，以中設爲度，進求其等數，凡言等數者，皆兩腰上縱心取兩數等，下同。以爲底，從底向心得數即所求。如甲丁、甲戊爲兩腰，丁戊爲底，次以甲丁爲度，引之至辛至己而等。從辛從己向心得三十，即大率，論見《幾何》六卷十一題。

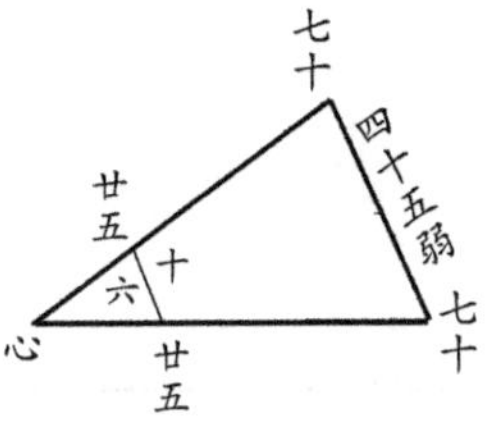

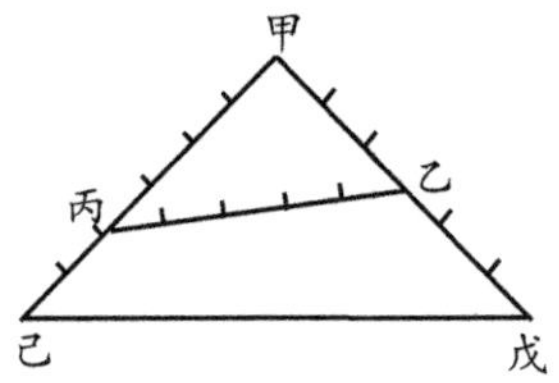

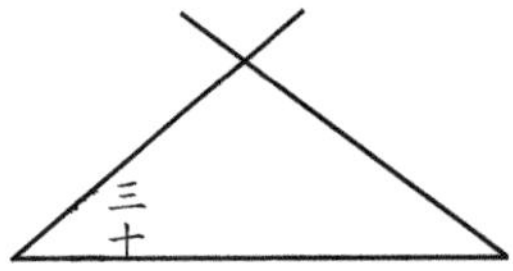

用法六：凡有四率連比例，既有三率，而求第四。或以前求後，則丁戊爲第一率，辛己甲丁，甲戊爲第二，又爲第三，而得辛甲爲第四。若以後求前，則甲辛甲己爲第一，辛己甲戊甲丁爲第二，又爲第三，而得丁戊爲第四。甲辛與辛己，若甲丁與丁戊故也。

用法七：有斷比例之三率，求第四。如一星行九日，得一十一度，今行二十五度，日幾何？即用三率法，以元得一十一度爲兩腰，元行九日爲底，置尺，以二十五度爲兩腰，取大底，腰上數之得二十日，十一之五，爲所求日。此正三率法，《九章》中名異乘同除也。

用法八：句股形有二邊，而求第三。法於一尺取三十爲內句，一尺取四十爲內股，更取五十爲底，以爲內弦，即腰間角，爲直角，置尺，若求弦，則以各相當之句股，進退取數，各作識於所得點，兩點相望，得外弦綫，以弦向尺上取數，爲外弦數，言內外者，以先定之句股成式爲內，甲乙丙，是以所設所得之他句股形爲外，甲戊己。若求句，於內股上取外股，作識，以設弦爲度，從識向句尺取外弦，得點作識，從次識向心數之，得句。求股亦如之。是下有開方術，爲勾股本法可用。

用法九：若雜角形有一角，及各傍兩腰，求餘邊。先以弦綫法，依設角作尺之腰間角，次用前法取之，見下二十一用四法。

用法十：有小圖，欲更畫大幾倍之圖，則尺上取元圖之各綫，加幾倍，如前作之。

用法十一：此綫上宜定兩數，其比例若徑與周，爲七與二十二，或七十一與二百二十三；即二十八數上書徑八十六，上書周有圈，求周徑。法以元周爲腰，設周爲底，次於元兩徑取小底，得所求徑。反之，以徑求周，徑爲腰，如前。

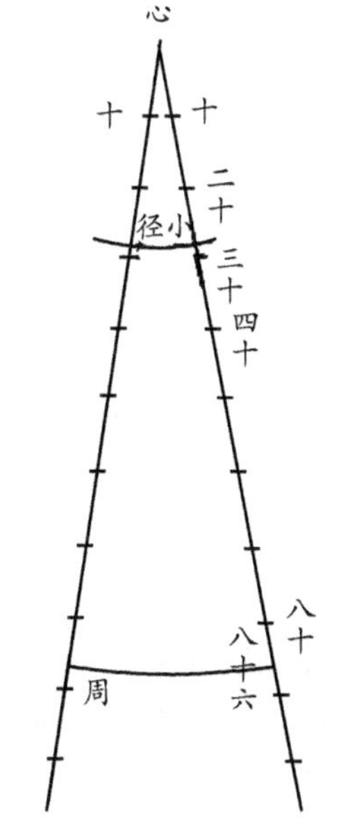

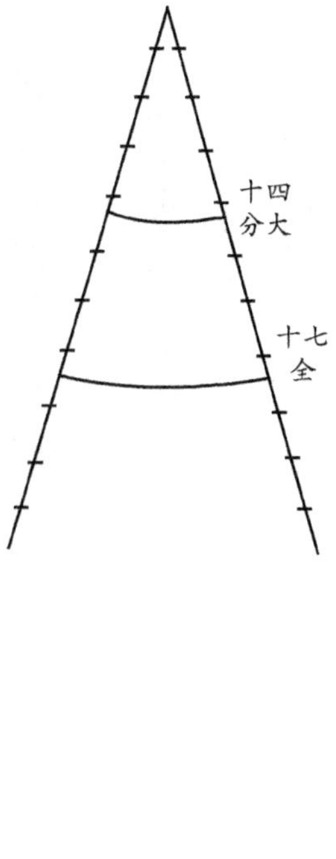

用法十二：此綫上定兩數，求爲理分中末之比例，則七十二與四十二又三之一不盡，爲大分，其小分爲二十四又三之二弱。有一直綫，欲分中末分，則以設綫爲度，依前數取之。《幾何》六卷三十題。

第二　分面綫

今爲一百不平分，分法有二，一以算，一以量。以算分：算法者，以樞心爲心，任定一度爲甲乙，十平分之，自之，得積一百，今求加倍，則倍元積得二百，其方根爲十四，又十四之九即於甲乙十分綫，加四分半强，而得甲丙爲倍面之邊。求三倍，則開三百之根得十七，有半爲甲丁。求五六七倍以上邊法同。用方根表甚簡易。

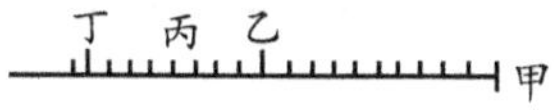

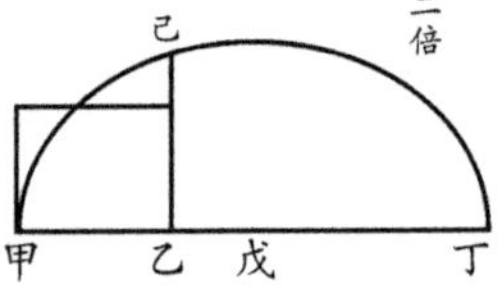

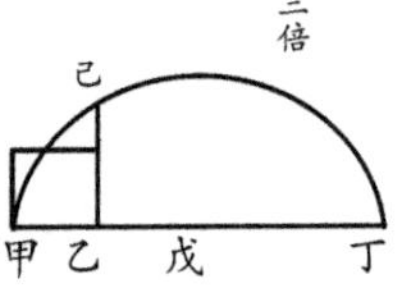

以量分：任取甲乙度爲直角方形之一邊，求倍，則於甲乙引至丁，截乙丁，倍於甲乙，次平分甲丁於戊，戊心甲界作半圈，從乙作乙己垂綫，截圈於己，即己乙綫爲二百，容形之一邊。六卷二十六。求三倍，則乙丁三倍於甲乙。四倍以上法同。於尺上從心取甲乙，又從心取乙己等綫成。

分面綫試法，元綫爲一正方之邊，增直角方形，省曰正方，倍之，得四倍容方之邊，否即不合，三倍之，得九倍容方之邊，四倍，得十六，五倍，二十五。又取三倍之邊，倍之，得十二，再加倍得二十七倍之邊，再加倍得四十八倍之邊，再加倍得七十五倍之邊。若五倍容形之邊，倍之得二十倍容形之邊，再加倍得四十五倍容形之邊，再加倍得八十倍容形之邊。本邊之論見《幾何》六卷十三。

用法一：有同類之幾形，方圓三邊多邊等形，容與容之比例，若邊與邊，其理具《幾何》諸題。欲并而成一同類之形，其容與元幾形并之，容等。如正方大小四形，求作一大方，其容與四形并等，第一形之容爲二，二形之容爲三，三形之容爲四有半，四形之容爲六又四之三。

其法，從心至第二點爲兩腰，以第一小形之邊爲底，置尺，次并四形之容，得十六又四之一，以爲兩腰。取其底爲大形邊，其容與四形之容并等。若無容積之比例，但設邊如甲乙丙丁四方形。其法，從心至尺之第一點爲兩腰小形，甲邊爲底，置尺，次以乙形邊爲度，進退取等數，得第二點外又四分之三，即書二又四之三。次丙形邊爲度，得三又五之一，丁形邊得四又六之五，并諸數及甲形一，得十又二十之十九。向元定尺上進退取等數爲底，即所設四形同類、等容之一大形邊。此加形之法。

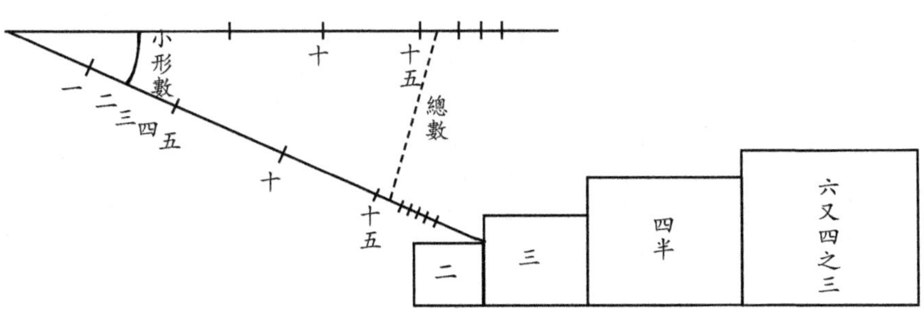
小形數
一
二
三
四
五
十
十五
總數
二
三
四半
六又四之三

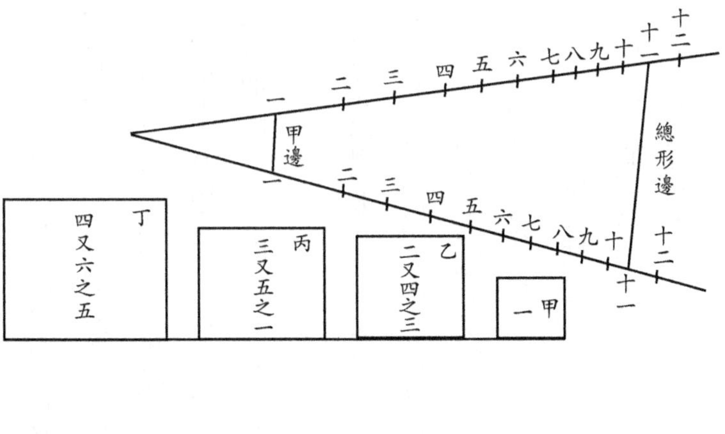
甲邊
總形邊
一 二 三 四 五 六 七 八 九 十 十一 十二
丁
四又六之五
丙
三又五之一
乙
二又四之三
一甲

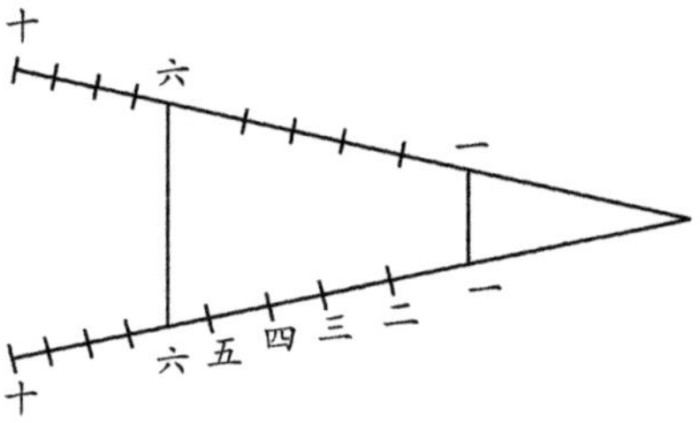

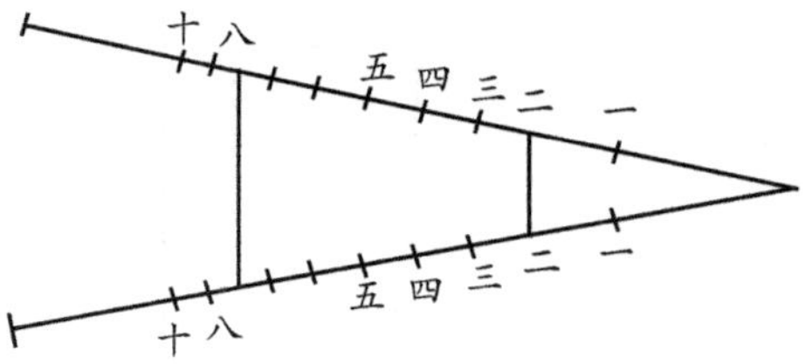

用法二：設一形，求作他形大於元形幾倍。法曰：元形邊爲底，從心至第一點爲腰，引至所求倍數點爲大腰，取大底，即大形之邊。此乘形之法。

用法三：若於元形求幾分之幾，以元形邊爲底，命分數爲腰，退至所求數爲腰，取小底即得。如正方一形，求別作一正方，其容爲元形四之三。以大形邊爲底，第四點爲腰，即命分數，次以第三點爲腰，即得分數，得小底，即小形邊。此除形之法。若設一形之積大，而求其若干倍，小而求其若干分，則以原積當單數，用第一綫求之。

用法四：有同類兩形求其較，或求其多寡，或求其比例若干。法曰：小形邊爲底，爲一點爲腰，置尺，以大形之邊爲度，進退就兩等數，以爲腰，得兩形比例之數。次於得數減一，所餘爲同類他形之一邊，此他形爲兩元形之較。如前圖，小形邊爲一，大形邊爲六，其比例爲一與六，則從一至六爲較形邊，此減形之法。

用法五：有一形，求作同類之他形，但云兩形之容積若所設之比例。法曰：設形邊爲底，比例之相當率爲腰，次他率爲腰，取其底爲他形之邊。

用法六：有兩數，求其中比例之數。法曰：先以大數變爲綫，變綫者，於分度綫上取其分，與數等爲度也，以爲底，以本綫上之本數爲腰，置尺，次於小數上取其底，綫變爲數，變數者，於分度綫上查得若干分也，此數爲兩元數中比例之數。如前圖，二與八爲兩元數，先變八爲綫，以爲底，以本綫之第八點爲腰，置尺，次於第二點上取其底，綫變爲四數，則二與四若四與八也。若設兩綫不知其分，先於分度數綫上查幾分，法如前。

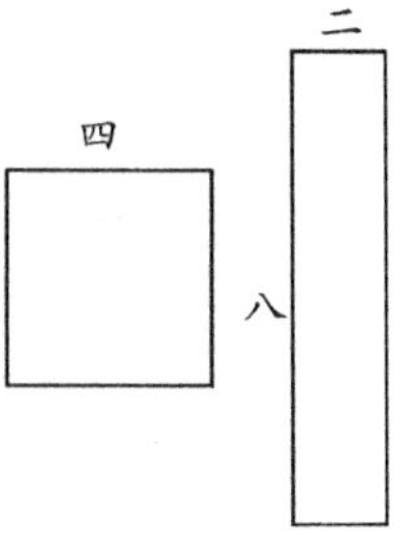

用法七：有長方求作正方，其積於元形等。法曰：長方兩邊變兩數，求其中比例之數，變作綫，即正方之一邊，與元形等積。

用法八：有數，求其方根。設數或大或小，若大如一千三百二十五，先於度數上取十分爲度，以爲底，以本綫一點爲腰，即一正方之邊，其積一百。次求一百與設數之比例，得十三倍又四之一，以本綫十三點强爲腰，取其底於度綫上查分，得三十五强爲設數之根。

第三　更面綫

分法，如有正方形，欲作圓形，與元形之積等，置公類之容積四三三一九六四，以開方得六五八正方邊也。以開三邊形之根，得一千爲三邊等形之一邊，開五邊之根，得五〇二，六邊形之根爲四〇八，七邊形之根爲三四五，八邊形之根爲二九九，九邊形之根爲二六〇，十邊形之根爲二三七，十一邊形之根爲二一四，十二邊形之根爲一九七。

圓形之徑爲七四二，以本綫爲千，平分而取各類之數，從心至末取各數，加本類之號。言平形者，有法之形，各邊各角俱等。

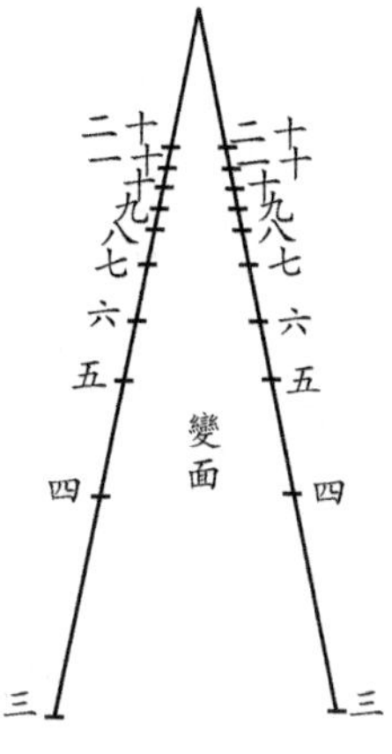

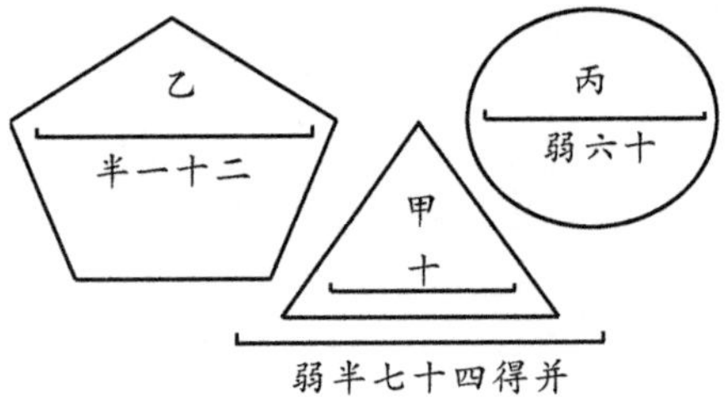

用法一：有異類之形，欲相併，先以本綫各形之邊爲度，以爲底，以本類之號爲腰，置尺，取正方號之底綫，別書之末，以各正方之邊，於分面綫上取數，合之而得總邊。假如甲乙丙三異類形，欲相併，先以三邊號爲腰甲，一邊爲底，置尺，取正方號四點內之底，向分面綫上用十數爲腰，正方底爲底，於甲形內作方底綫書十次，五邊號爲腰乙，一邊爲底，如前取正方底，向分面綫得二十一半，即於乙形內作方底綫書之。次圓號爲腰，徑爲底，如前得十六弱，并得四十七半弱。若欲相減，則先通類，如前法。次於分面綫上相減，用上圖。

用法二：有一類之形，求變爲他類之形，同積。以元形邊爲度，以爲底，從心至本號點爲腰，置尺，次以所求變形之號爲腰，得底，即變形邊。

用法三：凡設數，求開各類之根，先於分面綫求正方之根，次以方根度爲底，本綫正方號爲腰，置尺，則所求形之號之底綫，即元數某類之根。有法之平形，其邊可名爲根，與方根相似。

用法四：若異類形，欲得其比例與其較，則先變成正方，依分面綫求之。

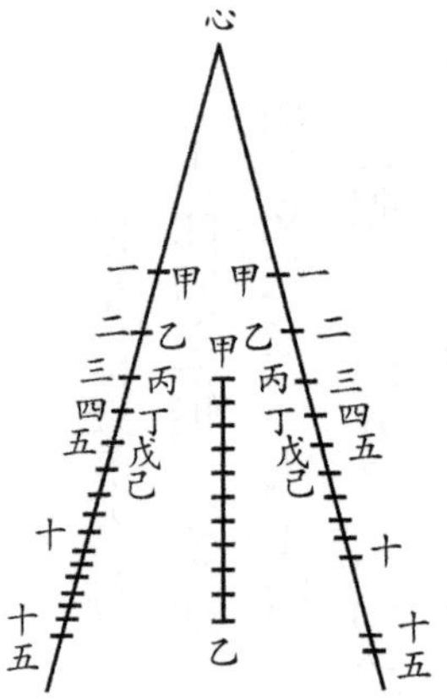

第四　分體綫

綫不平分，分法有二，一以算，一以量。以算分，從尺心任定一度爲甲乙，十平分，自之，又自之，得積一千，即定其綫爲一千，即體之根。今求加一倍積體之根，倍元積得二千，開立方根得十二又三之二，即於甲乙加二又三之二，爲甲丙，乃倍體之邊。求三倍，開三千，數之立方根，以上同。又捷法，取甲乙元體之邊四分之一，加於甲乙元邊，得甲丙，即倍體邊。又取甲丙七分之一，加於甲丙，得甲丁乃三倍體之邊。取甲丁十分之一，加於甲丁，得甲戊乃四倍體之邊，再分再加，如圖。

試置元體之邊二十八，四之一得七，以加之得三十五。法曰：兩根之實數即用，再自之，數爲一與二不遠，蓋二十八之立實爲二一九五二，倍之爲四三九〇四，比於三十五倍體邊之實四二八七五，其差纔〇一〇二九，約之爲一千四百五十二分之一，不足爲差。若用三十六之四六六五六，其差爲遠，又加倍體，七之一，得再倍體之邊三十五又七之一。七之一者，五也，以加之，得四十，其實爲六四〇〇〇，元積再倍之數爲六五八五六，較差纔〇一八五六或三十五之一，可不入算也。若用四十一根之實六八九二一，其差爲遠，又試倍邊上之體爲體之八倍，即依圖計零數，至第八位爲五之四，八之七，十一之十，十四之十，三十七之十六，二十之十九，二十三之二十二，用合分法合之，得一二〇四二八〇之六〇八六〇八，約之爲一〇七五〇之五四三，四與二之一不遠，則法亦不遠。右兩則皆用開立方之法，不盡數難爲定法。

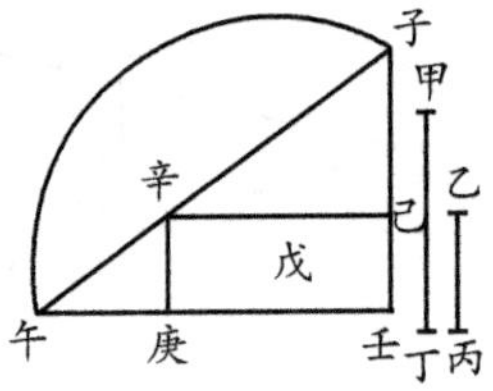

以量分：先如圖，求四率連比例綫之第二，蓋元體之邊與倍體之邊，爲三加之比例也。今求第二，幾何法曰：第二綫上之體與第一綫上之體，若四率連比例綫之第四與第一。假如丙乙元體之邊，求倍體之邊，則倍丙乙得甲丁，以甲丁乙丙作壬己辛庚矩形，於壬角之兩腰引長之，以形心爲心如戊，作圈分，截引長綫於子於午，漸試之，必令子午直綫切矩形之辛角乃止，即乙丙、午庚、子己、甲丁爲四率連比例綫，用第二率午庚爲次體之一邊，其體倍大於元體，詳「雙中率」論。若甲丁爲乙丙之三倍四倍，即午庚邊上之體大於元體亦三四倍，以上倣此。用前法，則元體之邊，倍之得，即辛庚，即壬庚，八倍體之邊，若三之，得二十七倍體之邊，四之得六十四倍體之邊，五之得一百二十五倍體之邊。又取二倍體邊，倍之得十六，再倍得一二八。倍體之邊，本綫上量體，任用其邊、其根、其面、其對角綫、其軸皆可。

用法一：設一體，求作同類體大於元體幾倍。法以元體邊爲底，從心至第一點爲腰，置尺，次以所求倍數爲腰，得大底，即所求大體邊。若設零數，如元體設三，求作七，以三點爲初腰，七點爲次腰，如上法。此乘體之法。

用法二：有體，求作小體，得元體之幾分，如四分之一、四分之三等。法以元體之邊爲底，命分數之點爲腰，置尺，退至得分數爲小腰，得小底，是所求分體邊。此分體之法。

用法三：有兩體，求其比例。以小體邊爲底，第一點爲腰，置尺，次以大體邊爲底，就等數得比例之數也。不盡，則引小體邊於二點以下，以大邊就等數，兩得數乃上可得比例之全數，而省零數。

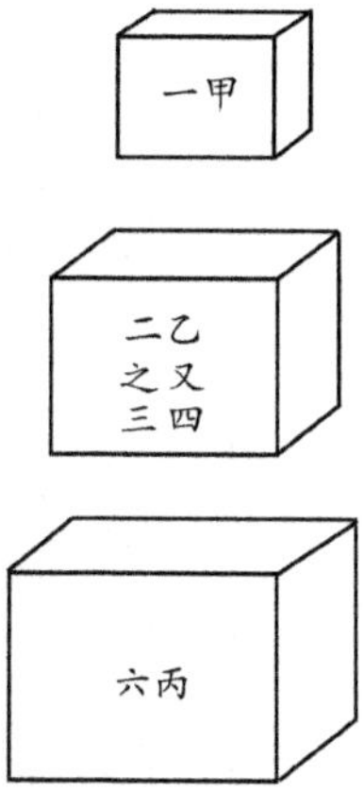

用法四：有幾同類之體，求并作一總體。若有各體之比例，則以比例之數合爲總數，以小體邊爲底，一點以上爲腰，置尺，於總數點内得大底，即總體邊。若不知其比例，先求之，次用前法。此加體之法。

如圖，甲乙丙三立方體，求并作一大立方體，其甲根一，乙三又四之三，丙六，并得十又四之三，以甲邊爲底，本綫一點以上爲腰，置尺，向外求十又四之三爲腰，取底爲度，即所求總體之根。

用法五：大内减小所存，求成一同類之體。先求其比例，次以小體邊爲底，比例之小率點以上爲腰，置尺，次以比例兩率較數點上爲腰，得較底，即較體之邊。此减體之法。

用法六：有同質同類之兩體，得一體之重，知他體之重。蓋重與重若容與容，先求兩體之比例，次用三率法，某容得某重若干，求某容得某重若干。同質者，金鉛銀銅等；同體者，方圓長立等。

用法七：有積數，欲開立方之根。置積與一千數，求其比例。次於平分綫上取十分爲底，本綫一點以上爲腰，置尺，次比例之大率以上爲腰，得大底，於平分綫上取其分，爲所設數

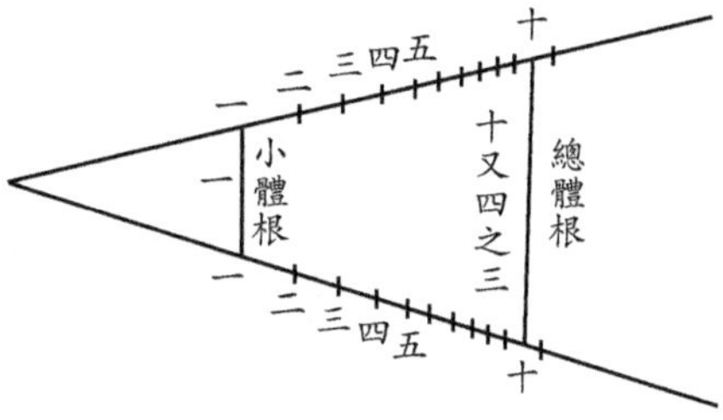

之立方根。如設四萬，則四萬與一千之比例爲四十與一，如法於四十點内得大底，綫變爲分，得三十四强，若所設積小，不及千，則以一分爲底，一點或半點或四之一等數爲腰，置尺，設數内求底，而定其分。若用半點，用所設數之一半；用四之一，亦用設數四之一，蓋算法通變，或倍或分不變比例之理。

用法八：有兩綫，求其雙中率。綫數同理。如三爲第一率，二十四爲第四率，求其比例之中兩率。法求兩率之約數得一與八，以小綫爲底，一點以上爲腰，置尺，次八點以上爲腰，取大底，即第二率，有第二第四，依平分綫求第三。

第五　變體綫

變體者，如有一球體，求别作立方，其容與之等。分法置公積百萬，依算法開各類之根，則立方之根爲一百，四等面體之根爲二〇四，八等面體之根爲一二八半，十二等面體之根爲五十，二十等面體之根爲七六，圓球之徑爲一二六，因諸體中，獨四等面體之變最大，故本綫用二百〇四分平分之，從心數各類之根至本數，加字。開根法見《測量全義》六卷。

用法一：有異類之體，求相加。以各體之邊爲度，以爲底，本綫本類之點以上爲腰，置尺，次從立方點内取底，别書之，各書訖，依分體綫法合之。

用法二：有異類之幾體，求其容之比例。先以各體變而求同容之立方邊，次於分體綫求其比例，乃所設體之比例。若知一體之容數，因三率法，求他體之容數。

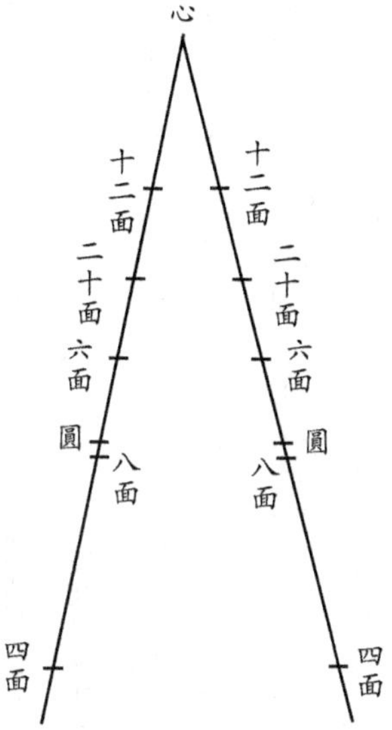

第六　分弦綫，亦曰分圈綫

分法有二：

一法別作象限圈分，令半徑與本綫等長，分弧爲九十度，名作識，從一角向各識取度，移入尺綫，從尺心起度，各依所取度作識，加字。若尺身大，加半度之點可作一百八十〇度，若身小，可六十度或九十度止。又法，用正弦數表取度分數，半之，求其正弦，倍之本綫上，從心數之識之。如求三十度弦，即其半十五度之正爲二五九，倍之，得千分之五一九，爲三十度之弦，從心識之。

用法一：有圈徑設若干之弧，求其弦。以半徑爲底，六十度爲腰，置尺，次以設度爲腰，取底，即其弦。移試元圈上合其弧。反之，有定度之弦，求元圈徑。以設弧之弦爲底，設度爲腰，置尺，次取六十度爲腰，取底，即圈之半徑。

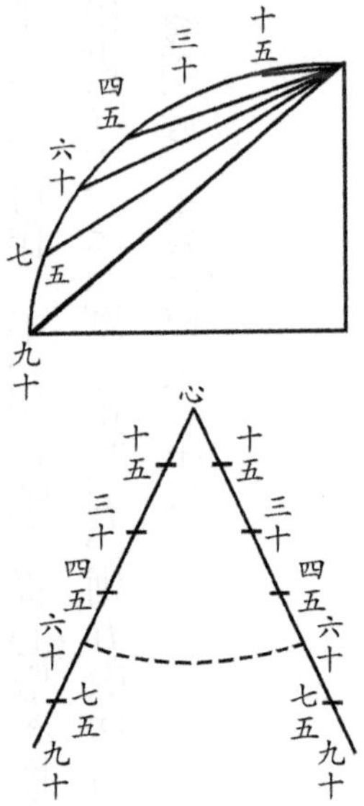

用法二：有全圈，求作若干分。法以半徑爲底，六十度爲腰，其弦即半徑也。置尺，命分數爲法，全圈爲實而一，得數爲腰，取底，試元圈上合所求分。此分圈之法。約法，本綫上先定各分之點，如百二十爲三之一，九十爲四之一，七十二爲五之一，六十爲六之一，五十一又七之三爲七之一，四十五爲八之一，四十爲九之一，三十六爲十之一，三十二又十一之八爲十一之一，三十爲十二之一，各加字。

用法三：凡作有法之平形，先作圈，以半徑爲底，六十度爲腰，置尺，次本形之號爲腰，取底，移圈上得分。

用法四：有直綫角，求其度。以角爲心，任作圈，兩腰間之弧度，即其對角之度。有半徑有弧，求度如左。

用法五：有半徑，設弧不知其度。法以半徑爲底，六十度爲腰，置尺，次以弧爲度，就等數作底，其等數即弧度。反之，設角度，不知其徑及弧，求作圖。其法，先作直綫一，界爲心，任作圈分，以截綫爲底，六十度之弦綫爲腰，置尺，次於本綫取設度之弦綫爲腰，得底，以爲度，從截圈點取圈分，即設度之弧，再作綫到心即半徑，成直綫角如所求。因此有兩法可解三角形，省布數，詳《測量全義》首卷。

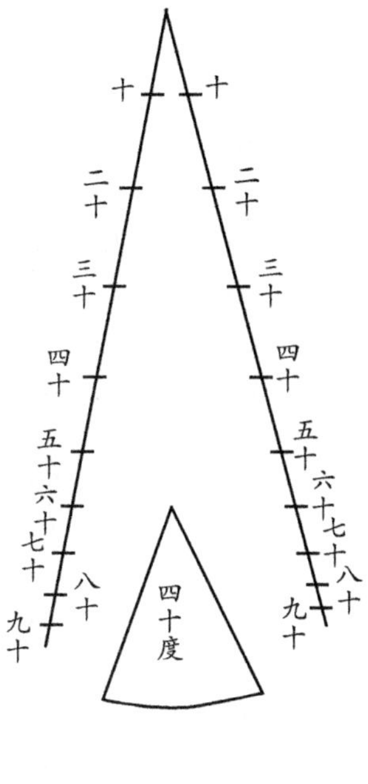

第七　節氣綫，一名正弦綫

分法：全數爲一百，平分尺大可作一千，用正弦表從心數各度之數，每十度加字，如三十度之正弦五十，則五十數傍書三十，三①度之正弦五，則五數傍書三。簡法第一平分綫可當此綫，爲各有百平分，則一綫兩旁一書分數字，一書度數字。

① 原文爲「二」，據文意改正。

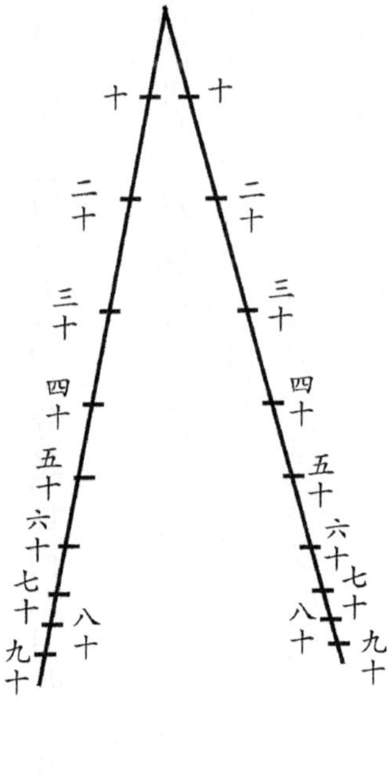

用法一：半徑内有設弧，求其正弦。以半徑爲底，百爲腰，置尺，次以設度爲腰，取底，即其正弦。

用法二：凡造簡平儀、平渾日晷等器，用此綫甚簡易。如簡平儀之干盤周天圈，其赤道綫左右求作各節氣綫。先定赤道綫爲春秋分，次於弧上取赤道左右各二十三度半之弧，兩弧相向作弦，以其半弦爲底，本綫百數爲腰，置尺，次數各節氣離春秋分兩節之數，尋本綫之相等數爲腰，取底爲度，移赤道綫左右兩旁，作直綫與相對之節氣相連，爲各節氣綫。或於赤道綫上及二至綫上定時刻綫之相距若干，亦可。如欲定立春、立冬、立夏、立秋，因四節離赤道之度等，故爲公度。法曰：立春至春分四十五度，則取本綫四十五度内之底綫，移於儀上春分綫左右∴若欲定小暑、小寒之綫，離秋分、春分各七十五度，則取七十五度内之底綫爲度，移二分綫左右，得小暑、小寒之綫。

第八　時刻綫，一名切綫

分法：切綫之數無限，爲九十度之切割兩綫皆平行無界，故今止用八十度於本綫立成表上。查八十度得五六七，即本綫作五六七平分，次因各度數加字，一度至十五切綫，正弦微差，尺上不顯，可即用正弦。

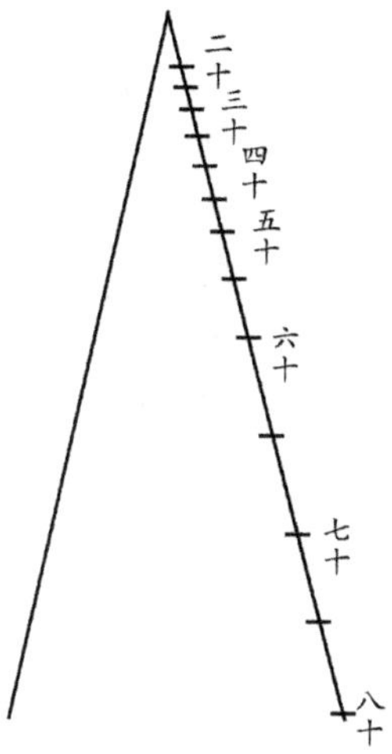

第九　表心綫，一名割綫綫

分法：此綫亦止八十度，依表查得五七五，平分之，其初點與四十五度之切綫等。初點即全數，故等。次依本表加之。

用法一：有正弧或角，欲求其切綫或割綫。法以元圈之半徑爲底，切綫綫四十五度之本數爲腰，割綫綫則以〇度〇分爲腰，置尺。次以設度爲腰，取底爲某度之切綫割綫，反之，有直綫，又有本弧之徑，欲求設綫之弧若干度，以半徑爲度，以爲底，設弧之度數爲腰，置尺，又設綫爲底，求本綫上等數，即設綫之弧。

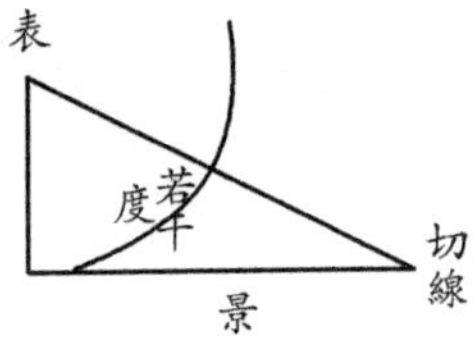

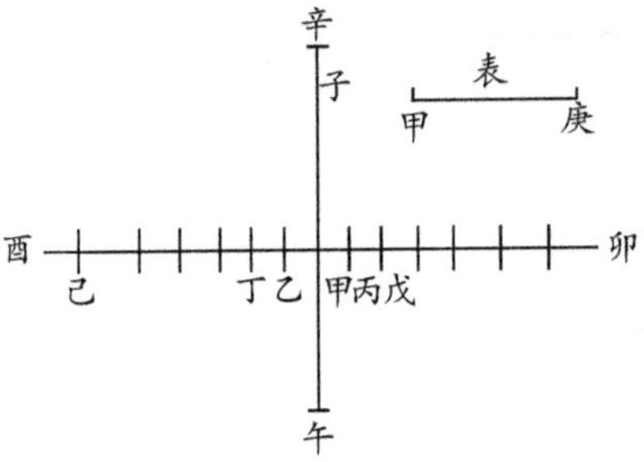

用法二：《表度説》以表影長短，求日軌高度分。今作簡法，用切綫綫。凡地平上立物皆可當表，以表長爲底，本綫四十五度上數爲腰，置尺，次取影長爲底，求兩腰之等數，即日軌高度分。若用横表，法如前，但所得度分乃日離天頂之度分也。安表法見本説。

用法三：地平面上作日晷法。先作子午直綫、卯酉横綫，令直角相交，從交至横綫端爲底，就切綫綫上之八十二度半爲腰，置尺，次於本綫七度半點内取底爲度，向卯酉綫交處左左各作識，爲第一時分，次遞加七度半，取底爲度如前，遞作識，爲各時分。每七度半者，加七度半，十五度、二十二度半、三十度、三十七度半、四十五度、五十二度半、六十度、六十七度半、七十五度、八十二度半。若求刻綫，則遞隔三度四十五分而取底爲度也。次於元切綫上取四十五度綫爲底，四十五度之切綫，即全數，割綫初點爲腰，置尺，次以本地北極高度數爲腰，於本綫上取底爲表長，於子午卯酉兩綫之交，正立之。又取北極高之餘度綫爲度，於子午綫上從交點起向南得日晷心，從心向卯酉綫上各時分點作綫，爲時綫。在子午綫西者，加午前字，如巳辰卯；在子午綫東者，加午後字，如未申酉。

《日晷圖説》子午卯酉兩綫相交於甲，甲酉爲度以爲底，以切綫之八十二度半爲腰，置尺，遞取七度半之底，向甲左右作識。如甲乙、甲丙。次取十五度綫之底，作第二識，如甲丁、甲戊，每識遞加七度半，每識得二刻，則丁點爲午初，戊爲未初，餘點如圖。次取甲己綫上四十五度之切綫爲底，割綫之初點爲腰，置尺，取北極高餘度，順天府約五十，之割綫爲度，從甲向南取辛，辛爲心，從心過乙丁等點爲綫，爲時刻綫。又割綫上取北極高度，順天府約四十，之綫爲表長，即甲庚也。表與面爲垂綫，立表法以表位甲爲心，任作一圈，次立表，表末爲心，又作圈，若兩圈相合或平行，則表直矣。

用法四：先有表度，求作日晷。則以表長爲底，割綫上之北極高度爲腰，置尺。次以極高餘度爲腰，取底爲度，定日晷之心。次用元尺於切綫上取每七半度之綫，如前。

用法五：有立面向正南作日晷法，如前。但以北極高度求晷心，以北極高之餘度爲表長，凡言表長，以垂表爲主，或垂綫，又平晷之子午綫爲此之垂綫，書時，創以平晷之卯，爲此之酉，各反之。

用法六：若立面向正東正西，先用權綫作垂綫定表處，即晷心，從心作横綫與垂綫爲直角。若面正東，於横綫下向北作象限弧；若面正西，於横綫下向南作弧。弧上從下數北極高之餘度爲界，從心過界作綫，爲赤道綫。又以表長爲底，切綫綫上之四十五度爲腰，置尺，遞取七度半之綫，從心向外於赤道上各作識，從各識作綫，與赤道爲直角，則時刻綫也。其過心之綫向東晷爲卯正綫，向西晷爲酉正綫。若欲加入節氣綫，法以表長爲度，從表位甲上取乙點爲表心，從心取赤道上各時刻點爲度，以爲底，以切綫綫之四十五度爲腰，置尺，又以二十三度半爲小腰，取小底爲度，於各時刻綫上從赤道向左、向右各作識，爲冬夏至日影所至之界。

如左圖，甲乙爲卯酉正綫，以表長爲度，從甲取乙爲表心，以切綫上之四十五度爲腰，甲乙爲底，置尺，又以二十三度半爲小腰，取小底，於本綫上從赤道甲向左、向右各作識，即卯酉正時冬夏至之影界。次從表心向卯酉初刻綫取赤道之交丙點爲底，切綫之四十五度爲腰，置

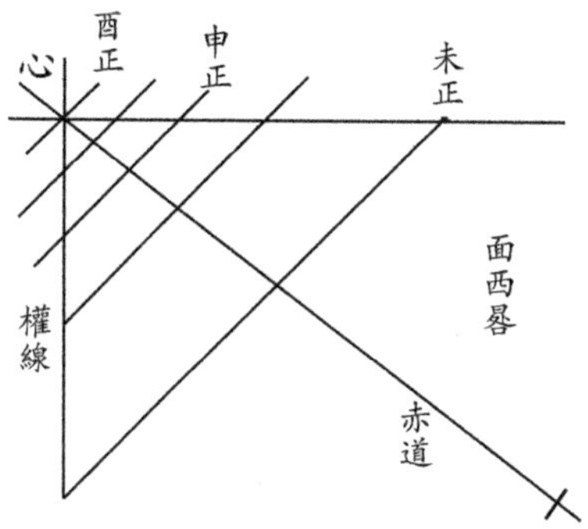

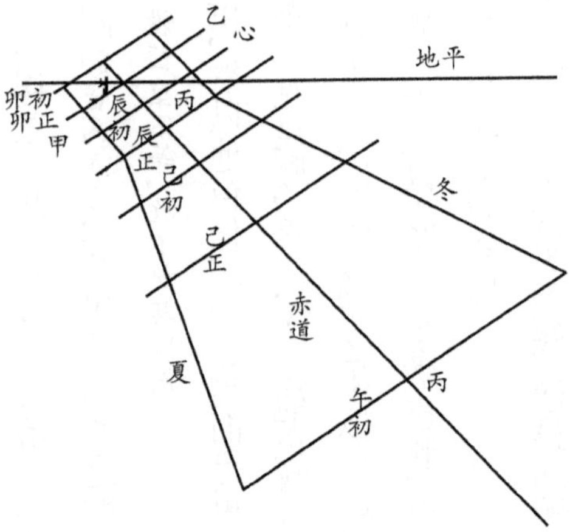

尺，以二十三度半爲小腰，取小底，於丙左右各作識，爲本時冬夏至之影界。次於各時綫如上法，各作二至影界訖，聯之，爲本晷上冬夏二至之影綫。次作二至前後各節氣綫，以節氣綫之兩至點爲腰，即鶉首之次，西曆爲巨蟹宮，以各時綫上赤道至兩至界爲底，置尺，次以各節氣爲小腰，取小底爲度，從各綫之赤道左右作識，如前法。

第十　五金綫

分法，用下文各分率及分體綫，置金一度，下方所列者，先造諸色體大小同度，權之得其輕重之差，以爲比例。水銀一度又七十五分度之三十八，鉛一度又二十三分度之一十五，銀一度又三十一分度之二十六，銅二度又九分度之一，鐵二度又八分度之三，錫二度又三十七分度之一。先定金之立方體，其重一觔爲一度，本綫上從心向外任取一點爲一度，即是金度，次以分體綫第十點爲腰，此度爲底，置尺，依各色之本率，於分體綫上取若干度分之綫爲底，從心取兩等腰，合於次底，作點，即某色之度點。

又法，取各率之分子，用通分法乘之，得金四五九五九二，五水銀六九二四五二七，鉛八六二七四〇〇，銀八四三二二二二七，銅九〇〇一四〇〇，鐵一〇九一四〇七五，錫一一七九九〇〇〇。次以各率開立方，求各色之根，得金一六六弱，水銀一九一弱，鉛二〇二，銀二〇四，銅二一三，鐵二三二，錫二三八。若金立方重一斤，其根一百六十六弱，用各色之根率爲邊，成立方，即與金爲同類皆爲立方，同重皆爲一斤之體。今本綫用此以二三八爲末點，如各率分各色之根數，加號石體輕重不等，故不記其比例。

用法一：有某色某體之重，欲以他色作同類之體而等重，求其大小。法以所設某色某體之一邊爲度，以爲底，以本綫本色點爲腰，置尺，次以他色號點爲腰，取底，即所求他體之邊。

用法二：若等體等大，求其重。法以所設體之相似一邊爲度，以爲底，置尺，於他色號點取其底，兩底並識之，次於分體綫上先以設體之重數爲腰，以先設體之底爲底，置尺，以次得他體之底爲底，進退求相等數爲腰，即他體之重。

用法三：有異類之體，求其比例。先依更體綫，通爲同類，次如前法。

《測食略》提要

鄧可卉

一、《測食略》作者簡介

明末《崇禎曆書》於一六三四年編成，並没有立即頒行。關於新曆的優劣之争一直持續了近十年。在《明史·曆志》中就記錄了發生過八次中西天文學較量，主要包括日食、月食、木星、水星、火星的運動，最後崇禎帝「已深知西法之密」，並在崇禎十六年（一六四三）八月下定頒佈新曆，但頒行《崇禎曆書》的命令還没有實施，明朝就已滅亡。

湯若望，原名約翰·亞當·沙爾·馮·白爾（Johann Adam Schall von Bell），一五九二年五月一日，湯若望出生於德國萊茵河西岸科隆城一個貴族家庭，早年就讀於德國一所水準很高的學校——王冕中學。學校重點培養學生們的宗教感情和宗教信仰。一六一一年湯若望加入了耶穌會，在聖·安德勒大樓做見習修士。一六一三年十月，轉入羅馬德意志學院，在那裏開始了四年神學、數學、天文學等課程的研究，在數學和天文學等方面打下了很好的基礎。一六一八年受耶穌會派遣，同金尼閣等二十二名傳教士啟程來華，於一六一九年七月抵澳門。湯若望在澳門居住三年，學習了中國語言和習俗，努力使自己成爲一名中國化的傳教員。一六二三年湯若望進入明朝京城北京，開始他四十餘年傳奇般的經歷。

湯若望以利瑪竇爲楷模，廣交中國朋友，將從西方帶來的數理天算書籍列次呈上朝廷，並請中國官員參觀所帶的儀器。湯若望成功預報了一六二三年十月和一六二四年九月的月食和日食，得到了徐光啓的賞識。他還向人們展示了從歐洲帶來的儀器。崇禎二年（一六二九），徐光啓上書舉薦，湯若望奉命入京，供事曆局。在任職期間，在徐光啓等人的主持下，參與編寫了《崇禎曆書》，並爲明朝廷鑄西式火炮。湯若望還爲欽天監製造了渾天球、自王地平日晷、大小望遠鏡、觀象儀等天文儀器。

崇禎十七年三月中旬，李自成率軍隊攻陷北京，明王朝就此滅亡。與一些繼續同南明政權合作的傳教士不同，湯若望果斷決定與清政權合作：湯若望收藏的聖經、曆書刻板以及天文儀器衆多，一時難以搬遷，爲了保住這些，他當即上書攝政王多爾袞，告知實情，表示要恭進新法曆書和測天儀器，爲清朝效力。順治二年，多爾袞下令頒佈新曆——《時憲曆》。由於湯若望在主持欽天監工作成績顯著，不斷獲得晉級封爵，成爲欽天監監正之後，歷任太常寺少卿、太僕寺卿、太常寺卿、通政使司通政使，秩正一品。順治帝賜號「通玄教師」，先後加封其爲通議大夫、光祿大夫等。

湯若望是歷史上第一個直接掌管欽天監工作的西洋人。代表著作有《遠鏡說》《崇禎曆書》中的《交食曆指》七卷、《交食曆表》二卷、《交食諸表用法》二卷、《交食蒙求》一卷、《古今交食考》一卷、《恒星曆指》四卷、《恒星出沒表》二卷、《恒星屏障》等。一六四五年，湯若望下了很大功夫，對卷帙龐雜的《崇禎曆書》進行刪繁去蕪，整理修改，增補內容，使之更爲精練劃一。在修改中，他對原曆書的理論部分幾乎原封未動，而對表格部分做了重大刪節，將原來的一三七卷壓縮成七十卷。另增補了《學曆小辨》《遠鏡説》《新法曆引》一卷、《新法表異》二卷、《曆法西傳》二卷、《測食略》二卷、《新曆曉惑》《黄赤正球》《渾天儀説》五卷、《籌算》《幾何要法》《治曆緣起》等十幾種三十卷。合成三十種一百卷，取名《西洋新法曆書》，呈送朝廷刻印行，作爲每年推算時憲曆書的根據。新增補的内容都是新法曆書中很重要的成分。

二、《測食略》的主要内容

《測食略》比較系統地在中國書籍中介紹「食」的概念，講述了「朔」「望」形成的原因，闡明只有日月地三者在同一條直綫上纔可能發生食，但是没有進一步講什麼情況下它們在一條直綫上。所謂「食」並非真的吃掉了，認爲是「惡得而謂之食」。針對日、月一個發光，一個不發光，所以纔有日食爲「似食」，而月食爲「實食」的概念。這些概念雖然是新的，但是卻受西方中古時期的神哲學的影響，所以仍然帶有一定的迷信色彩。

可見，「似食」與「實食」這兩個術語的科學依據不充分，除了强調日地月的發光機制從根本上不同外，實際上還主要强調了「日爲諸光之宗」這一天主教義的思想。因爲根據現代天文學，實際上無論似食，還是實食，都不是實際的「食」，只不過是日月地三者影子遮擋的結果而已，所以從這個角度來看，日食和月食並没有實質的區别。

《測食略》「實會中會似會説第二」中主要講述了視差對日月食的影響。「**夫日月星宿之會，總名也，第有實會，有中會，有似會。實會者，以地心所出直綫，上至黄道者爲主，而日月五星政當此綫，則**

是實相會也。」「夫實會既以地心綫，射七政之體爲主，今此地心綫，過於小輪之心，則謂之中會矣。」「今人所見日食，皆地面上人目所對之綫也。日月在地心所對之綫，爲實會，則在人目所對之綫，不得爲實會，而特爲似會矣。」以上内容分别是對實會、中會、似會的描述和定義，分别根據地心到實體、地心到小輪心、地面到實體之間的連綫來判斷，實際上與視差有關。

關於它們的判斷法則如下：「實會在午前，必先於似會，實會在午後，必後於似會也。」術文强調日食發生時都是似會，所以它因時因地而異，並且食之分數亦不同。

在「食之征第三」中簡要證明了在實會、似會基礎上發生日月食的條件——即食限的問題。以定性描述爲主，但是對日月食分别給出了食限值：對日食，「考之在龍頭龍尾，若正當頭尾，或與頭尾不甚遠，則當測其食否；若與龍頭龍尾相遠，而月似會之距度過三十四分，則無食矣，可不必測矣。月食則於望日求之，月之距度①若小於月半徑，與地半影者，必食也。其食之處定在龍頭龍尾之兩傍十三度三分度之一，過此，則月之行道不相涉，而不相掩矣。」這裡的龍頭、龍尾分别指月球行道白道與太陽行道黄道的交點，中國古代天文學也稱之爲正交、中交，亦名天首、天尾，並規定兩半交去黄道五度有奇。

和日月食問題相關的内容還有日月視直徑的大小，它們分别與日與月的遠近距離、運動速度，即所謂「高下遲速」有關，這裡述及的内容比較籠統，例如：「若日雖全食，亦不能久。

---

① 原文爲「望」，據《崇禎曆書》本改爲「度」。

因月徑之似處小，僅能遮日體，而須臾便過，故但能全掩，不能久掩也」，這一說法顯然不夠精准。詳細的關於日月視徑的問題還要見前面編撰的《交食曆指》。

日月食食分與日月視徑及日月距離黃白交點遠近有關，《測食略》介紹了食分計算以十二爲全食分的做法，與西方古典天文學規定了十二分爲分母一致，偏食的食分都小於一，但是對於日月食全食，得到的結果是十二分有餘。

《測食略》論及了日食、月食見食的不同：「日食與月食，固自有異。蓋月食天下皆同，而日食則否。日食此地速，彼地遲，此地見多，彼地見少，此地見偏南，彼地見偏北，無有相同者也。而月食則凡地面見之者，大小同焉，遲速同焉，經候同焉。唯所居不同子午綫者，則時刻不同矣。」

在《測食略》卷上結束時，編者道出了寫這本書的主要意圖：**「右所舉，不過略言食之固然與夫所以然耳。若精求合朔之時刻，日月之真方位，及月離黃道之距度，考南北東西差每處不同，日月每時行幾何度分，與夫月進地影食甚時，以較太陽行度幾何遲速，及他種種議論，種種見解，是書皆未及言。」**可見《測食略》的要旨是闡明一些日月食的原理，而關於它們的定量計算基本沒有涉及。

《測食略》卷下論述了「月體爲地影所隔」、月食時月體依然發光、「日食在朔，月體掩之」的物理機制，所述內容基於合理的物理判斷，是可信的。但是其論理卻不盡透徹。得到了關於日月食發生時的間接引理如下：「因食知月體不通光」「月食時人目不及見月受光之面」「天下日食，應多於月食」「因月食征地圓如球」「因食征地海並爲圓球」「因食知大山不損地圓」「因食征地球在天心」「因食而知黃道六宮恒在上，六宮恒在下」「據月食即知其實本位所」「因食而知月有小輪」「因食而知日有不同心圓」「因食而知日月地大小之别」「因食而知各地之子午」，在每一個問題下面，對所論觀點的原因進行了定性分析，其分析方法依然從亞里斯多德物理學的基本思想。可以看出來，《測食略》在入清以後成書，基於當時中西曆法的争論背景，以及中國古代重視日月食的觀測與預報的傳統，其説理的成分遠大於科學傳播或者編修曆法的目的，湯若望本人也非常清楚，如果能夠清晰地説明西曆對日月食及其相關功能的認識，就能夠使中國人更加容易地接受西曆。

關於「因食而知月有小輪」一條值得進一步討論。首先，這時記載的幾何家引進月球小輪的主要原因是爲了解釋月球離地球距離遠近不同的現象，那麽這裡觀測到的月食分數不同，自然是由於月有小輪的緣故了。其次，月體既有小輪，但同時也有本動。如果没有本動，則看不到月面總朝向地球一面的月上山谷。這一條證明與前述各論題相關聯，並且囿於古代幾何模型假設，難以跳出其窠臼。

關於「因食而知日有不同心圓」一條也有待商榷。因爲這與上一條都與幾何模型有關，用已經確定的幾何模型來解釋食的一些現象，似乎是順理成章，但是，如果反過來要用食的現象説明幾何模型的正確性，邏輯關係顛倒了。這些内容至少説明耶穌會傳教士心目中對幾何模型的依賴與重視程度。

可以説，《測食略》卷下從中國人最關心的日月食出發，試圖與天地之間的許多物理現象、主要幾何模型觀點以及傳教士知識體系中的觀點建立聯繫，最終用日月食的存在來解釋和驗證它們，達到了傳教士宣講西方科學的目的，也在某種程度上對中國人具有説服作用。正如卷下結束時有言：「前數則不過粗言其要而已，每有叩望以征應者，因喻之曰，星宿各有情好也。若性情之幹熱者相聚，地必暑；寒濕者相聚，地必冷。彗星彩霞，火屬也，而相值熒惑之星，則地之乾燥也亦必矣。」這是中世紀亞里斯多德形而上學物理學的觀點，也是明末傳教士來華所持自然哲學觀點的淵藪。

下文又有，「若此之類，理勢必然，推驗不謬者。豈有日月之食，宫次不一，而毫無所征驗乎？第人過信其必然之理，遂泥其已然之跡，不事探求。其所謂自然者，又不精求其所以使之自然者，其道未易言也。故先師多羅某（托勒密）精於斯業，嘗曰，斯業之言，非一定之法，可永守而不變者。望晚學也法師，以不言爲言，而妄言征應，能無駭乎？」這裏有三個層次的意思。首先認爲日月食的發生是有所驗證的，但是如果一個人拘泥於所看到的一切，不去探求，日月食的存在也就變得没有意義了。其次，湯若望在本書中對於自然的現象，「精求其所以使之自然者」，説明湯若望在編輯這本書方面下了不少功夫。最後，繼承了先師托勒密的敬業精神與治業之道，天文學具有非一定之法的特點。文中古希臘的理性論辯的精神發揮得淋漓盡致，這也是西學的長處。同時，傳教士不僅從各個角度通過日月食解釋和驗證天地之間的一切現象，而且傳達了與其天主教教義相通的「天」的理論。

《測食略》

大西湯若望述　慈水周子愚、武林卓爾康訂①

《測食略》卷上

似食實食說　第一

人恒言日食、月食矣，輒概混焉。不知月實食，日則似食，而實非食也。何者？日爲諸光之宗，永無虧損，月星皆借光焉。朔，則月與日爲一綫，月正會於綫上，而在地與日之間。月本厚體，厚體能隔日光於下，於是日若無光，而光實未嘗失也。惡得而謂之食。望，則日月相對，而日光正照之，月體正受之，人目正視之，月光滿矣。此時若日月正相對如一綫，而地體適當綫上，則在日與月之間，而地亦厚體，厚體隔日光於此面，而射影於彼面，月在影中，實失其所借之光，是爲食也。然其食特地與月之失日光耳，而其光之失，因光在地面與月體之上，地與月互相遮掩耳，日固自若也。總之，日也，月也，地也，使三體並不居一直綫，則更無食矣。若食，則日體恒居一直綫之界末，而彼界，則月體、地體疊居焉。月體居界末，則月面之日光食於地影矣；地影居界末，則地之日光食於月影矣。

① 作者名字原文無，今據《崇禎曆書》本補，下卷同。

實會中會似會說 第二

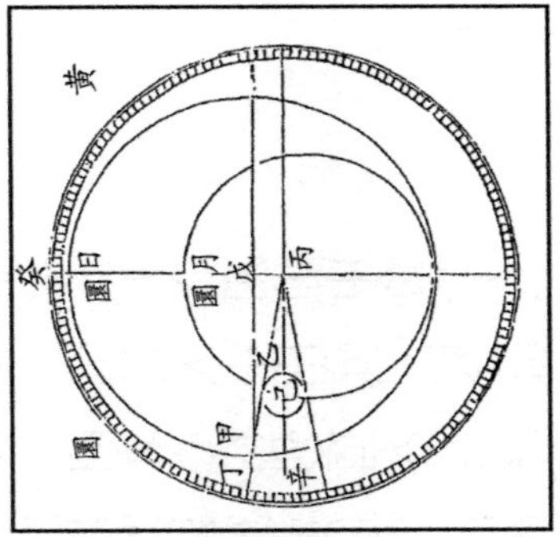

圖一

夫日月星宿之會，總名也，第有實會，有中會，有似會。實會者，以地心所出直綫，上至黃道者爲主，而日月五星政當此綫，則是實相會也。如後圖（見圖一），日在甲，月在乙，地心在丙，甲乙丙綫直至黃道圜之丁是也，即南北相距，不同在一點，而總在此綫正對之過樞圜，亦爲實會。蓋過樞圜者，過黃道之兩極，而交會於黃道，分黃道爲四直角者也。則從北而視南，雖不在地心所出之一綫，卻與地心所出之一綫東西不偏，而正相對，猶一綫矣，故爲實會也。然月與五星居小輪之邊，地心所出綫，上至黃道，而小輪之心，正當此綫者，則爲月與五星之中會也。但日無小輪，而日天本圜與地不同心，兩心所出必有兩綫，此兩綫若爲平行，而月輪之心正當居地心綫者，則是日月中會也。

夫實會既以地心綫，射七政之體爲主，今此地心綫，過於小輪之心，則謂之中會矣。如地心爲丙，日天之圜心爲戊，月小輪之心爲己，日在甲。甲日與戊心之戊甲徑綫，而從地心丙出綫，至黃道辛平行，乃是中會矣。然實會、中會俱准於地心，而吾人所居，乃在地面，而從心所對一綫，從面所對又一綫，惟正當天頂之圜，則兩綫同在一綫，與實會無異。過此而偏左偏右，即分兩綫矣。

今人所見日食，皆地面上人目所對之綫也。日月在地心所對之綫，爲實會，則在人目所

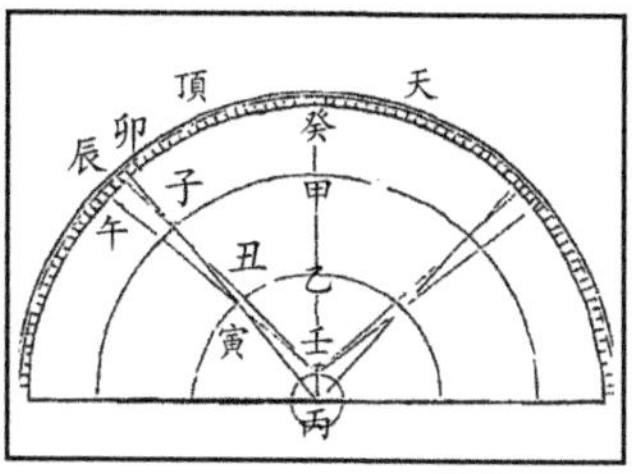

圖二

對之綫，不得爲實會，而特爲似會矣。如後①第二圖（見圖二），地心爲丙，地面爲壬，天頂爲癸，癸壬丙定爲一直綫也。若甲日乙月，即在癸丙綫上，則實會，並是似會矣。若日在子，月在丑，與地面壬爲一綫，則似會也。必月至寅，與地心丙爲一綫，方爲實會耳。

則是實會在午前，必先於似會，實會在午後，必後於似會也。惟日食全以似會，故地有不同，而食之分數、時候因之，所以隨地所見，亦不同也。第合朔論實會，交食論似會，實會似會之綫，在日月本天，無度分，而全依宗動天上，黄道圜十二宫之度分，則必當極論會綫。至黄道之處，實會綫所至，謂之實處，似會綫所至，謂之似處矣。

以實會綫上之日月爲據，而目視日至黄道，有日似處，目視月至黄道，有月似處，得其似處，可以較實處之距度矣。如第二圖，子寅丙爲實會綫，至黄道卯，則卯爲實處。若壬目視子日，至黄道辰，視寅月，至黄道午，則辰爲日似處，午爲月似處也。然所用既皆實會似會，而並論中會者，凡地與日圜不同心，而與列宿天則同心，心同則徑同，而日圜之心在列宿天心，與地心之上，則日圜之徑亦在列宿天徑，與地徑之上。列宿天之徑，割日圜爲大小兩分，兩分雖有大小，而各應黄道之一百八十度，此空度、隔度之所出，故不得不辯。夫必用地中會綫者，求准對日與黄道遲速不均不平之本動，又因而求實會之准則焉。

① 此處「後」，據《崇禎曆書》本增補。

食之徵 第三

凡日月相會，未必皆食，惟因會之有似有實，而悉其差之遠近幾何，此必須測驗而後得。凡人居赤道北者，月之似處，比實處，恒若偏南，若偏低者，然夫月在日與目之一直綫上，不偏斜，不低昂，乃能掩日而爲食，若精察之，較月食更難焉。第觀日月似會之時，其距度比日月之半徑，或大或等者，必無食也。小則必食矣。愈小，則食愈大矣。考之在龍頭龍尾，若正當頭尾，或與頭尾不甚遠，則當測其食否；若與龍頭龍尾相遠，而月似會之距度過三十四分，則無食矣，可不必測矣。月食則於望日求之，月之距度①若小於月半徑，與地半影者，必食也。其食之處定在龍頭龍尾之兩傍十三度三分度之一，過此，則月之行道不相涉，而不相掩矣。

如甲子年八月望日，月經龍尾不遠，則應測其食，而考其所經之躔度，乃在黄道白羊宫三度五十六分四十一秒，其躔道距度，則五分三十六秒矣。夫月半徑得十六分四十三秒，而地影之半徑則四十五分十三秒，二數並之，即爲六十一分五十六秒，距度止五分三十六秒，是最小於月徑，及地影之半，而全體必盡食，地影必且有餘矣。若乙丑年八月望日，其月在龍尾雙魚宫二十三度半，夫月半徑十七分十五秒，而地影之半徑則四十六分三十七秒，二數並之，得六十三分五十二秒，月距躔道四十八分二秒，則小過於地影之半徑，而月體必半入地影，而不得全食也。

① 原文爲「望」，據《崇禎曆書》本改爲「度」。

食之處 第四

龍頭、龍尾者何？是日躔之兩界，月食所經之處也。昔人測日月之食，必在躔之二處，而月之距此益遠，則距度益廣，廣者象腹，則其所起所止，象頭尾矣。十二宫右旋，從頭至尾則左旋，而此頭尾二處，非定於二宫，但設爲多圜，嫌於繁混，故止取龍之頭尾，以略徵之也。如上圖（見圖三），甲丁乙爲日躔圜，甲丙乙爲月行圜，兩圜交於甲、於乙，而從甲上升，左旋至丙至乙，故甲爲頭，乙爲尾，丙丁相距最廣，爲腹也。但甲在白羊宫，則乙在天稱宫，而腹在磨羯宫；若甲在雙魚宫，則乙在室女宫，而腹在人馬宫，凡十九年，乃復原處。故日月之食，不十九年不能在本躔同宫同度也。

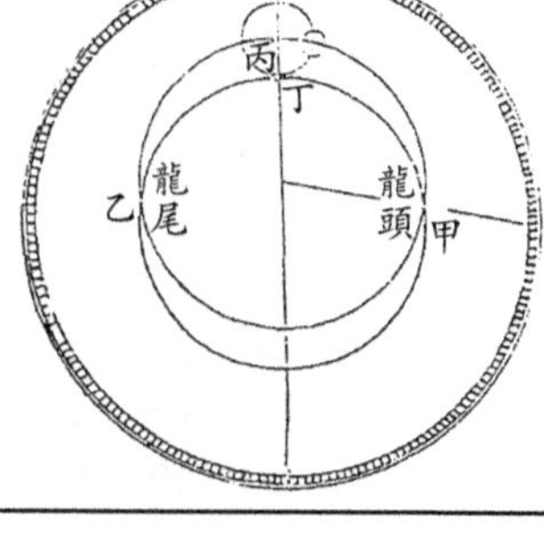

圖三

日月地影之徑説 第五

日月之徑，原自平分，今因日在本圜，月在小輪，有遠有近，近則見其徑大，遠則見其徑小。又地影者，是日與地所生，故日之遠近，亦能爲影之大小也。然無有食，而月不居本圜之高處，第就月居小輪，日居本圜，則每食自不同，而其徑之大小，與小輪與日本圜無一定之規則，惟用日月之本動，方可考定。

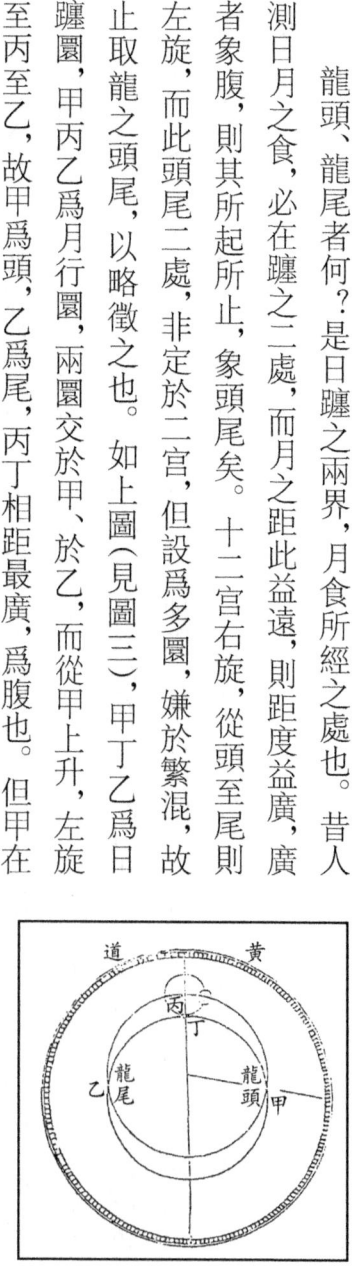

今考月體本動之法，每四刻，若行半度，則知其徑，亦半度矣。日體每四刻，若行二分三十秒，須以十三乘之，則知其徑十三倍於二分三十秒矣。此係一定之常法。但日月之行，時刻不均，故以是法，測其體之大小，未免少差。蓋日愈高，其體愈覺小，其動亦愈覺遲；日愈下，其體愈覺大，其行亦愈覺速。

月在小輪，其高下遲速亦然，其考地影之法，須先定日之最遠處，月徑假有三十三分，即以三率法，求月體於影。如五與十三之比例，即等於三十三與八十五零五分之四之比例也。若日不在最遠，先當考日之居所，離最遠處幾何度；次考日行比最遠處幾何疾，以疾行之度，減去地影，則得所求矣。

食大小遲速辯 第六

夫距度廣狹，實爲月食大小遲速之分，故望日之月，視其進地影厚處，則其食遲；進地影淺處，則其食速。朔日之月，視其似會少偏日躔，或似會大偏日躔，而其故總由日月遠乎龍之頭尾也。望日之月，在頭尾正躔，則月食至大至深。若少偏，而躔影之半徑與月體之半徑，則雖全食而即復。若距躔影又遠，則食不全也。若日雖全食，亦不能久。因月徑之似處小，僅能遮日體，而須臾便過，故但能全掩，不能久掩也。今欲知食分大幾何，必須定其分數幾何。蓋西洋取日月本體。爲十二平分。移此分寸，量月所經之處，若日月食十二分有餘者，是謂至全至大之食也。但欲精察不謬，月食，則究食甚時，月道距躔道幾何；日食，則究食甚時，月似處距實會幾何。

經候幾何　第七

欲知食之經候幾何，須知日月之本動。設若日月本動相同，則月必不能進影，進亦必不復出矣。今月行黄道，比日甚速，逐及於日，而又過日前，故但較月過速，日過遲之兩候，即知日月食經候得幾何也。此有算就立成。凡某時刻，日月當食，其本動之度幾何，則以日過遲之少數，減去月過速之多數。次取立成，視月多行之度幾何，則得。蓋以過速之多數，除初食至食甚之度數，即係初食至食甚經候之度分也。食甚至復圓，亦如之。顧日食之中前中後，與月食有異，蓋日食惟在躔道九十度正天中者，中前中後，均平無異。若其食偏在東西，即有異矣。偏東，則初食至食甚，短於食甚至復圓；偏西，則食甚至復圓，短於初食至食甚。故求日食毫釐不差，必須較看日月行動，先後兩時刻度分。其一，在未食前，其二，挨復圓後。而初食至食甚度分，用以除食前一時刻度分，食甚至復圓度分，用以除復圓後一時刻度分，即是日食中前、中後之經候度分也。

日食月食辨　第八

夫日食與月食，固自有異。蓋月食天下皆同，而日食則否。日食此地速，彼地遲，此地見多，彼地見少，此地見偏南，彼地見偏北，無有相同者也。而月食則凡地面見之者，大小同焉，遲速同焉，經候同焉。唯所居不同子午綫者，則時刻不同矣。蓋月一入影，失其借光，更無處可見其光也。

右所舉，不過略言食之固然與夫所以然耳，若精求合朔之時刻，日月之真方位，及月離躔道之距度，考南北東西差，每處不同，日月每時行幾何度分，與夫月進地影食甚時，以較太陽行度幾何遲速，及他種種議論，種種見解，是書皆未及言。俱各有本論及立成，井井臚列，俟翻譯後開卷，一目便已了然。

《測食略》卷下

月食爲地影所隔 第一

問，月食必在於望，因日月相對之故，其説明矣。至謂地影隔之而食，竊有疑焉。曰，月對日而受其光，苟日月之間，非有不通光之實體，爲之障蔽，則必不能阻日光之照月體。無論空中之火，空中之氣，與夫天體，不能掩月，即金水二星，雖居日月之間，其影俱不及地，況能過地而及月乎？則知能掩日者，惟有地體，一面受光，一面射影，而月體爲借光之物，入此影，安得不食，而半進則半食，全進則全食矣。

月體當食尚有光色　第二

問，無光之月，一入地影，遂全失其借光也。然食時，尚有依稀可見之光，天文家每視食月之色，預言食之徵驗，若人以目切墻屋，掩其未食之光體，而獨視其既食之烏體。其光尚明於星也。蓋物之可見，必借外光，不獨能見物體，且更能發越物色也。月既在地影，即失借光，安得尚有色乎？曰，月體雖食，尚有微光，今直以影爲明者，誤也。以影爲暗者，亦誤也。稱影爲明暗之中者，庶爲近之。蓋日所正照，爲最光明，有物隔之，而四傍之氣映射，或對面之光反照，雖無最光明，亦有次光明也。如一室之外，爲最光明，一室之内，爲次光明也。雲之上，爲最光明，雲之下，爲次光明也。直至所隔愈深，去光愈遠，並次光明亦漸微，微而又微，以至絲毫無光，乃爲暗耳。夫人與地近，日與地遠，人居地此面，日在地彼面，至夜子初，人在地影至濃之中，近物尚能别識，何況月在地影至鋭之處，次光明正盛，其有光色，又何疑乎？且人在極暗，則月光雖微，視之反覺明也。

日食在朔月體掩之　第三

問，前言月在日前，能掩日光是已，金水二星亦皆在日前，又皆實體，且水星雖小，而金星則大於月也，何獨以食屬月乎？曰，二星於人甚遠，不能掩日百分之一；二，而日光甚盛，即虧百分之一二，人亦不覺。且二星去日甚近，去地甚遠，所出鋭角之影亦甚短，決不能及地面也。若夫月體，雖不及太白之大，然去地近，去日遠，一指足蔽泰山，又何疑乎？由此言之，求一實體之能全掩日，又從西而東過之甚疾，唯月爲能。蓋月之右旋，比諸天更速，必至合朔方有食，則日食於月，決然之理也。

因食知月體不通光 第四

問，月體受光而返照之，必不通光。如銅鐵鏡。蓋通光則不能受日光，而反照他物，亦不能掩日而生影也。曰，鏡之設譬似矣，而尚未盡。夫鏡之照物，而反生之象，其大小遠近，必與物體相當，然後可以鏡喻月。今觀鏡之面，有突如球，有平如案，有雌如釜。惟平者所生之象，乃與物體相當，若如釜者，所生物象，必倍於物體，如球者所生物象，必小於物體矣。試以球鏡照遠物，而人又從遠視之，則物象必倍小。嘗持球鏡，照太陽之體，其小如星，倘月體如球鏡，欲其反生太陽之象，烏可得乎？又問，合朔後，月之下半未受日光，而月體微光，比諸星更顯，若不通明，則此光又從何生？且觀其掩日，而日全食時，月之邊際，覺稍明於月之中心，似中間厚處難通，而薄處稍可通透乎。曰，前既言月在地影最中處，乃天光映照之明，若合朔時，則有光之天，與月體最爲切近，而日光上照月體，約有大半，四邊豈得無光？或言月既非極通光如玻璃，或半通光如玉石，特因在後之物，其體質不明，故不能映見在後之物乎？曰，試觀日食甚之時，天光盡黑，星體亦現，爾時太陽在後，體質最爲明顯，何以不能映見絲毫。可知月體絕不通光也，或言在月後之物，必更堅密於月者，然後能照見。若較月更通徹，即不能見乎。曰，若然，日體在月後，堅密不亞於月，而亦不能見，可言日體爲通徹乎。又凡目所注，必須有色，及所照之光，此二者必不通徹之體，乃能受之，則月體從可推矣。

月食時人目不及見月受光之面　第五

上言日光照月體大半，則知日比月體至大。然日食甚之時，人目所見之面，何故絶無絲毫之光。曰，凡人視圓球，止見小半。蓋球有大圜，有小圜，若以兩綫切大圜，其綫必爲平行。今目所注視之綫，既不能平行，則不切至大圜可知，而目亦僅能及小圜矣。詳見《幾何》一卷二十八題。又望後三日。雖月每日行十三度有奇，而月邊尚似圓圜，可見人目正及其小圜也。或曰，望日所見月體之面，即月所受光之面，其光爲大半，則二三日其光尚在大半之内，則晦後月輪稍移，便宜見光，而光今竟不即見，何也？曰，月掩日之時，一則人所注之圜，與日光照月之圜爲平行；一則日食時不過一兩刻，則兩綫亦不能相切。至望則不同矣。又望時，日光照月少於他時，蓋晦日，日與月止隔金水二星天，而甚近，故所照亦多於望日，望日與月隔金水二天，及月本天之體，而甚遠，故所照亦少於他日。然晦日所照，雖多於望日，而人目所及，止見小圜，而月光不即見，職由此矣。

日月每月不食　第六

夫月不恒食之故有二，一則日體常麗躔道，則地影亦常對躔道；一則月行常出入躔道，故他影不及。蓋凡光照物，必直射而作直綫，今日在躔道，其光自平面而直通至地，則反影亦反射至天。如日光之射地，其日光繞地一周，則影亦繞天一周，其地影至月天，闊不過一度半，躔道平分地影，每邊有四分之三，又望日，月輪不在龍頭龍尾近，故月體與地影，不得相遇，故不食。此前篇言每月食，三體必在一直綫也。或曰，日食應有多次，爲其不論月之實所，但論月之似所，若論似所，則南北所差甚多。如此，則人住兩極近處者，視月遠於躔道，亦能食日矣。曰，人居在北極下，而似所與實所，相距不過一度。譬如月在地平，東西差亦不過一度，可見日欲食時，月不能離躔道一度强，故日食亦少也。但論一處，則日月之食不等，概論天下日食，應多於月食也。

因月食徵地圓如球　第七

格物家悉言地圓如球，驗之洵，不得不然也。蓋凡物之性，重者，勢必就下，若一無所阻，必徑就天心，天心者，最下處也。故大地四旁，皆欲就下，其勢不得不結爲圓，然則雖山嶽之高，湖海之深，亦無損於地體之圓也。今以地面論之，日月星之出入東西異，則時刻亦異。試觀同此月食，歐邏巴見於丑正，亞細亞見於寅正，是可見日之没也，先没於亞細亞之東，後没於歐邏巴之西也。非圓於球者，必不然矣。大率從西而東七千五百里，則應天三十度，而先八刻見食，設地體如案，則天下見食，共在一時，無有彼此後先矣。若地體如盌①，則遠於月之

① 原文爲「碗」，據《崇禎曆書》本改爲「盌」。

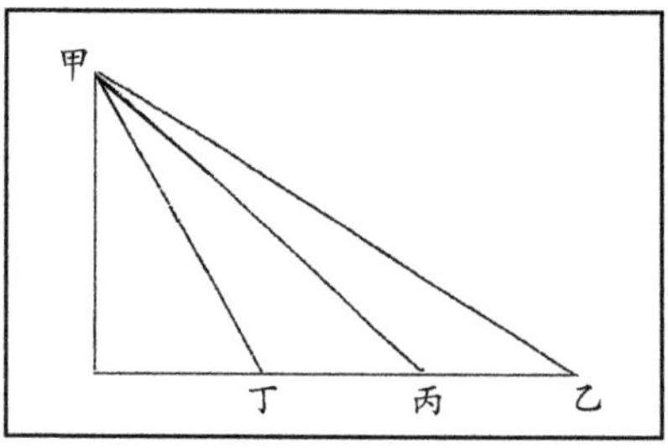

圖四

處，先得見食，近於月之處，反後得見食矣。至若地體如觚，而四方或八棱，則凡在一面者，見食皆同矣，何故有時刻先後之異乎？非圓而何也。

又問，地固圓矣，但日月初出，半露地上，圜體切之，宜若弧狀，今但如鉉①，何也？曰，地球掩日月之半，實自如弧，今見如鉉者，因地形掩日月處，較全圜甚短，人目視之，如直，而實圓也。今設一圜綫，其長尋丈，若截取分寸之長，則不見其曲矣。

問，地既爲圓球，吾措足之地，在球面則所見四旁之地，宜皆低也。今見近處覺低，遠處反覺高，何也？曰，凡人視物之遠近，皆從一直綫來入吾目，而人之内司，從外司憶之，故視遠物出綫，似過高於近物出綫。如上圖（見圖四），甲爲人目，乙爲遠處，丙丁爲近處，俱屬一平綫，乙遠出綫來甲目，似高於丙丁近出者也。如人立長廊中，或長甃道廊道，兩頭平正如一，而自此視彼，只見其高矣。夫視近尚爾，況地面之遠乎？惟據實理察得之，則知外司之似誤矣。

因食徵地海並爲圓球　第八

航海者，遠望他舟之來，未見其舟，先見桅端，須臾漸兩相近，則帆檣頭尾全舟畢見矣。設海面爲平，則此舟全體可見，何乃有先後見不見之殊乎？

幾何家正之雲，從一點出綫至一界，若其綫長短若一，則所至界必爲圜界之形。今從地心

① 原文爲「弦」，據《崇禎曆書》本改爲「鉉」。

出綫，至海面如此，則海面果成肖圜界明矣。若弗允其説，而謂綫有長短，長者，其界更遠，而遠於心點；短者，其界更近，而近於心點。如此則地心出綫，有長有短，長處之水，獨能居高而不下也，豈不逆水之性乎？如圖（見圖五），甲爲地心，乙丙丁爲水平面，丙近地心而爲水低面，丁乙遠地心而爲水高面，則乙丁之水，逆其性而居高，若居己庚處，則更高乎乙丁水邊也。觀此可知，地與海爲圓之證，而其明白顯現者，無過於月食。敝國有人自依西巴尼亞國，至墨是穀國，驗月食之時刻，則先於依西巴尼亞國，然兩地時刻俱一一較准，故知食有後先，而地與海爲圓球。又食時，月内烏影，不拘何地，其影必作圓形，而光體未受食處，若半規然，以接其烏影。若影爲方爲扁，則月之烏影，安能如圓形哉！若言影圓，而其生影之體，爲四方八角，種種異形，此猶不通之甚矣。説更詳於《視法》諸書。其言烏影悉隨其生影之體而肖之也。

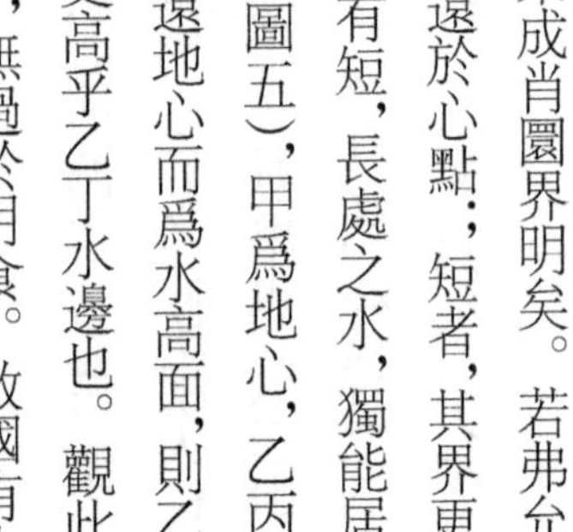

圖五

問，謂影之圓，應地體之圓是已。若夫水乃通明之物，不能並地而生影，亦不能並地而爲圓形，如何？曰，水離地之重濁，能有幾何，即不同體，寧非連體乎？既水與地爲連體，則重濁攪混，豈得通明，而況加以深厚，孰謂水之通明全體，而不能生影乎？蓋月之食影，惟係地影，則海中有島，如爪哇、老冷、蘇門之等，星羅棋佈，在在有之，有則皆能生種種之影，則射於月體，何處分别是水乎是地乎？

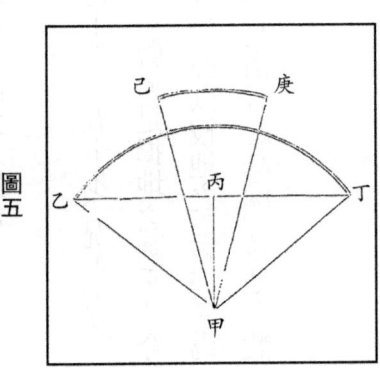

因食知大山不損地圓 第九

問，客從歐邏巴航海來於西海，首見分子午之福島，其鄰地有山。説者云，從千五十里之遠，以見其山脊，或言天下高山，此其首矣。又利未亞中，一山名亞蘭得，其高視之若際天，故名天柱。又額勒濟亞中，一山名百巒。説者云，其高出於雲表，此數處有山之高如此。則天下各國，豈無有類是者。然大地有此種種高山，則未免有凹凸之狀。今言其形若球，不易信也。曰，地海並爲圓體，其形如球者，非實圓如天球，通光滑澤，不窪不突者也，特謂其類天之球，而少異焉。爾額羅斯德逆嘗云，地形如球者，大都肖球之圓，非如工匠車鏇器物之渾圓，而毫無凹凸處也。否則，山之高，穀之深，將安所置頓哉！然山谷在地面圓球之上，不過爲球面之一點塵埃耳。今視山谷在地面，雖不齊，而視月食烏影，未嘗不圓，若謂山谷與月相望之一面不能生影，則地球與月相切之一邊，豈不能生山谷之影，而滅地球圓尖之影哉！今俱不見，其圓可知矣。

幾何家用通光測量等器，測亞蘭得、百巒二山，垂綫之高，只得千二百五十步，況雨雪時，天下諸高山頂，處處皆有積雪，則較之彼所稱天柱者，所差又多矣。曾何足損地之圓乎？今測大地之圍九萬里矣，則其徑應三萬里也，以二山之高步，化爲里數，而以較地之全徑，僅爲五千七百二十七之一耳。今三倍其高，亦僅爲一千七百零八之一，是山谷之高深，較地全體之大，直九牛一毛耳。球上些須之點，烏能損大地之圓乎？

因食徵地球在天心　第十

前論地球居天中心者，理勢不得不然也。蓋四行之重濁下墜者，惟地。重濁之反，而輕清上凝者，惟天。性之兩相反，而兩相去，去之至遠者，其惟天心乎。故地之上下四傍，面面皆生民所居，首俱戴天，足俱履地，其首上足下攢聚，皆不離斯，是知地面上之屋宇、樓臺，地面中之江河湖海，千古安於就下之性，初未嘗見其起離地面，而超越於天也。

問，天之四傍，恐未必皆是九十度之高。人視四傍之天，似下垂而近乎地，又似相接而比乎地矣。且朝暮日月之出没，若出没於地平之近處，則近地平之天，未必九十度，如天頂也。曰，欲釋此疑，盍驗諸月食。夫日月不相望於一直長綫之末，則終古不能食也。設地不居天中，而偏近於黄道之上下東西，則食不居半圜，黄道之一百八十度矣。如上圖（見圖六），甲乙丙丁爲黄道，若地不居中心戊，而居己，則日居甲，而月至庚即食。然此日、月非正居直長綫之末相對相望處，其甲丁庚之長，未足半圜，與古來測驗之准的，不易之常法，大相背戾矣。若言地居黄道極，但去極不必相等，是又迂闊之甚。蓋地影近黄道極，則地影不能與月相對，而掩其光。而月體亦終古不能離黄道而受地影，其能服天下高明之耳目乎？

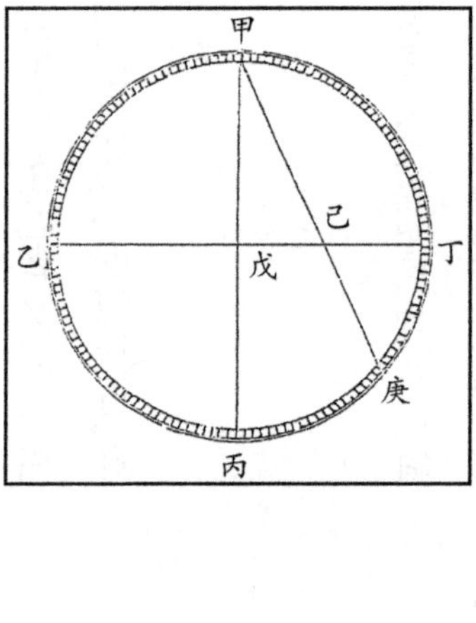

圖六

夫人視地之四邊，若與天近，與天相接者，尚自有説。蓋人從此處，以目視彼遠物之界，悉憑乎中間有實體與否。如於地面視天，所見只有天有地，以中間渾無實體以間之也。則地面之四邊，與天若近若比，此其故矣。今試觀林中竹木，或城上旗竿，魚貫而列，若側而視之，在遠者若相近，在近者反似相遠，而遠近恍惚之不定也。又河之兩岸，各有人立，倘在遠處，視此二人，似覺並立，而無遠近，亦不能料二人中間尚有河隔。足徵從遠視物，易於淆亂，而視天何獨不然。

因食而知黄道六宫恒在上，六宫恒在下　第十一

凡習渾儀之説者，即當知黄道之居儀上，隨宗動天以運旋，就黄道之隨動而言，固有正斜遲速之不等，所以然者，因其隨宗動天之極，而極與黄道之十二宫，遠近不同故也。又當知黄道之在儀，不拘何度次，何節氣，其黄道宫從地面而升，則其所相對之宫，由地面而没焉。夫地平與黄道兩圜，在儀爲大圜，凡圜交錯分爲十字者，實爲半圜，而舉黄道全圜，則半在地面上，半在地面下也。右所言不必膠執一定，即據渾儀譎驗，亦可窺見月食之大凡，其故瞭如指掌矣。但食居東西兩面，方爲相當，又見地海全球，半居地平上，半居地平下，蓋食在東，則日居西，食在西，則日居東。而日月實相對望於至長至平綫之末，則見日月出綫，正當穿過地心，又見日月至地平上，則地球之面，居地平之上矣。又見日居東，月居西，正當半鳥影，設當此時，以通光耳測器，平對日月，則日光正射月體，如此，豈不昭然見日月，實居地平綫之末，而貫地球於平綫之中乎？又見日月及地心，並貫於一平直綫，如此，則自通光耳竅測影處，以去地心，非如一小點乎？且凡有月食，無拘冬夏，天文家正測以日月相去黄道六宫，則明見六

宫居上，六宫居下，是又不待食而然，四時恒若此也。第其宫當從地平遊移上下，而至於原處地平也。

據月食即知其實本位所　第十二

據子午高處，欲求星宿之偏居，原不屬地心距度者。即因其偏居處求之，而知其居於黄道之處所，甚易易也。故天文家欲求其准的，詳製若干儀象以測驗焉，然儀象之巧妙，全在通光之竅。使其射光處有准的，不移動，不更改，則是器之用，不惟能測地面足跡所不能至之處，即山嶽樓臺之高，江湖之闊，地里之遠，井穀之深，凡諸種種，悉能測之。極而能測量天之星宿，與天之彗孛也。第今用是器，以求月之高度，因而知其在黄道之實本位所，惟除地方二十三度内，如廣東、廣西等處，不特難之難，且無准的可據，更難於推算也。蓋月之始出，其高度少，則差度多，高度多，則差度少，由是則時刻之所在，其差度恒不一。

蓋凡①以儀象測月，要當取地心之所，方爲不謬。今勢不能得不爲虛器乎？但器雖有短，心靈無盡，故多羅某及諸天文各家，言細測月食，在於月行本道進影時，不居似處，而居實處，則在食甚時，不得不准對平日。既知其的確處所，則知其本動之行，本行之異，知其順往，則知其逆來，而食之時刻，食之大小，食之方所，畢知之矣。

① 此處依《崇禎曆書》另起一段。

因食而知月有小輪　第十三

問，月有小輪，何所據乎？抑因其食，而證其有乎？曰，天文家究心殫思，屢經測驗月食，悉見夫食屢居本圜之極遠，其日屢居本圜一處，則生影不得不盡一也。然食時之分數有多有寡，多則月居影厚處，寡則月居影薄處，必有小輪焉。月體居之，因其極而動，時居輪上，則去地面遠，時居輪下，則去地面近，如後圖所載云。

問，月既有小輪，如五星者，則其停居、順行、退行，亦宜若五星，然今獨未見，何也？曰，夫月行隨其本圜之疾，故不言其停居、退行，只言其行速、行遲也。速者，因其居小輪下，隨本圜之動，自西而東；遲者，因其居小輪上，隨其自動，自東而西，逆本圜之自西而東故也。

問，月體既居小輪，隨輪而動，則無本動。若論其體之圓，則宜自能動，何如？曰，有謂月中影象，是地體厚處所映者，謂月體通光處，日光射而達之，不得返照者。謂月體中，自有高卑如山谷者，種種異説，然此影象恒俯對地面，而人恒仰見之，不側不移，則月體有本動明矣。其動因乎本極，而逆乎小輪，行之迅速，與小輪並速也。影象之明，恒下垂之，安得謂月輪無本動乎？

因食而知日有不同心圜　第十四

問，日食有，或全食經候多，而見食多處者；或全食而經候不多，而食不在多方者，其故何也？曰，天文家正據此，以驗日有不同心圜，不然，何其食同，而經候不同，掩地面之廣狹不同也。可見日月俱有不同心圜，而居不同心圜之上下，則爲去地之遠近，生影之大小也。今有一光明之體照一不通光之小物，兩體相近，則明體照物體之大分，而生影小；兩體相遠，則明體照實體之小分，而生影大。此見日食全而大者，則日體必遠乎月體；日食全而小者，日體必近乎月體明矣。倘日月無不同心圜之極，而以地心爲心，則其東西行動，必規隨夫地心，何有遠近之殊耶？

丁先生者太西高明之士，尤長於天學，親見兩日食之異，其一於耶穌降生一千五百六十年，在哥應巴府，見月掩日，白晝如夜，星宿昭然；其一於一千五百六十七年，居羅瑪都時，見月居日前，當中掩之，而未全蔽，月邊四圍皆有日光。即此二食，知日月去地面有遠近，而日必有不同心圜也。

因食而知日月地大小之別　第十五

問，日體甚大於月與地，何徵？曰，昔有人嘆世人止憑肉目，不求，嘗設喻曰，日出地時，設有駿馬疾馳，從日始露至全現，亦可馳四里，縱令日行與馬等速，則四里而僅見其全，則全體之徑，亦必四里矣。今駿馬一晝夜所馳於地幾何，最速不過全圍百分之一。而太陽日一周焉，則其行之疾莫擬也。是則馬之四里，日之行幾千萬里矣。日體之大，即此微可知也。且日月體之大小，即食可辯。蓋凡物之有形象者，若空中無所障礙，則其體之全體之分，無不出其本象於一直綫，而至乎界之一點。此凡物皆然，不拘方圓棱角等形，如有物體於此，其基址，即物體也，其界點，則綫之鋭角所至，而入人目者也。凡實體出鋭角影者，照體必大乎實體，否則，其光不能照實體之全面，而使對面鋭影之盡處，仍聚合而有光也。今欲驗日大乎月，可視日食，月居日前而掩其光，是時月邊尚有光，是日體在外，而其象之入人目，非近來自月體，乃遠來自日體也。其綫既爲角形，則從月體至日體，更爲廣大，是其角形之鋭，從日來目爲一點，而中間能包月體有餘，則日體之大於月體，復奚疑哉？

今欲知日體大乎地者，觀諸月食可知。月之食，地居日前而生角影，掩月體也。當月食時，月體近乎地，則入闊影，遠乎地，則入鋭影，愈遠愈鋭，以聚於一。若此者，孰不信日體之大於地體也。設謂日體與地體均，則地影大小均，爲無窮盡之等影；若言地體大乎日體，則地影必益遠益大，爲無窮盡之大影。其影既遠，不獨食諸天之星，必且食諸星之天矣。則每遇望時，月體詎能逸於大影之外乎？由此益信月體之小乎地球也。蓋地影益遠益鋭，而月食居此影，或有全而久者，則月徑更小於影，而影小於地，故月體、地球之大小，從可知矣。

因食而知各地之子午 第十六

多羅某者，天文家之宗匠也。其所定子午法，諸子皆宗之。當時欲定各國、各府之子午，以便測驗，乃先定福島，以爲西極，而此外因海弗論也。職方氏謂心憶不如足至，多羅某生平足履，雖未遍地，而垂法之妙，足逾百家矣。厥後諸天文家身涉多方，測多食益，精其遺法之妙，而職方圖志，益廣其傳焉。今欲求經度之准的，東西之遠近，法莫善乎考兩地之月食，以此方之時刻，與彼方之時刻相較，視所差幾何，即知兩地相去幾何度矣。假如癸亥年九月望應月食，京師及鄰近地初食在酉初二十七分，食甚在戌初五分，復圓在戌正四十三分，此中國之食候。若在西洋，則初食在巳正四十二分，食甚在午正十五分，復圓在未初四十八分，其差得三時零二刻半，則知中國去西洋之度，東西相距一百一度十五分。可見，凡兩處月食之先後，即能測兩處道里之遠近矣。然既確識東西之經度，即以西洋所定測算立成，舉而按之，用力省而獲便多矣。前癸亥九月望月食，望承命以西洋法測算，是歲望初來都中，未嘗測本地之食，莫得其經度，不敢輕任，嗣後復蒙嚴督，因以先寓廣東時，所測一次月食之經度，又用諸儀較量，知京師更東凡三度强，於時刻應先十二分。離西洋中心勿尼濟亞國東西一百一度十五分，據法推算，分秒時刻，幸不少爽。甲子二月望，及本年八月望，兩度月食，承命推算，幸亦無爽。今乙丑歲又當月食，復蒙命推算，敢不祇承，謹據西法測驗，一一條列於左，倘有訛謬，則抽算之未至，非成法之有訛也。諸食圖具後。

初食，月距躔道四十分强，食甚，距躔道三十六分，復圓，距躔道三十一分半；初食，酉初二十七分，食甚，戌初五分，復圓，戌正四十三分；初食至復圓共一時五刻，食甚入影四十分八秒。

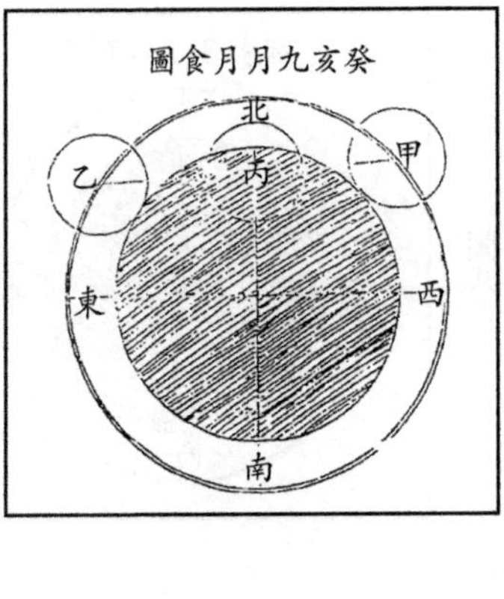

圖七

初食，月距躔道六分强，食甚，距躔道十二分弱，復圓，距躔道十七分半。初食，子初三刻六分，食盡，子正三刻十三分，食甚，丑初三刻三分，初復，丑正二刻九分，復圓，寅初三刻。食全不見月光，共六刻十分，初食至復圓，共一時七刻九分，食甚入影十八分。

初食，月距躔道北十六秒，食甚，距躔道南五分二十六秒，復圓，距躔道九分二十八秒。初食丑初二刻六分二十七秒，食盡，丑正二刻十分二十七秒，食甚，寅初二刻四分三十九秒，初復，寅正一刻十三分五十一秒，復圓，卯初二刻二分五十一秒。初食至復圓，共一時七刻十一分二十四秒，食甚入影二十分二十秒。

初食，月距躔道四十五分五十五秒，食甚，距躔道四十八分二十二秒，復圓，距躔道五十三分三十一秒。初食，酉初四分三十六秒，食甚，酉正二十分二十秒；復圓，戌初三十六分四秒，初食至復圓，共十刻一分二十八秒，食甚入影五分二十二秒。

此圖黑圜面，是地影，圜面東西過心一直綫，是躔道，甲乙綫是月行道，甲圜是月初食，丙圜是月食甚，乙圜是月復圓。然當知

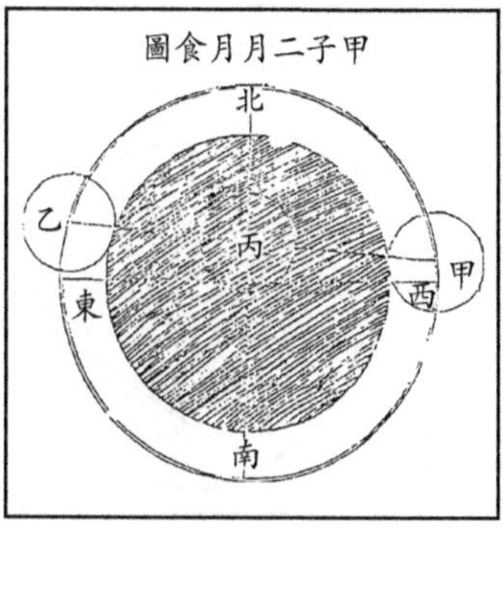

圖八

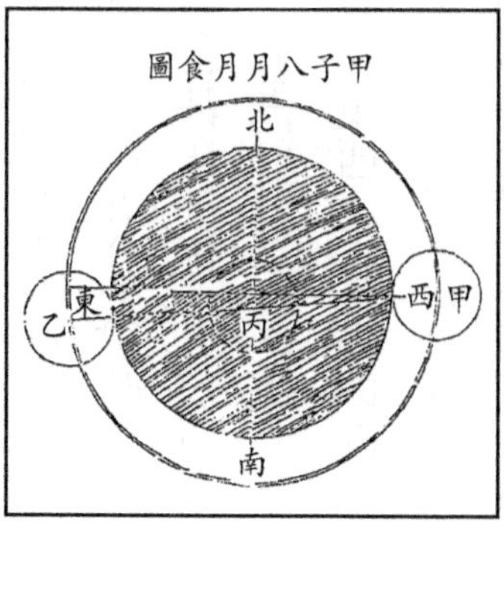

圖九

天體渾圓，而圖爲平面，畫圖終不能得天之似，故玩圖必須仰觀，而以南北字面一一對，如其方向，則甲月自西來入地影，肖厥天象矣。

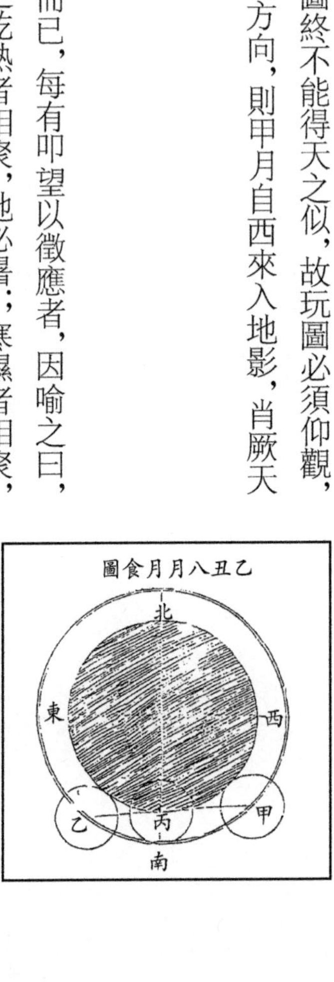

圖十

食不言徵應 第十七

前數則不過粗言其要而已，每有叩望以徵應者，因喻之曰，星宿各有情好也。若性情之乾熱者相聚，地必暑；寒濕者相聚，地必冷。彗星彩霞，火屬也，而相值熒惑之星，則地之乾燥也亦必矣。若此之類，理勢必然，推驗不謬者。豈有日月之食，宮次不一，而毫無所徵驗乎？第人過信其必然之理，遂泥其已然之跡，不事探求。其所謂自然者，又不精求其所以使之自然者。其道未易言也。故先師多羅某，精於斯業，嘗曰，斯業之言，非一定之法，可永守而不變者，望晚學也，法師以不言爲言，而妄言徵應，能無駭乎？